版权声明

Emotional development in psychoanalysis,attachment theory and neuroscience: Creating connections / Edited by Viviane Green / 9781583911358

Copyright © 2003 selection and editorial matter; Viviane Green:individual chapters, the contributor.

Authorized translation from the English language edition published by Routledge, a member of the Taylor & Francis Group, LLC. All Rights Reserved.

本书原版由Taylor & Francis出版集团旗下Routledge出版公司出版，并经其授权翻译出版。版权所有，侵权必究。

China Light Industry Press Ltd. / Beijing Multi-Million New Era Culture and Media Company, Ltd. is authorized to publish and distribute exclusively the Chinese (Simplified Characters) language edition. This edition is authorized for sale throughout Mainland of China. No part of the publication may be reproduced or distributed by any means, or stored in a database or retrieval system, without the prior written permission of the publisher.

本书简体中文版由中国轻工业出版社有限公司／北京万千新文化传媒有限公司独家出版并限在中国大陆地区销售。未经出版者书面许可，不得以任何方式复制或发行本书的任何部分。

Copies of this book sold without a Taylor & Francis sticker on the cover are unauthorized and illegal. 本书封面贴有Taylor & Francis公司防伪标签，无标签者不得销售。

Emotional Development in Psychoanalysis,
Attachment Theory and Neuroscience
Creating Connections

精神分析、依恋理论和神经科学中的情绪发展
——创建联结

［英］薇薇安·格林（Viviane Green） 主编

王 觅 曾 林 等 译

王 倩 等 审校

中国轻工业出版社

图书在版编目(CIP)数据

精神分析、依恋理论和神经科学中的情绪发展：创建联结／(英)薇薇安·格林(Viviane Green)主编；王觅等译. —北京：中国轻工业出版社，2019.6（2025.2重印）

ISBN 978-7-5184-2380-4

Ⅰ.①精… Ⅱ.①薇…②王… Ⅲ.①精神分析－研究 Ⅳ.①B84-065

中国版本图书馆CIP数据核字（2019）第029016号

保留所有权利。非经中国轻工业出版社"万千心理"书面授权，任何人不得以任何方式（包括但不限于电子、机械、手工或其他尚未被发明或应用的技术手段）复印、拍照、扫描、录音、朗读、存储、发表本书中任何部分或本书全部内容（包括但不限于光盘、音频、视频等）。中国轻工业出版社"万千心理"未授权任何机构提供源自本书内容的电子文件阅览、收听或下载服务。如有此类非法行为，查实必究。

责任编辑：林思语　　　责任终审：杜文勇
策划编辑：戴　婕　　　责任校对：刘志颖　　　责任监印：吴维斌

出版发行：中国轻工业出版社（北京鲁谷东街5号，邮编：100040）
印　　刷：三河市鑫金马印装有限公司
经　　销：各地新华书店
版　　次：2025年2月第1版第4次印刷
开　　本：710×1000　1/16　印张：19.5
字　　数：180千字
书　　号：ISBN 978-7-5184-2380-4　定价：68.00元
读者热线：010-65181109
发行电话：010-85119832　　010-85119912
网　　址：http://www.chlip.com.cn　　http://www.wqedu.com
电子信箱：1012305542@qq.com
版权所有　侵权必究
如发现图书残缺请拨打读者热线联系调换
250013Y2C104ZYW

Emotional Development in Psychoanalysis,
Attachment Theory and Neuroscience
Creating Connections

精神分析、依恋理论和神经科学中的情绪发展
——创建联结

［英］薇薇安·格林（Viviane Green） 主编

丁安睿 李明珠 李薇 王觅 王雅琦 曾林 周游 译
（按姓氏拼音排序）

王倩 等 审校

中国轻工业出版社

译 者 序

2019年新春将至，看到我的搭档 Viviane Green 编著的《精神分析、依恋理论和神经科学中的情绪发展——创建联结》一书的译稿即将付印，我难掩欣喜之情。这本书集成了她本人以及英国伦敦安娜·弗洛伊德中心包括 Peter Fonagy 教授在内的一批著名学者的工作成果。正如 Green 在中文版序中所讲，本书基于关系的个体情绪发展观为之后的心智化领域发展铺平了道路。

今天我们所见到的心智化理论，已经跨越了在二元关系层面对依恋关系与早期养育过程的描绘，不断开创出个性发展在家庭及家庭之上的社会生活中的新的理论表述，遥想当年这些作者极富勇气地开拓理论的大家风范，令人感慨不已。

我非常钦佩 Green 从多重视角来梳理情绪发展的议题，将不同的思考模式、学科以及传统进行整合的想法。要知道，从经典精神分析框架延展到另一个迥异的传统和学科架构，从中借鉴灵感，是需要充沛的想象力以及开阔的气度的。在本书成稿之时，元心理学高度抽象的表征模式与丰富细腻的临床传统之间还没有充分桥接，也缺乏优美的范例，Green 在本书中所做的思考可以视为一次优雅的展示。时至今日，饱经岁月打磨的临床经验的流光溢彩仍然不时会被令人陶醉的神经科学的孤立结果所遮蔽，在现代性社会中，客观主义、还原主义、操作主义的夹缝中的临床经验研究，难得一展风姿，而本书告诉我们的是，真实从不吝惜描绘复杂丰富、饱满鲜润的精神现实，也从不畏惧展示主体经验，哪怕这些经验还是晦暗不明的星星之火。

真实的关系作为一种媒介，大多数时候会以一种令人琢磨不透的方式呈现着它对个体情绪发展的影响，塑造着内心生活的经验。但近年来对依恋研究的误读恐怕是未看到依恋关系并非是内在精神生活的全部，未能揭示预示发育结果的特征其实并不是依恋安全感本身，而是带来安全感的人际环境的背景特征，或者说，考量依恋关系质量其实是一个基本需要层面的议题，是在考量个体维系安全感这种情绪背景的能力，正是这一能力保障下的表征经验不断塑造着人类的大脑，并决定着个体在社会生活中与他人联结与协调的能力——心智化能力。

真实感与信任是非常重要的环境——个体化发展主题。临床心理治疗经常会被误解为一个帮助病人知晓、了然个人内心真相的过程，其实不然，在治疗历程中发展出来的信任感才是治疗最大的收获：治疗交谈中激起的信任感可以打开一个人在社会生活中学习交流、寻求更好生活的能力，因为治疗会谈及其元交流模式不断确认着的正是一个人在最早的生活体验中所做的确认，令他/她重新感到可以确信自己所形成的对世界的了解和把握是有效的。

在本书成稿之际，要感谢各位译者，他们中不乏北京大学、清华大学、伦敦大学学院的年轻才俊，也有海外或归国的临床心理学家，可以说是海内外中青年才俊的一次联合翻译，他们在翻译、临床、研究与教育上卓越的才能和成就也令人钦慕不已，感谢他们的倾力贡献。

希望各位读者会喜爱本书。

王倩
于北京中骏天宸
2019年1月15日

中 文 版 序

本书的英文版于2003年在英国出版,我们很高兴看到这本书能被翻译成简体中文出版。我们与王倩医生合作举办了"中英精神分析取向儿童青少年心理治疗学院制连续培训项目"(以下简称"中英项目")。目前中英项目已经举办到第三届了(2019—2021),每年有两次5天的集中培训,持续3年。这个项目旨在促进与儿童、青少年以及家长工作的动力性取向咨询师和心理治疗师的专业发展。这个项目也包含了一系列的网络婴儿观察、幼儿观察和督导小组。

很多中英班重视的理念都源于本书涉及的深刻的发展性视角。心理病理被理解为是一种对养育照料关系中某些特质的心理适应,但这种适应有可能以情感为代价。本书的章节中都包含一个概念:生理心理社会这个术语最能概括情感发展的复杂性。本书各章节的重点不同,但所有的作者都试图用各自的专业特长帮助我们理解心智发展的动力学观点,包括在不同年龄和阶段的复杂情况。

1990—1999年被美国总统乔治·布什指定为大脑的10年,这是他的倡议"提高公众对大脑研究的益处的认识"中的一部分。当然,在这10年及之后的时间里,随着科技变得越来越先进,神经科学领域的研究也有了长足的发展。比如,我们现在对长期遭受虐待的幼儿所遭受的创伤造成的生物学影响有了更多了解。

在某些方面，本书是这个领域的先锋，它启发了一群对相关领域感兴趣的成人和儿童临床工作者。在本书面世后，这些人也陆续发表了一系列文章。随着神经科学及依恋研究等相关领域不断取得进展，我们试图用这些新的发现来帮助我们重新理解心理过程。我们是怎么成为现在的样子的？我们应该在什么层次上试图去理解这一点？这是一个从本质上说就很有意思的问题。在临床工作的情境中，这一问题往往反映了我们要如何理解来访者以及来访者的"症状"或困难。这是一种让我们可以整合不同水平的方法，同时我们也承认它并不是没有问题的，但希望这一方法可以让我们更好地接触来访者。

本书的第一部分由不同领域的牵头人所著。从这本书面世后，书中很多概念又得到了进一步发展，甚至某些概念变得具有国际影响力了，不仅影响了提供心理健康服务的领域，还确立了创新的观点：我们如何理解我们自己，我们如何理解他人，我们如何进一步扩展进入心理社会的群体。我们嵌于家庭中以及我们的家庭嵌于社会矩阵中的方式（Green and Joyce），让我们重新评估了安娜·弗洛伊德的临时诊断廓图，新一版的诊断廓图在2017年完成了修订。

在 Peter Fonagy 教授的"人际理解机制：交汇于发展中的遗传与依恋理论"一章中，Fonagy 举了一个非常有力的例子，给主观体验留出了空间，即使面对基因影响的主导性，主观体验还是能够对家庭产生一定的影响。通过这种做法，他为另一领域铺平了道路，这一领域近年来获得了越来越多的关注，因为它为这些非常关键的关系开启了一扇窗，这个领域便是表观遗传学。Fonagy 写道：

> ……相当多的数据表明，依恋使人具备一种心理表征系统。这个系统的创建可以说是可论证的依恋照料者的一个最重要的演化功能。

从心理学角度解释的能力——我们称之为人际理解机制——不只是产生或调节依恋体验,它也是婴儿时期近距离接触另一个人(即依恋对象)而产生的复杂心理过程的产物。人际理解机制并不是与照料者个人相遇的记忆库,而是处理新经历的一种机制。

因此,依恋本身并不是关键,并不是依恋安全感本身预测了个体会在一系列令人眼花缭乱的测量上会有好的结果,关键的是个体出生的第一年让个体产生依恋安全感的人际间环境,它为人际理解的快速的、充足的个体发育演变奠定了基础。

2003年人际理解的概念就是我们在2018年称为心智化的概念。这是一种能力,也是一个过程,我们使用心智化的能力,通过主观状态和心理过程来理解他人以及我们自己——内隐的以及外显的部分。最近这一概念被进一步扩展,它包括我们如何成为文化和社会成员的心理社会概念。这被称为"认识性信任(epistemic trust)":它主张依恋关系向更广泛的社会和社区传达态度。如果关系足够好,那么(我们)就建立了一种基本的信任,这种信任可以转化为一种对社会文化价值观、形式和制度的态度,也包括对体现这些价值观的传播的权威人物的态度。相反,如果个体面临的是不可预测或威胁性的养育照料环境,不信任是为了生存而形成的主导态度,这种态度也可能在家庭以外的情境中占据上风。

Baradon的章节描述了早期联结,以及当这些联结中断时临床干预如何重建或建立早期联结。"与家长和婴儿进行的心理治疗性工作"这个领域之后进一步演化。对亲子之间互动的微观分析告诉了我们很多细节,是什么支撑着这些主体间体验到的联结。从这些研究中,我们对什么导致了不同性质的依恋类型有了更好的理解。

第5—10章聚焦在临床工作本身上。有了中文版之后就能够让更多读者一起见证和查看咨询关系是如何展开的。和中国的学生、临床工作者工作时,英国的老师都非常欣赏中国学员能够抽取背后的概念的理智化的能力。移情和反移情中包含的治疗关系中的直觉部分是更难传达的，也是更难理解的。一般而言，当家长因为孩子在学校出现行为问题或学习问题而把孩子带来接受干预时，忧心的他们非常想得到解决方案。治疗师很难扛住压力，并且坚持自己的理解：治疗需要时间。需要时间来建立信任，需要时间来熟悉彼此，治疗师需要时间来理解孩子不同的表现方式，或者他们是如何直接或间接来表露他们的问题的。希望这些章节能够让大家一窥治疗师如何跟随来访者的材料，治疗师如何学会省映（reflect）他们自己的反应来理解这些意识以及无意识的沟通。

希望这本书能教给大家某些东西，我也希望借这个机会来表达，我（以及所有教过中国学生的英国同事们）学习探讨了很多有关当代中国的议题。如果我要修订这本书的简体中文版的话，我会加入一些由（外）祖父母抚养的留守儿童的内容。当今充满变化的社会中的孝道也是我想列入的内容，很多中国父母面临着如何平衡传统价值以及适应高速变化的现代性的挑战。我们原本认为自体感是高度个体化的，它是一个"良好"发展的信号，但我们的这个想法也受到了挑战。我们从中国学生身上获得的经验提醒我们，社会自我是深嵌于我们所处的特定情境中的。

精神分析本质上是关于主观的体验：我们如何有意识和无意识地塑造着我们的内部世界，其中常常混杂着痛楚的感受。这些感受会在治疗关系中表现出来，本书最终希望表达它们有多大的范围和强度。

Viviane Green

（王觅　译）

作者介绍

特莎·巴拉顿（Tessa Baradon）在耶路撒冷的哈达萨医学院获得了公共卫生硕士学位，她在那里创建并管理青少年危机服务中心。完成安娜·弗洛伊德中心的培训之后，她在安娜·弗洛伊德中心创办了父母与婴儿项目，并一直负责这一项目。这一项目在英国及国外成为类似组织的典范，其培训项目拓展并涵盖了广泛的精神分析及其他专业人士。特莎·巴拉顿在国内外都举办过讲座，她特别专注父母-婴儿心理健康。她在近期发表的作品中讨论了在父母-婴儿心理治疗中的技术及变化过程。

彼得·福纳吉（Peter Fonagy）博士是英国人文社会科学院院士（Fellowship of the British Academy，FBA），安娜·弗洛伊德中心执行主席，精神分析流派弗洛伊德纪念教授，伦敦大学学院临床健康心理学系主任。他是一位临床心理学家，英国精神分析协会儿童与成人分析领域的培训和督导分析师。他的临床兴趣涉及边缘型精神病理学，暴力和早期依恋关系。他的工作尝试整合实证研究与精神分析理论。他的研究兴趣包括精神分析心理治疗的疗效研究，以及早期亲子关系对人格发展的影响。他担任许多重要职务，包括研究委员会主席、国际精神分析协会副主席、英国人文和社会科学院院士。他还是许多重要期刊的编委会成员，包括《发展与精神病理学》。他发表了200多篇书籍章节及文章，创作并编写了多部著作。他最新的著作有：《什么对谁有效？心理治疗研究的批判性回顾》

(与 A. Roth 合著，由 Guilford 于 1996 年出版)、《依恋理论与精神分析》(由 Other Press 出版)、《基于循证的儿童心理健康：关于治疗干预的综述》(与 M. Target, D. Cottrell, J. Phillips 和 Z. Kurtz 合著，由 Guilford 出版)、《情感管理，心智化与自我的发展》(与 G. Gergely, E. Jurist 和 M. Target 合著，由 Other Press 出版)。

薇薇安·格林 (Viviane Green) 是安娜·弗洛伊德中心的临床培训主管。她是伦敦大学学院的荣誉讲师。她帮助在荷兰乌特勒支建立了儿童心理治疗培训中心，并一直在意大利帕多瓦大学任教并担任导师。她参与合著了《精神分析师与发展性治疗》(由 A. Hurry 主编，由 Karnac Book 于 1998 年在伦敦出版)，《儿童与青少年心理治疗手册：精神分析式方法》(由 M. Lanyado 和 A. Horne 主编，由 Routledge 于 1999 年出版)。

威廉·霍伊维斯 (Willem Heuves) 是德国精神分析学会和儿童精神分析协会会员。他是莱顿大学讲师，并且一直对青少年议题很感兴趣。他出版了多部作品。

玛尔塔·尼尔 (Marta Neil) 曾在安娜·弗洛伊德中心受训。她在大奥蒙德街儿童医院的心理医学系和米尔顿·凯恩斯医院儿童精神病学系任职。她尤其愿意与被领养儿童和有受虐及创伤经历的儿童一起工作。与 Jill Hodges 博士一起，她参与了一项研究，用叙述故事主干技术来评估有过情感虐待经历儿童的亲子互动的内在表征。

因吉·拉尔夫 (Inji Ralph) 是儿童与青少年心理治疗师，曾在安娜·弗洛伊德中心受训，在获得认证之后一直在此工作。她讲授临床培训及精神分析发展心理学的硕士课程 (伦敦大学学院)。她还为英国国民医疗保健系统工作 (National Health Service, NHS)。目前，她也在私人执业中，对父母-婴儿心理治疗特别感兴趣。

艾伦·绍尔 (Allan N.Schore) 是洛杉矶加利福尼亚大学医学院的精神病学与生物行为科学的临床助理教授，并在当代精神分析研究所和南

加州大学精神分析研究所任教。他撰写了《情感管理与自我的起源：情绪发展的神经生物学》（Lawrence Erlbaum, 1994）一书。他还是《神经-精神分析》的编委会成员，及《婴儿心理健康杂志》的特约编辑。他目前在下述领域发表了多篇文章及书籍章节：精神分析、神经科学、依恋理论、婴儿心理健康、发展心理学、发展精神病理学及情感理论。

马克·索尔姆斯（Mark Solms） 是安娜·弗洛伊德中心的顾问神经心理学家，并在伦敦大学学院担任心理学讲师。他是英国精神分析学会的准会员，纽约精神分析学会的荣誉会员，以及英国神经心理学学会会员。他在神经科学及精神分析期刊上都发表了大量论文。他是《神经-精神分析》期刊的合编者，国际神经-精神分析学会的联合主席。他曾在2001年获得美国精神病学协会授予的"国际精神病学家"奖项。他的著作《神经-精神分析的临床研究》（与 Karen Kaplan-Solms 合著）曾在2001年获得国家精神分析促进协会授予的 Gradiva 奖（科学类，最佳图书）。他与奥利弗·特恩布尔合著了《大脑及内部世界：主观体验的神经科学导论》，由 Other Press 出版。

米丽亚姆·斯蒂尔（Miriam Steele） 是安娜·弗洛伊德中心/伦敦大学学院的精神分析发展心理学联合培养硕士课程的组织者。她擅长的研究领域是在常模与临床人群中的依恋的代际间模式。她正在进行的工作包括伦敦父母儿童项目，对来自100个家庭的依恋模式进行纵向研究。她还参与一项对刚被领养的受虐儿童的依恋关系的研究。她出版了多部作品。

奥利弗·特恩布尔（Oliver Turnbull） 是一名神经心理学家，曾在剑桥受训。他在神经科学类期刊上发表了大量论文，主要是关于视觉空间障碍，偏侧化和神经心理障碍，包括错误信念（虚构症）和否认缺陷（疾病失认症）。他在班格尔担任威尔士大学心理学院认知神经科学中心的高级讲师。他是国际神经-精神分析学会的秘书，《神经-精神分析》期刊的研究文摘编辑。他与马克·索尔姆斯合著了《大脑及内部世界：主观体验的神经科学导论》一书，由 Other Press 出版。

玛丽·扎菲里奥·伍兹（Marie Zaphiriou Woods）是儿童和成人精神分析师，英国精神分析研究所准会员。她曾在安娜·弗洛伊德中心托儿所担任多年顾问。目前她是中心幼儿组顾问，并督导和培训儿童心理治疗师。

（李薇　译）

致　　谢

感谢许多人以不同的方式对本书做出的贡献，尤其是安娜·弗洛伊德中心的员工及学员。本书的作者们关于精神分析工作的讨论，无论是在中心、英国国民医疗服务体系或是其他场合，都为本书提供了最初的动力。安娜·弗洛伊德中心为临床工作者提供了一种丰富的文化，在这里，临床实践既扎根于"传统"之中，又对本书第一部分中所代表领域的新发展保持一种开放的态度。特别感谢以下同道，他们为本书的作者们提供了宝贵的帮助和鼓励：Jane Cheshire，Patricia Ellingham，Peter Fonagy，Dominique Green，Ann Horne，Anne Hurry，Pearl King，Nick Midgley，Nicky Parker，Anne Marie Sandler，Francesca Target.

（李薇　译）

目　录

前　言　情绪发展：生物学与临床视角的整合……………………1

—— 第一部分 ——

第一章　人类的无意识：右脑的发育及其
　　　　在早期情绪生活中的作用……………………………29
第二章　记忆、遗忘和直觉：神经-精神分析的视角……………67
第三章　依恋、实际经历和心理表征………………………………107
第四章　人际理解机制：交汇于发展中的遗传与依恋理论………133

—— 第二部分 ——

第五章　与父母和婴儿的心理治疗工作……………………………159
第六章　幻想作为创伤体验的心理组织者…………………………181
第七章　反移情、性虐待以及作为一个新的
　　　　发展性客体的治疗师…………………………………203
第八章　里奥：一例选择性缄默男孩的分析性治疗………………225
第九章　青少年：发展与治疗………………………………………241
第十章　一例成人分析中的发展性思考……………………………269

前　言

情绪发展：生物学与临床视角的整合

薇薇安·格林（Viviane Green）

情绪生活，原本是精神分析的掌上明珠，近年来却让正统科学青眼有加。本书的核心目标就是希望集当代精神分析、依恋理论、神经心理学以及心理生物学视角于一堂。相信这些学科会对那些关注情绪发展的人们助益颇多，无论他们是出于专业需求，还是纯属个人爱好。在多种多样的过程交汇之中，情感才能发展起来，因而从多重视角来理解情绪发展似乎再合适不过了。在本书第一部分里，我们将通过不同的透镜仔细观察情感生活之发展，每一个镜头都突显出人类心理发展和心智功能的某一特定侧面。在第二部分里，我们则侧重于精神层面，即个体的主观经验在治疗关系领域内所呈现出来的独特体验。

整合生物学与临床视角：问题与可能

当然，生物科学与精神分析之间的关系可谓源远流长。弗洛伊德从一开始就对精神分析（心灵生活）与神经病学（生物科学）之间的潜在关系抱有极大的兴趣。多年之后的今天，尽管我们拥有更多资源来理解这些关系的实质，却尚不清楚如何才能整合本质上如此不同的思维模式、学科以及传统。

Whittle（1999）指出，主观性（在精神分析领域内）与科学构建了两个完全不同的世界，它们各有各的文化、方法和思考方式。他接着写到，在这两个平行宇宙之间，横亘着令人瞠目结舌的认识论和方法论上的鸿沟。也许的确如此，但这并不意味着一个领域的新发现就不能给另外一个领域带来灵感。某种角度而言，本书就是在尝试告诉我们这条鸿沟也许既没那么深不可测，也没那么不可逾越。至少很多临床工作者正在眺望着对岸，而对岸的科学家也同样在注视着我们。第一部分的所有作者跨越了不同的领域，从而揭示了任何单一方法论都无法独自解释人类心智的无限复杂性。

Whittle 的有力论述并未贬损精神分析的宇宙，因为他还主张就个体的主观性而言，精神分析比实验心理学更能展现人类本性，也以更为人本的方式直抒胸臆。

Westen 和 Gabbard 回应上述观点，论证这一认知神经科学与精神分析的整合时说道：

> 我们在精神分析的语境中引进诸如内隐记忆、程序记忆这样的最新认知概念时，如果不整合近数十年的临床思考和观察，审慎考虑其与精神分析思想的离合之处，那我们就是在自毁长城。整合意味着双向的交互影响……认知神经科学的模型应从精神分析的理论和数据中获取支持，反之亦然。
> （Westen & Gabbard, 2002：59）

Panksepp 本着大道趋同的精神，认为整合的时机已然成熟，他写道：

> 情感与认知神经科学家正处于将有形的神经实体与各种抽

象的心理学和精神分析概念连接起来的时刻。当然我们认为，精神分析的理论和术语放入神经科学的"炼丹炉"中是需要修正和微调的。同样，功能性神经科学在精神分析思想的帮助下贴近现实生活，也能变得更加完善。

（Panksepp，1999）

这为生物学惊艳于精神分析的某些发现打开了大门，也挑战了主流科学，使其意识到情感状态也许反映了复杂动机和行为的长期原因，而不仅仅是"附带现象上的废料"。Panksepp 进而又挑战了精神分析，必须要"科学地阐明生活经验的一贯模式。"

鸿沟正在消弭，至少整合的工作被提上了日程。而当前议题是找到正确的方法，以不伤害一个学科的完整性的方式来完成整合工作。精神分析在理论和实践两方面都关注人类是如何有意识和无意识地以包括内部冲突、妥协和适应等方式来体验、表征和塑造内在生活的。尽管精神分析提出了很多假设，却未能验证这些假设，因而无法称之为一种科学方法。而科学是不关注主观体验、复杂的情感和动机等问题的。精神分析所面临的挑战是如何依据当今的神经科学知识继续修正其超心理学的理论，同时保持丰富的临床传统。对于精神分析而言，整合不是简单地将一种论述方式转化为另一种，正如 Westen 和 Gabbard 所警示的：

一个同样令人陶醉的诱惑……需要避免，即认为丰富的临床理论可以被对神经通路的描绘所取代，这些神经通路可以调节这些理论所描述的一些过程。

（Westen & Gabbard，2002：59）

生物学和临床方法的整合趋势也并非形势一片大好，我们无法发明一种无缝衔接；因为显而易见，临床和生物学方法是从完全不同的层面上处理和"谈论"情感生活的。尽管如此，我们仍将努力整合这些相关而又不同的领域，同时也意识到将两者完全整合既不是没有问题，也不是完全可能。这一点反映在了本书的结构上，全书分成两部分。第一部分的大多数章节主要聚焦于神经科学和依恋理论——为了方便起见这一部分被称为生物学方法。这一部分的某些章节更为准确的叫法应该是心理生物学或神经心理学。起源于动物行为学的依恋理论更确切地说应属于社会生物学范畴。然而这种更为精准的分类似乎并不那么直截了当，我们倾向于更为概括地区分不同框架：有些属于宽泛的生物学传统，有些则属于临床传统。

精神生活和生物功能（心智和大脑）不能合二为一，因此本书将二者分开也情有可原。在两部分的某些章节中，器质层面和心灵层面都有谈及。个体的心灵生活——自体和客体表征、心理结构、潜在的幻想内容、赋予意义的方式——显然源自器质功能，但绝不仅是如此。心灵生活是每一个体所独有的创造。从生物层面转移到心灵层面同样问题多多。在两部分的特定章节中，既维持了首要的临床或依恋/生物的焦点，同时又传达了不同层面如何相互贯穿的内容。

临床头脑中的生物学视角

"发展"这一术语好像意味着一元的、单向的展开过程。这一名词的简单性掩盖了错综复杂的、多方面的、纠缠的、相互交织的过程。从单一角度看问题令人想起盲人摸象的故事：第一个人摸到大块躯干，另一个人摸到长鼻子，第三个人摸到大耳朵；然而每一个人都相信自己摸到的那个部分就是整个动物。当然不存在某一个确定的发展"故事"，而是多个故事并存。每个故事都从自身领域出发，提出独特的见解、讨论个体情绪发展的议题，在完全不同的层面加以解释。尽管如此，在某些精神动力假设与我们已知的、本质上是用进废退的大脑和情绪发展之间存在着某种天然的整合。精神动力观点认为，情绪发展是许许多多不同的、相互交织的过程协同作用的结果。个体的内部图景是由时刻发展变化着的、外部力量与内部力量之间动态的相互作用所绘就。内部的情感图景在很大程度上由早期照料关系提供、促进或者阻碍的体验发展而来，正是这些体验激活或阻滞了心灵的结构和过程，引发了个体在意识与无意识层面的自我表征与客体表征。

本书的第一部分以宽泛的心理生物视角探讨了驱动和支持发展的种种力量。在这一部分里，我们从"外部"，或者说从次级层面去理解发展是如何在早期关系的脉络中被影响、优化或损害的。生物学的视角赋予大脑以心智的基础（同时并不将心智缩减为大脑），能够展现心智的原理和工作机制，让我们得以从另一个角度去思考和理解当下发生了什么。一种无处不在、近乎迷信的恐惧感在于，以这样透明而又器质性的方式看待我们自己，助长了机械论的观点，榨干了生而为人的神秘感，玷污了将我们视为自身体验的创造者，并赋予其意义的重要性。然而，"理解心智的原理并不等于说我们必须以机械的方式去理解心智"（Westen & Gabbard, 2002: 60）。正如 Regina Pally 在《心智-大脑关系》（*The Mind-Brain Relationship*）一书的引言中指出的：

> 精神生活是源自神经元回路的生物事件这一观点，是神经科学中占统治地位的信条，因此必须视之为理解建立于其上的实证研究的出发点。对那些批评我们的整合尝试为"还原主义"的人，我要说明的是，我们的重点在于精神现象源自生物活动，而不是将精神等同于生物性。
>
> （Pally, 2000: 2）

第一部分中的所有章节都致力于弄清孕育在个体与照料者之间的动态过程中的发展方式,可以明确的是,这是一系列相互依存的过程,借助于足够好的发育所依托的器质基础和心理基础,并取决于个体浸淫其中的环境。发展不再被过分简单地看作是天性和/或教养的产物,天性/教养之争本身已被重新定义了。考虑到我们的大脑发育依赖于体验,因而这并非一边是生物/大脑/基因,而另一边是环境/体验的问题。早期的情感关系在本质上塑造了发育中的大脑。我们以复杂的动态方式在关系的母体中发展着。儿童心理治疗(及其他专业领域)久已公认早期关系对日后发展的塑造性影响,"孩子是男人的父亲"。现在从神经科学的角度我们知道,小婴儿发育中的大脑经历了对于前额皮质回路的发育极为关键的敏感期,特定的大脑发育是否会发生,取决于对情感发展影响甚巨的早期照料经验的实质。

当今时代,我们能够更好地了解这一切得以发生的特殊形式,进一步弄清了自体感的生理脑区及其经由早期经验刻画而来的途径。具体而言,诸如脑电图、扫描、成像和绘图技术等现代科技已使我们获得大脑发育的翔实"画面"成为可能。对比那些在足够好的条件下被养育的人,以及那些早年经历虐待、剥夺和创伤的人,其早期大脑发育是完全不同的。

Schore 反复强调,婴儿与照料者的情感关系是大脑赖以发育的环境,而大脑发育是对环境的适应,心灵生活植根于个体经验。他描绘了神经突触的编码发生在最初情感关系的媒介中的方式,如 Seigal 所说:

正是人与人的连接塑造了神经突触的连接,从而出现了心智。

(Seigal,1999)

在第一章里,Schore 也概述了长期暴露在持续的应激性照料关系之下,婴儿为适应环境所付出的心理生物及情感代价。

在第二章里，Solms 和 Turnbull 从神经精神分析的角度概述了记忆系统是如何发展、工作，以及记忆是如何贮藏的当代观点。同样地，他们不仅视大脑为一种生物器官，更是一种依赖于使用的器官。

Solms 和 Turnbull 也论及了创伤体验影响记忆系统的发展时间表，包括早期关系体验是如何作为关系之隐含"规则"的编码贮藏在程序记忆中的。他们所著的章节让人意识到记忆系统使我们记住、存储和"遗忘"事件的复杂性，并在生物层面上描绘了这些记忆系统如何具有不同的性质与基础。这是一张心智地图，"某一精神事件可以是：陈述性的和外显的；陈述性的和内隐的；程序性的和外显的；或者程序性的和内隐的"（Westen & Gabbard，2002：80）。Turnbull 和 Solms 的第二章记述了与临床工作者直接相关的领域，在两方面揭示出更多细节：怎样以及为什么有些记忆在意识范围内，而有些则落到无意识中。这帮助临床工作者理解为什么有些体验是意识层面的、能诉诸语言的，有些则以其他沉默而又强烈的方式传达出来，但与此同时仍在患者的意识之外。此外，神经发育时间表帮助我们理解为什么某些体验是永远无法直接触碰的。情感与记忆的连接也很重要，Westen 和 Gabbard（2002：88）认为，心理防御机制可视作自我调节情感的无意识内隐程序，特别是在自尊受到威胁的情况下。

在所有章节中，对关系的需要与找寻都被看作基本的动机，那么从这种需要中生发出来的东西极大地依赖于照料者与婴儿之间关系的质量如何。有关动机的问题非常复杂，也不是本书想要讨论的范畴，但是本书的每位作者都持有更为复杂的观点，而非仅仅停留在简单的进化式还原论之上，即人类天生为了生存目的而寻求依恋。尽管这可能是艰难求生的必要条件，但我们在情感层面的生存和幸福需要更多条件，而不只是这些必备的东西。例如 Panksepp 的工作，对情感的研究指出我们天生进化出了体验不同情感的能力，包括惊奇、兴趣、恐惧、愤怒、快乐、忧伤、厌恶、痛苦和羞耻。情感被理解为服务于适应的一组复杂的动态过程的一部分。

一种将心智视为既离散又交叉的多模块系统模型兼具了理论与临床的重要性，特别强调一两个系统而贬低其他系统的做法就是无视当代知识水平，以有限的可能性断言心理结构的狭隘视角。这种多模块的视角带来了基于生物学的更广泛、更丰富的理解，为我们的潜在动机和心理结构提供了更为宽泛的解释。

第一部分中的两章全部或部分地来源于依恋理论。正如 Steele 指出的，依恋理论雄辩地揭示了人类对安全基地的需要。它假设我们对温暖、安全的关系的内驱力是一种基本的动机。幸福首先依赖于对安全联结的维持。Steele 这一章也展示了不太安全、或完全不安全依恋的个体，在寻求安全而未被照料者明确回应时所采取的不同"策略"。依恋理论将儿童和照料者可见的互动模式与转化为内部表征世界的转变联系了起来。之后我们的表征世界将左右我们接近和体验未来的关系。作为平衡，Steele 也强调了新的关系体验亦能形成新的表征，在表征世界不过分"固化"的情况之下。

Fonagy 的一系列论述对依恋提出了不同的观点，吸收并承认基因遗传和寻求依恋是发展的双重推进剂。他尤其主张基因遗传是在依恋关系的调控之下的。正如其他人（Rose，1997）所论证的那样，强调基因在发展的过程中发挥重要作用并不意味着一生的发展早已被 DNA 写就，只待以希腊悲剧的方式无以改变地展现开来。Fonagy 指出了将复杂的人类行为归于单一基因的错误认知，他认为基因表达（遗传潜能可能或不可能被激发）也有环境决定的部分。我们遗传发展的命运在基因-环境交互作用中亦被我们的经历塑造着。这里的环境特指依恋关系。在诸多因素中预示发展结果的特征并不是依恋安全感本身，而是带来安全感的人际环境的特征。其核心理念是我们天生拥有生物进化的优势性潜能，有能力对人际关系进行解读：即"阅读"和理解别人和我们自身心理状态的能力。当这种能力被削弱或严重扭曲时就会出现人际关系的困难。而治疗关系可以部分地看作是心智化和反思能够开始发展的媒介。

生物视角对临床理解的帮助在哪里？临床工作者看到本书第一部分可能会高兴地松了口气，因为它扩展了我们在临床工作中早已熟知的理念：早期关系在塑造情绪发展的进程中发挥着关键性的影响。

第一部分给临床工作中遇到的现象带来了启发。对主体的治疗性理解以及如何接近它，最初集中于体验的即时性。对反思的分析使一种特殊的情感交流的加工方式成为可能。带着生物学的视角也可以启发"第三空间"，即一种现实原则，这样我们就可以离开主体间体验的王国，而利用间接经验进行反思。这使我们意识到发展为生物学所局限的种种方面，它为我们描绘和指出了什么发生在成长的不同阶段上，更好地成长需要什么，缺陷性的成长结果又是什么。它提供了有机体的时间表，这个时间表左右着大脑的发育和我们的情感能力得以展开的生物基质。

特别与临床工作者相关的一点是，生物学视角在可能性和可行性范围内能够帮助我们锚定治疗期待。广义而言，大脑的回路和沟通系统不仅异常复杂，而且在对环境的回应中持续变化。正如 Steve Hyman 在他的《敏感性与二次打击》（*Susceptibility and Second Hits*）中所说：

> 大脑很多部位的神经元不像我们之前认为的那样，只在儿童青少年期发生结构改变，这种改变会持续终生，科学家对这一新近的发现激动不已。无论在什么年龄段，新的体验都能引发大脑突触的物理性改变——这一特征被称为可塑性。那些将人脑比作计算机的人是在诋毁大脑，因为没有哪个计算机装备了一支小人科技部队，可以爬上爬下，对每一个环境刺激都做出回应来重新组装这台机器。
>
> （Hyman, 1999）

正因为大脑被体验所塑造，并且持续地被塑造着（尽管不是以和婴儿期相同的方式），治疗关系才能诱发来访者的体验，激活迄今未被意识到的、凝固了的或被深深埋藏起来的心理过程。这一议题在 Steele 这一章中也有所回应，他指出尽管依恋模式对改变长期加以阻抗，但与此同时，也存在终生可以被激活的那部分复原力。

伴随着可塑性的还有另一个生物现实，对大脑发育的神经学视角也提示，某种发育得以出现，存在着关键性的窗口期。对此的负面解读是，如果某种情感体验在成长的关键期被保留或被剥夺，这将会带来长期持续的后果，治疗对此影响甚微。Perry 的解读则更为温和一些，他说：

> 儿童处在被剥夺的环境中越久，他的问题就会越严重，对这些情感和行为问题的干预也就越受到阻抗。如果得到爱、关注和照顾，很多人在很多方面会达到"正常"标准，但我怀疑他们终难变成他们原本可以成为的样子。
>
> （Perry, *Sunday Observer*, 3 February 2002）

一个强有力的、早期预见性的干预案例明白无误地出现在 Baradon 的章节所描述的工作中。

在天生乐观主义和虚无悲观主义之间，也存在这样的可能性：尽管过去的破坏无以挽回，但是诸如治疗关系所提供的、当下新的关系体验仍能带来改变。

第二部分的临床案例涵盖了从婴儿期到成年期的人生历程，突显了发展是延伸至成年的过程这种观点。几乎就像 Hyman 所描绘的那样，在大脑自身回路里的那支小人科技部队似乎变身成了治疗师，帮助患者建立或释放出之前未曾感知的心理能力。这在 Woods 的章节里也得到了很好的描述——一位历经剥夺的女士在被分析的过程中，人生第一次开始以全新方式体验和反思自己。也许正如 Balbernie（2001）所说的那样，最终我们不仅将发现双向的影响——之后的经验改变会影响生物学构造，还将更确切地发现影响是如何被施加上去的。

第一部分的章节告诉我们，生物学视角远非还原主义，它突出了心智的不同系统运行和相互作用的无限复杂性和细微精妙之处。然而，生物学视角在揭示出一些机制的同时，其解释的核心也包含着更多问题和谜团。最后，我们只能总结说，无论我们所秉持的心智的心理动力模型是什么，它必须与我们当前的知识水平一致。任何关于人类心智的精神分析模型，都建立在小规模的组织原则之上（无论是不是性心理理论，都是数量有限的观点或心理机制），因而无法公正地展示出当前已知的、人类心智如何真实发展和运行的更为广泛的复杂性。我想在此重申，新兴的局面是，心智是一种多模块系统，用以应对生物心理动机的广泛差异。本书概述了这些系统的某些运行机制——记忆系统、依恋/安全寻求以及情感调节系统等。

精神分析与发展视角

对情绪发展更为全面的理解除了主观经验世界中个体的视角（即来自内部的看法），还需要吸收一些间接的理解（即来自外部的看法）。

精神分析关注个体的主体性，它在体验的范畴内，通过意识或无意识的心理过程赋予体验以意义，以及这些意义是如何在心理活动中被表征出来的。它是临床工作者感兴趣的领域，现在对很多人来说也是主体间性领域，即治疗关系中的两个人之间发生了什么、共同创造了什么。第二部分中的临床案例描述了治疗师在主体间性领域的工作和反思，尝试理解患者的内心世界的诸多方式。移情和反移情关系是患者与治疗师之间意识和无意识的情感交流过程的媒介。正是在治疗关系中，个体独具特色的、储存在程序记忆中的关系史（参见第二章）以一种可以被反思和描述的方式得以激活和重现。这是临床工作者在非常私人化的范畴内尝试着去理解他们的患者。

　　处于临床视角核心位置的是对心灵世界、内在客体表征及其关系的兴趣。我们的诸多内在表征中所铭刻的不仅有真实体验的不同侧面的痕迹，也有其感情和理智层面的转化（既有意识的部分也有无意识的部分），意义正是在此被个体所赋予、形成的。本书第二部分的临床案例包含了这样的疑问：那个人的亲身感受如何？某一个体的主观世界到底是什么样的？他对自身经历的理解是怎样的？什么心理机制帮助或阻碍了他的功能？他的渴望、欢乐、期待、恐惧和忧伤又是什么？什么样的内在形象栖息在他的世界里，围绕这些形象嵌入和产生了怎样的感受？还有他对自己的感受如何？治疗关系使得个体对治疗师及其自身逐步显露出并发现他的内心世界。这是建立在体验之上的发展故事，因为它是在移情和反移情的关系脉络中揭示出来的。我们认为这种关系不能被缩减为某种形式的移情或反移情，而是涵盖了大量的自我体验以及多种自我与他人间的体验。我们还假定，尽管某些议题一时处于支配地位，自我与他人间的体验不是永远不变的。波动之处正是在警示临床工作者，关注患者躲避痛苦情感的尝试，以重获内心的平衡。

　　临床工作者试图理解他们的患者都会带来某些外显或内隐的假设，这对其发展过程以及在治疗进程中扩展他的角色有影响。本书的几个临床案例都体现了当前的这样一种趋势：即从间接的解释到更为直接的、聚焦于临床实践的个体主观世界。第一部分当中很多作者的工作已经在各个方面渗透了临床思考。接下来的临床章节反映了临床工作者整合依恋理论和生物科学的一些观点的方式。

　　任何从事儿童工作或为人父母的人都会敏锐地意识到发育成熟的时间表正徐徐展开。正是基于这一点我们都可被称为发展心理学家。儿童或成人的发展可能性，无论是生理的、情感的或认知层面的，都在年龄的左右之下（当然存在范围很广的个体差异）。我们之前谈到发展是一个不断持续的过程，尽管生命早期具有更大的可塑性，但是对成人的治疗也会带来巨大的改变，促进心理可能性的全新发展。对于大多数精神动力取向的临床工作者而言，对发展的情绪状态的觉察是我们每天赖以工作的手段。临床工作者自己的工作模型——对不同年龄段的儿童我们将大概期待些什么，这一潜在的发展框架可以影响他们的理解。心灵生活的意义部分地取决于他们所达到的发展水平。

历史上，经典弗洛伊德理论在很多方面是非常看重发展的。弗洛伊德理论的补充理论认为成熟与发展是相互影响的。它概括和强调了自我的发展和客体关系，描述了在成长过程中不断跨越的性心理阶段。驱力理论所划分的口欲期、肛欲期、生殖器期开创并持续秉持这样的理念：5岁以下、俄狄浦斯期、潜伏期和青少年期是非常不同的阶段。每一个阶段都预示着崭新的心理需求的来临，伴随着内在倾向、冲突和幻想的改变。这些阶段大致与一定的年龄相仿，可作为普适路径来理解，尽管其整体样貌和走向在个体间很不相同。

安娜·弗洛伊德的工作基于在临床与自然环境中对儿童的深入观察，提供了纵向的视角。至关重要的是，不同于成人分析对儿童的再建构，她的理论来自倾听和观察儿童实际上说了什么、做了什么，当然也包括他们说不出来但从症状中可能传达出来的东西。所有外部与内部力量的内在复杂性都集中体现在个体的童年发展之中，安娜·弗洛伊德的诊断廓图（Profile）和发展线索（Developmental Lines）对此有精彩描述。这一观点中铭刻着错综复杂的相互依存网络。Rose Edgcumbe 的论文《安娜·弗洛伊德对发展受阻的思考历程》（*The History of Anna Freud's Thinking on Developmental Disturbances*，1995），准确描述了发展的路径：

> 试图详细描绘无数需要成功地相互影响的因素，这样一个

孩子才能令人满意地完成所有方面的发展——诸如吃饭和身体照料这样的基本功能，到更为精致繁复的发展领域，例如从游戏到工作，直到情感和社会性独立这样的线索。

作者们提供的临床案例都暗含这样的理念：什么是大致与年龄相适宜的。儿童的心理病理只能在这样的背景观念下锚定和评估：在众多心理发育领域，与年龄相适宜的发展状态是什么（参见 R. Edgcumbe 对安娜·弗洛伊德的研究）。

支持和伴随着与年龄相适宜的发展理念的是这样一种观点：心理发展并不是简单、纯粹的线性进程，它由一组前进和退行的维度组成。连续性和非连续性，伴以在连续的统一体上来来回回的变动，显示出发展的脚步和实质都存在极大的变数。任何个体身上前进和退行力量的平衡都有所不同。例如，在一个孩子身上的发展不平衡可以表现为良好的自我发展，但是客体关系维度受阻。另一个考量是孩子在多大程度上有前进的主观意愿，以及这些意愿是否被父母或照料者所支持。

在发展的进程中新的阶段接踵而至，每一阶段都带来心理组织新的水准。当前的发展观认为，足够好的发展蕴含着越来越复杂的动态心理和情绪系统的扩展（Tyson, 2002）。在临床案例中，所有作者都考虑到了这一发展的时间表。临床案例是按年龄划分的，每个部分也强调了某个特定阶段的独特之处。Neil 的章节生动地展示了一个潜伏期男孩基兰，需要医学干预的躯体状况是如何冲击了基兰的发展过程。基兰沉浸在无处不在的幻想世界里，这是应对他的经历的一种手段，也显示了他的困难：即前进到通常意义上更与年龄相适宜的方向和对他人的适应上。早期的医学干预发生在他4岁时，刚好与他进入俄狄浦斯期同步。因此他幻想中的俄狄浦斯印记如此显著也就不足为奇了。这一阶段对他来说可能造成了严重的创伤，也许就像 Solms 和 Turnbull 所说，这意味着他的经历无法

以正常的方式进入记忆之中。在这个意义上，基兰的治疗可被部分理解为他尝试重组创伤经历，这一次是在另一个人面前，而这个人可以帮助他承受之前不可承受的东西。这反过来也让他可以控制和整合那些持续困扰他的、充满情感的、带有恐怖意味的东西。Heuves 的章节是关于青少年的，他以这一阶段的特定心理任务和冲突的视角来理解个案。意识到发展的议题也是对成人工作的一个重点，因此，Zaphiriou Woods 对学步期本质的理解也帮助她面对一些成年患者的困境。在移情中，她静静地再次体验着对愤怒的笨拙克制，她试图对自己、也对分析师隐藏这些东西，却不可避免地在她的幻想中传达了出来。

趋向整合

第二部分反映了第一部分的主题，所有为本书供稿的临床工作者都认为真实的关系是一种媒介，它使我们得以发展，内心生活被体验塑造着。在此基础上临床工作者试图理解早期关系体验如何塑造了内部的客体世界，这关乎自体表征和客体表征。我们的依恋史不仅在内心世界中有所体现，也在我们经历、处理和表达情绪的方式中呈现出来，与这一理念交织在一起的是更为独特的精神分析贡献。内部表征可不是一份传真复制品，我们体验、表征、实现内在世界的方式被情绪和心理活动（例如意识和无意识的幻想和防御）转化和感染着。临床工作者更进一步的焦点在于试图理解个体如何体验自身及在他们世界中的重要他人，以及患者制造和解释意识和无意识含义的方式，这些通过梦、游戏、幻想或故事呈现出来，并在治疗关系中活现。在治疗关系的脉络中展现的主观体验本身就是患者内在世界的再现，这包括他的过去，以及在当下对自我与他人的新的体验。尽管略显重复，我仍想强调，精神分析对内部表征世界中人物（客体）的理解，既是意识层面的，也是动力性无意识层面的，通过这些方式心灵制造和解释了自我体验与他人体验的意义，并且这一切都渗透着各种各样的情感。

依恋理论的贡献以及神经科学的影响反映在临床案例中，不仅体现在治疗师要观察什么，也体现在他们是如何理解治疗关系中的两个心灵之间发生了什么，患者的心灵内部又发生了什么。依恋理论提供了在观察的基础上对不安全或混乱依恋结果的描述，同时也提供了当依恋需要受挫时个体内部发生了什么的理解方式。现在，神经科学又为我们展示了这些现象背后与生物相关的部分。此外，如Schore在第一章所述，神经科学帮助我们理解早期应激反应被长期保持下来对情绪调控系统的损害，这带给个体不可避免的长远影响是什么。很多案例都提及这些特征是如何被组织进内部表征系统，并在治疗关系中以临床症状的形式表现出来的。治疗师们描绘了患者以各种方式表现出被压垮、冻结或恐慌。A女士（参见第十章）已经成年，当情绪和思维卡住时，她体验到大脑一片空白。从依恋的角度看，这些状态可被理解为早期混乱依恋的再现。Schore的工作告诉我们，这种反应是情感调节机制失败的结果，剩下的唯一自我保护方式就是解离或关闭。这形象地反映在A女士的记忆里，她曾被固定住无法活动，在她的幻想中被表征为裹着寿衣的婴儿。然而，更为独特的精神分析贡献是理解这些经历如何形成主观表征，并在个体的精神生活中表达出来。精神分析的理解必须包括对依恋状态的关注，也包括对动力性的无意识和意识方式的进一步探索，即内在客体蕴含着情感、渗透着无意识和意识含义的方式。

当前，依恋理论的框架已经非常具有影响力，并与临床工作者直接相关。这一理论提供了系统的视角来理解和衡量基本的、天生的需要。它强调对互动的观察，这体现了两个人相互之间关系的质量，但它也并未就此宣称这就是内在精神生活的全部。对建立和保持心理安全感的需要和寻求早已被精神分析所知晓：

来自外界以及内在的焦虑和其他负面情绪是最强有力的行为动机之一，保持安全感的情感背景的需要也是……对动机概念的这一拓展是精神分析和依恋理论之间的桥梁。

（Sandler，1995）

之后发生了什么变化、安全依恋的需要是否被满足，是形成我们与某个人建立关系的内在工作模型的部分原因。表征不仅是一种图式，也包含着内容，比如想法、意识和无意识愿望和情感。而这些内容正是精神分析的独特贡献。所有这一切是如何在临床工作者的心智中汇聚起来的？

Baradon 的章节清晰地展示出治疗师如何实地观察母婴依恋行为，这让她聚焦于并推测照料者的内部表征，这调节了母亲自身的依恋史，并在与婴儿的关系中被重新激活。这反过来会影响婴儿如何开始体验和表征她对自我与他人的感觉。Baradon 的心理动力理念也让她捕捉到婴儿的依恋需要，以及更加微妙的情感、恐惧与渴望，其中充满了父母的内在工作模型，显示了他们的依恋风格。这一章也强调了如果孩子的依恋需要被持续误解或忽视所带来的心理和神经生物学后果。有趣的是治疗师通过讨论照料者的内在表征和情感状态，连接和触及婴儿／孩子与照料者的状态这样一种方式。将所有这些不同线索在临床工作者的心智中串联起来是临床技巧的最终体现。在 Baradon 的章节里，移情和反移情始终是治疗的工具，但是治疗师所处的位置非常不同。移情和反移情被治疗师处理并用于理解照料者／孩子之间的关系，而不是他们与治疗师之间的关系。这是一个错综复杂的过程，治疗师需要在自己的心智中抱持孩子与父母的关系，为所有人创造空间。

所有的临床案例都展示了治疗师是如何逐渐开始理解，孩子（或成人）的依恋关系是否满足为其提供安全感的基本条件。安全照顾体验不足，会让之后的与人亲近充满了危险，带来早期体验所激起的那些强烈的情绪。临床章节展示和详述了这样的时刻，当安全亲密的可能性被强力破坏时，另一个发展过程就已确定。安全感的缺乏会在治疗关系中一再重复。很多时刻治疗师都见证了孩子或成人重温他们感觉安全的需要，仅仅由于这是他们所熟悉的方式。你已然认识的魔鬼至少是可预期的，这好过撞见你一无所知的魔鬼。

Solms 和 Turnbull 的章节阐述了这些体验是如何在各个记忆系统中被存储起来的机制和发展的时间表。他们也论及了不同类型的记忆被重温和／或搜寻或一直被埋藏起来的条件和方式。治疗师特别感兴趣的是早期创伤以这样一种方式组织记忆的各部分，以至于之后的触发点已经不必与特定的创伤体验绑定了，也同样能够激起强烈的情绪。治疗关系提供了在关系的脉络中整合体验的机会，而往昔只有害怕、恐惧、应激和分裂这些洪水般的情感。在患者的主观体验中保留下来的是与另一个人在一起时被无意识激活了的、却处在直接表达范围之外的状态。患者一再无意识地尝试控制治疗师，邀请、甚或公开施压使她成为自己已然认识和熟悉的人物。自相矛盾的是，与这种熟悉感相伴的还有强烈的、往往是洪水般令人恐惧的情感和幻想。

在 Ralph 的章节里，我们看到弗洛拉，一个孩子短短的一生经历了虐待、继而是一连串被打断的依恋关系，她被带离父母身边到第一对养父母那里，之后又到了第二对养父母身边。甚至，开始信任另一个人本身都是重大的考验。她早期体验到的情感虐待和性虐待意味着即使在亲生父母身边也没有什么安全感可言。依恋关系本身带来引诱或被引诱的强大动力，引发不可忍受的、破坏性的兴奋和恐慌。弗洛拉早期的性虐待经历意味着亲密就是洪水般的兴奋和危险。在治疗中她重现了这种一再重复的恐惧和对此状态的预期，既在自己的内部，对她的客体也是如此，并伴以无法控制的感受。治疗师通过自己的反移情来工作，不仅吸收、更加消化了这些强烈的、移情性的重现感受。Ralph 描述了在反移情中她是如何经常无法思考的,因为弗洛拉强烈地传达出自己被淹没的感受的破坏性影响。Ralph 作为新的发展性客体,一次又一次地改写了弗洛拉之前的经历,从而提供了一种全新的与另一个人在一起的体验。对于情感经历先体验、再诉诸言语,这是治疗师"无声的突击"。正是言语化的过程暗示了有一个人愿意试着理解、并解释患者的体验。对于很多患者而言,这是一次全新的体验,这反过来会让不一样的自我表征和客体表征逐渐内化成为可能。

作为新的发展性客体的治疗师

治疗师既作为移情的对象,也作为新的发展性客体进入儿童的发展洪流之中。Anne Hurry 的《精神分析与发展性治疗》(*Psychoanalysis and Developmental Therapy*, 1998) 中的同名章节,敏锐捕捉和深度探索了我们对早期儿童发展的最新理解,特别是早期母婴联结的质量将成为未来关系的模板,这刷新了我们的治疗理念。她吸收了儿童发展的研究成果;描述了精神动力性心理治疗关系带来的改变,治疗师可以出借自己,既作为移情的对象、也作为新的发展性客体;令人信服地论证了精神分析与发展性的帮助这样的二分法其实并不存在。

> 我们对发展受阻的理解以及治疗办法都被婴儿观察的研究发现极大地拓宽了,因为在治疗性的发展关系里面所发生的互动,与日常发生在父母与婴儿或儿童之间的互动非常相似。
>
> (Hurry, 1998: 38)

一个新的发展性客体还能给孩子或成人提供支撑,以建立之前失调的情感调节过程。Schore 的章节强调了在大脑发育的敏感期至关重要的体验（母亲的回应和母婴的互动），为最终情绪状态的自我调节能力做好铺垫。同时也指出了母亲照料提供的大脑发育和情绪发展所需条件在平均期待水平以下会带来的不利影响及后果。在平均期待水平以下的照料相应地带来孩子的高度警觉，并持续地处在应激状态中。伴随而来的还有其他情绪能力受损的全面代价。Schore 的重大贡献之一就是强调情感调节的重要性。处理情绪状态的能力被理解为神经心理生物发育的成果，是从早期母婴关系中生发出来的。在此意义上病理也可被理解为自我调节适应不良的尝试。临床部分的好几位作者都发现，治疗师作为新的发展性客体带来的在关系中的意义，在治疗关系中强烈的情绪可以被体验、命名和理解。最终，治疗关系为情感生活提供了重新浮出水面的条件，调节过程可以重新被激活。

Neil 的章节（特别是在描述基兰的惊恐状态时）也部分地涉及情感调节的议题，是用更为精神分析的理念整合起来的。我们看到之前应对无法忍受的经历的方式是如何逐渐让位于更可调控的反应的。基兰的幻想代表、包含并调节着他对脑瘤及后续医学干预的巨大焦虑。他挣扎着调节自己绝望的强烈情感；调节对自己、对客体的施虐癖的唤醒。我们看到他是如何尝试获得保持自尊和完整的自我表征，目的在于感受到力量，而非令人羞辱的无助感和恐慌。他那丰富（甚至是令人忧虑的绚丽）的幻想包含了所有这些元素。在另一个人面前体验到的情感越来越可以被加工、命名，也可以被整合到对自我状态的觉察之中去，并最终达成自我调节。我们也心疼地看到曾经那么害怕针头的基兰是如何能够降低自己的焦虑到可以承受的水平上。

在治疗关系中与患者的调节能力相对应的是治疗师的反移情，治疗师既要允许自己体验情绪活动可能失调的状态，也要通过自己的分析性反思能力来消化这些令人困扰的体验。很多临床案例描述了治疗师通过自己的反移情反应开始理解患者何时被情感所吞没。还有 Schore 以克莱

因的视角为桥梁,提出的整合模型:

> 投射性认同是早期就已出现而又持续存在的内部心理机制,它调节着情感交流双方两个右脑之间的无意识心理生物状态的传递。
>
> (Schore,2002)

其他精神分析性的桥梁还包括众多心理过程:比如外化和投射。

同调(attunement)以及治疗师作为当下的发展性客体是治疗改变的关键力量。治疗关系中非言语部分的交流与早期母亲-孩子互动的节奏韵律之间是有联系的,"早期交流的小小砖石"(Lanyado,2001)塑造了我们与另一个人在一起的亲密体验。儿童发展心理学家早已对这些早期互动感兴趣了,例如Daniel Stern的研究就确认了临床上久已知道的"同调"是情绪健康和发展的必要条件。Lanyado提醒我们说,温尼科特的"抱持"观念与比昂的"涵容"概念很接近,捕捉到了相似(但不完全一样)的临床关系中的心理与情感体验。在治疗关系的脉络中连续体验到与一个足够安全/同调或共情的人在一起,这正是使建立正面情感成为可能的因素,同时还可以探索对自己与他人的负面情绪。在移情-反移情的关系脉络中,这些情感被传达出来,也许是第一次进入了什么是可以被思考的范畴。治疗关系所提供的心理支撑能够让患者的内在心理能力得以实现。

然而,同调更为准确的意思是什么呢?我们能想到的同义词往往是:镜映、共情、理解或是诸如在同一个波段上的表达。情绪的质量似乎在于对特定情感的辨识和共鸣。但是,同调也许是心理上更为复杂的回应方式,而不仅仅是镜映。简而言之,成人的交流包含了之前提到的那些情感范围,再加上回应者不仅要在情绪上同在,还要保持一点距离,使自我与他人的不同感得以呈现出来。回应中的一点儿嬉戏或者温柔的戏弄即可传达出照料者既能对婴儿的痛苦理解、命名并给出原因，同时她自己也没有被这些情感所吞噬（Lubbe，2000）。治疗中的同调并不意味着放弃分析性的反思功能，一定意义而言，同调要求回应者既在儿童的体验之外，又在"其中"共情地存在着，这可以比作相互依存的治疗性共情和分析性的反思功能。

事实上，正如 Steele 所指出的那样，不同调往往比同调更经常出现，重要的是母婴配对是否能持续地在情感之"舞"中重新调试。Steele 进一步强调了复原力与促进发展的议题，即孩子需要体验到寻找并发现新的情感联结、再次获得安全感的方式。Tronick（1998）也做出了相似的描述，对关系寻找、扰动、恢复和重新开始的循环往复是母婴互动的重要部分。正是在破损之处产生了寻求满足的更大动力。我想再次回应温尼科特的话，足够好的母亲或者发展性客体是这样一个人：不仅要令人失望，而且要经受住失望引发的情感风暴。对于利奥，一个选择性缄默的孩子（第八章），侵入性的母亲被他体验为心理上难以承受和破坏性的，令他生气，引发报复性的愤怒。在这种状态下，他只能无意识地重复，并在治疗师的反移情中激起相似的体验。当利奥希望与治疗师沟通，而治疗师不理解他的意思，也不想再猜了，双方多次体验到强烈的挫败感，这在一定程度上导致了利奥开始放弃他的症状。

缺憾带来创造的可能性，这一理念也被 Stern 等人（1998）论述过。他说"此时此刻"在关系中是自然发生的，使每一方以真实的面目暴露在另一方面前，带来每个人对另一个人的感觉的重组。他强调了这些时刻是如何起于发生出乎意料之事时的失衡与动荡之中，使每一方以新的面目暴露在另一方面前。这些就是移情/反移情关系中的可能性。这些"此时此刻"不仅提供了一种抓住治疗性改变"流动"的方法，也将改变的实质归于潜在关系的重组，而不是仅仅归于言语层面的关系。

发生在主体间领域内的改变影响着自体和客体表征心理层面的改变。

Fonagy（1999）区分了心理表征与心理功能，他把前者比作音乐，后者则是产生曲调的乐器。他说改变是在变化了的心理表征（曲调）层面上的，但是这只能在某些心理功能或能力成为可能（小提琴）的时候发生。有时，和另外一个挣扎着想要理解你的人在一起的首次体验是有意义的，这为一个人的经历带来了心理上的含义。在这样一个发展性的变动下，A女士（第十章）逐渐意识到损害了她的心智运行的那些情感经历，然后能够"重拾"她的能力。她开始尝试其他的工作可能，她开始用不同方式检验现实，她的好奇心在分析过程中复苏，"允许"她轻松地疑惑公共汽车的下一站去哪，从而发现下一站实际上离分析师的家更近。

至关重要的因素似乎是，探索一个人的自身的心智内容、情绪和想法是安全的，更进一步而言，了解别人的内心也是安全的。对分析师的反思功能的发展性推论就是患者发现自己的反思功能有所发展。在所有临床案例中我们都能看到这一过程徐徐展开，患者开始重拾他们的情感生活和心理生活。

生物视角与临床视角为我们提供了接近情绪发展的不同而又互补的方法。情绪生活是许多内部与外部力量的产物。心灵的意识与无意识方面是心理与情绪能力、表征和情绪的世界。尽管生物学的粗大笔触可以画出更广义的发展画卷，正如第一部分所展示的那样；每一个患者也带着他们独具主观意义的故事在第二部分向我们娓娓道来。临床章节描述了被削弱的心理功能是如何在治疗关系中发现新的成长可能性的不同方式。将这些视角放在同一屋檐下也许意味着这间屋子既不是一座有上下两层结构的规矩的平房，也不是蠢事一桩。我们期待能容得下临床与生物视角的"结构"将增进我们的理解。

（曾林　译）

参考文献

Balbernie, R. (2001). 'Circuits and circumstances: the neurobiological consequences of early relationship experiences and how they shape later behaviour. *Journal of Child Psychotherapy 27* (3): 237-255.

Bion, W. R. (1962). *Learning from Experience.* London: Heinemann.

Bion, W. R. (1967). *Second Thoughts.* London: Heinemann.

Damasio, A. (1999). *The Feeling of What Happens: Body and Emotion in the Making of Consciousness.* New York: Harcourt Brace.

Edgcumbe, R. (1995). The history of Anna Freud's thinking on developmental disturbances. *Bulletin of the Anna Freud Centre 18:* 21-34.

Edgcumbe, R. (2000). *Anna Freud: A View of Development, Disturbance and Therapeutic Techniques.* London: Routledge.

Fonagy, P. (1999). The process of change and the change of processes: what can change in a 'good' analysis.

Fonagy, P. and Target, M. (2000) Mentalisation and personality disorder in children: a current perspective from Anna Freud Centre. In Lubbe, T. (ed.), *The Borderline Psychotic Child,* 69-89. London: Routledge.

Fonagy, P., Gergely, G., Jurist, E. L. and Target, M. (2002). *Affect Regulation, Mentalisation, and the Development of the Self.* New York: Other Press.

Freud, A. (1980). *Normality and Pathology in Childhood.* London: Hogarth Press and the Institute of Psychoanalysis.

Freud, S. (1905). *Three Essays on the Theory of Sexuality.* S.E., 12.

Freud, S. (1911b). *Formulations on the Two Principles of Mental Functioning.* S.E., 12.

Freud, S. (1915c). *Instincts and their Vicissitudes.* S.E., 14

Freud, S. (1915e). *The Unconscious.* S.E., 14.

Freud, S. (1923b). *The Ego and the Id.* S.E., 19.

Freud, S. (1926). *Inhibitions, Symptoms and Anxiety.* S.E., 20.

Gardner, S. (1993). *Irrationality and the Philosophy of Psychoanalysis.* Cambridge, UK: Cambridge University Press.

Hurry, A (ed.) (1998). Psychoanalysis and developmental therapy. *Psychoanalysis and Developmental Therapy.* London: Karnac.

Hyman, S. (1999). Susceptibility and 'Second hits' In Conlan, R. (ed.), *States of Mind,* 9-28. Wiley: Chichester.

Jones, S. (1993). *The language of Genes.* New York: HarperCollins.

Klein, M. (1981). *The Writings of Melanie Klein,* Vol. 1, Money-Kyrle, R. E. (ed.). London: Hogarth Press.

Lanyado, M. (2001). The symbolism of the story of Lot and his wife: the function of the 'present relationship' and the non-interpretative aspects of the therapeutic relationship in facilitating change. *Journal of Child Psychotherapy* 27 (1): 19-33.

Lubbe, T. (ed.) (2000). *The Borderline Psychotic Child.* London: Routledge.

Pally, R. (2000). *The Mind-Brain Relationship.* London: Karnac.

Panksepp, J. (1988). *Affective Neuroscience: The Foundations of Human and Animal Emotions.* Oxford: Oxford University Press.

Panksepp, J. (1999). Emotions as viewed by psychoanalysis and neuroscience: an exercise in consilience. *Neuro-Psychoanalysis 1* (1): 15-39.

Rose, S. (1997). *Lifelines: Biology, Freedom, Determinism.* London: Allen Lane/Penguin.

Sandler, J. (1995). On attachment to internal objects. Paper given at conference on Clinical Implications of Attachment: The Work of Mary Main, UCL, 1-2 July 1995.

Schore A. N. (2002). Clinical implications of a psychoneurobiological model of projective identification. In Alhanati, S. (ed.). *Primitive Mental States,* Vol. 2.1. London: Karnac.

Seigal, D. J. (1999) *The Developing Mind: Towards a Neurobiology of Interpersonal Experience.* New York: Guilford Press.

Solms, M. and Turnbull, O. (2002). *The Brain and the Inner World: An Introduction to the Neuroscience of Subjective Experience.* New York: Other Press.

Stem. D. (1985). *The Interpersonal World of the Infant: A View from Psychoanalysis and Developmental Psychology.* New York: Basic Books.

Stern, D. *et al.* (1998). The process of therapeutic change involving implicit knowledge: some implications of developmental observations for adult psychotherapy. *Infant Mental Health Journal 19* (3): 300-308.

Tronick, E. Z. (1998). Dyadically expanded states of consciousness and the process of therapeutic change. *Infant Mental Health Journal 19* (3): 290-299.

Tyson, P. and Tyson, R. (1990). *Psychoanalytic Theories of Development.* New Haven, CT: Yale University Press.

Tyson, P. (2002). *Journal of the American Psychoanalytic Association 50.* (1): 32.

Westen, D. and Gabbard, O. G. (2002). Cognitive neuroscience, conflict and compromise. *Journal of the American Psychoanalytic Association 50* (1): 53-98.

Whittle, P. (1999). Experimental psychology and psychoanalysis: what we can learn from a century of misunderstanding. *Neuro-Psychoanalysis 1* (2): 233-245.

第一部分

第 一 章

人类的无意识：右脑的发育及其在早期情绪生活中的作用

艾伦·绍尔（Allan N. Schore）

近几年来，越来越多的心理学和生物学领域不约而同地关注情绪过程在人类发展中的核心作用。的确，这些跨学科的研究正在揭示发展过程本身的一些基本心理生物机制。依托依恋理论，当代发展心理学正聚焦于人生最初几年的适应性社会情绪功能的早期发生学。"交互性"是我们对发展的最新理解，它意味着日益成熟的有机体与不断变化的环境之间的持续对话。这种对话植根于母婴关系，而母婴互动中被交换的东西就叫作情感。这一高效的情感交换系统是完全"非言语"的，并将持续一生，在日后亲密关系的情感交流中以直觉的体验呈现出来。离开这一情感互动关系就无法理解人类发展。的确，现在看来，体验、交流和调节情绪的能力的发展可能是人类婴儿的核心任务。

与此同时，发展神经生物学正在探寻与社会情感信息的加工过程相关的大脑结构。的确，我们认为"对发展的最好描述可能是精心地观赏大脑本身的自组织运行"（Cicchetti & Tucker, 1994: 544）。大脑是自组织系统，对此我们有广泛的共识；但是对于"发育中的大脑的自组织是发生在与另一个自我、另一个大脑的关系脉络中"（Schore, 1996: 60）这一事实，我们就没有那么重视了。这是婴儿发育中的大脑与社会环境之间的关系，并被情感交流和心理生物相互作用所调节。实际上当今的神经生物学指的是"对人类大脑的社会建构"。

整合心理学与生物学视角的新模式将大脑系统的组织看作是以下交互作用的产物：(1) 基因编码的程序，以形成结构与结构之间的连接；(2) 环境的影响 (Fox *et al*., 1994)。社会环境的影响会印刻在早期大脑生长突增期成熟的生物结构之中，因而拥有持续的心理效果。人类大脑的生长突增过程始于妊娠期的最后3个月，至少有5/6发生在出生后，并一直持续到18—24个月 (Dobbing & Sands, 1973)。

此外，大脑皮层 DNA 的复制在出生后的一年中增长迅猛，互动的体验直接影响着控制大脑发育的遗传系统（见 Schore, 1994, 2001 a, b）。现在我们知道，神经元结构的遗传特异性并不足以支撑起神经系统的全部功能，不断变化着的社会环境也强有力地影响着大脑结构。这一概念完美地契合了安娜·弗洛伊德（1965）提出的概念，即心理结构是两方面连续互动的结果，一方面是婴儿生物遗传所决定的发育成熟的顺序，另一方面则是体验与环境的影响。

因而，最新的模型是这样的：发展就是对遗传潜能的体验式塑造，遗传密码的"先天"结构系统需要特定形式的环境来启动。正如 Cicchetti 和 Tucker 所言：

> 传统的假设是环境仅仅决定了发展的一小部分心理现象，诸如记忆和习惯等，而大脑解剖学意义上的成熟有赖于固有的个体发生学上的进程。但是现在我们已经认识到，环境体验对于大脑组织的分化本身是至关重要的，先天的可能性只有在后天的帮助下才能得以实现。

（Cicchetti & Tucker, 1994: 538）

Sander 提出了一个关键问题："婴儿大脑的遗传潜能在多大程度上通过婴儿对其特殊养育环境的体验和活动有所增大或者优化？"（Sander, 2000：8）更有人认为："在一定程度上，正常的发展过程中，婴儿神经系统的成熟与照料者的母性灌注之间的交互影响可以形成生物学意义上有所区别的大脑。"（Connelly & Prechtl, 1981：212）这种关键性的"母性灌注"在与婴儿一同创造出来的依恋关系中，通过母亲的情感调节功能传达出来。孩子依恋发展的结果因此就成为儿童遗传编码的生物学（气质性）倾向与特定照料者的情感关系环境共同的产物。

的确，神经生物学现已证实了婴儿大脑就是"被设计成由它所处的环境塑造"的（Thomas et al., 1997：209）。最新的情绪发展的心理神经生物学概念据此建构了早期社会情感体验如何影响生物学结构的成熟，而这反过来又如何组织了更为复杂的自发性功能。这一整合视角由"依赖于体验的"成熟这个概念传达出来。在人生的最初两年里，调节大脑组织的"依赖于体验的"系统成熟所要求的体验，是特指植根于情感调节的母婴依恋关系中的社会情感交流。

这种促进发育的环境会促成更为复杂的情感调节能力的出现，以及从外部调节到内部调节的转换。因而，"情绪最初是由他人调节的，但在早期发育的过程中，作为神经生理发育的结果，它变得越来越能够自我调节了"（Thompson, 1990：371）。大量的实验和临床工作发现，情感的成熟、更复杂的交流出现代表了人类生活最初一年的核心目标，获得情感的自我调节这一关键性适应能力是人生第一年的主要发展成果。

更具体一点来说，我引用的大量神经科学的最新发现显示，情感调节的依恋体验特别会影响到右脑的早期发育调节系统中的依赖于体验的成熟（Schore, 1994, 1996, 1997a, 1998d, 1999b, 1999d, 2000b, d, 2001a, b, c, d, e, 待出版 a, b, c, d）。正如鲍尔比（1969）所推断的那样，这些早期的人际情感体验对边缘系统的早期组织具有重要影响，这一脑区不仅是情绪加工的特定区域,也是负责组织新的学习、对快速变化的环境的适应能力的区域(Mesulam,1998)。边缘系统扩展到非言语的右半球,而这一区域主管的是情绪当中非意识觉知的生理和认知成分的加工,并参与情感的交流(Blonder *et al*., 1991；Spence *et al*., 1996；Wexler *et al*., 1992)。当前我们认为"左半球调控大多数言语行为,而右半球主管更广泛的交流"(Van Lancker & Cummings, 1999: 95)。

右半球在出生后一年半的时间内处于生长突增期(见图1.1),直到3岁都非常显著(Chiron *et al*., 1997)。对婴儿的最新磁共振成像研究发现：脑容量在最初两年内快速增加,正常成人的脑外观在2岁时已经显露出来了,所有主要的纤维束在3岁时都可辨认,2岁以下的婴儿右侧脑容量大于左侧(Matsuzawa *et al*., 2001)。

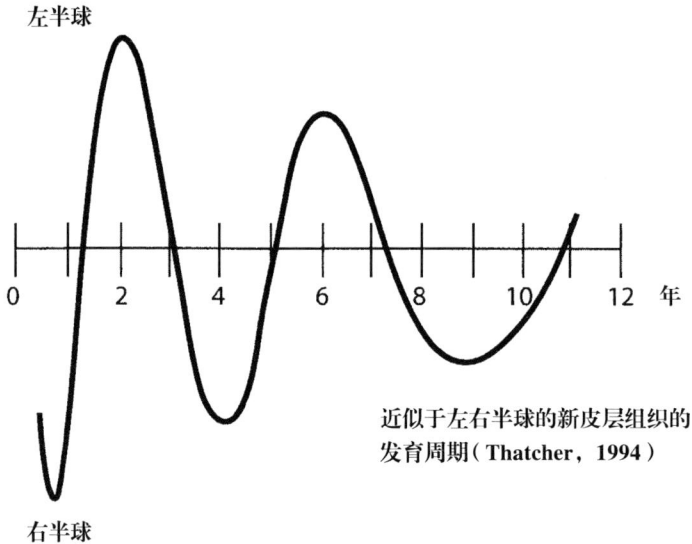

图1.1 脑半球的发育周期在童年期持续地不对称,显示出右半球的早期生长突增(改编自Thatcher,1994)

在过去30年中,精神分析——对无意识心理的科学研究(Brenner, 1980),一直对右侧大脑所调节的无意识过程感兴趣,或者如Ornstein

(1997)所称的"右侧心智"(Schore, 1997c, 1999a, d)。新近对发展精神分析和依恋理论的实验和临床研究，都集中在人类早期生活的情感功能这一核心当中，这一部分知识已被吸收到临床精神分析中，而临床精神分析现已"锚定在发展心理学和依恋与情感生物学的科学基础上了"(Cooper, 1987: 83)。这一进展与"大脑的十年"平行发展，诸多情感与社会神经科学的研究，描绘了右脑单侧性的结构系统是如何调节被发展精神分析所定义的非意识社会情感功能。以上就是我所提出的模型，即依恋的体验影响右脑的成熟(Schore, 2000b)，以及右脑的自组织与情绪发展的神经生物学之间的联系(Schore, 2000a)。

我的一系列文章均提到对人类无意识心理的早期结构发展的研究，即发展神经精神分析，将帮助我们更加深入地理解早期依恋的体验如何对人的一生中情绪发展的轨迹产生不可磨灭的影响(Schore, 1994, 1997b, c, 1999a, d, 2000a, b, d, 2001a, b, c, 待出版 a, b, d)。在最近的一篇神经精神分析文章中，我主张右脑实际上是弗洛伊德所谓的动力性无意识的神经生物学基础(Schore, 待出版 a)。有关右脑结构的发育成熟如何被依恋关系所直接影响的知识，为我们提供了一个机会，不仅可以更加深入地理解无意识的内容，还包括其来源、动力以及结构。

当前从认知心理学到情感心理学范式的转变，从仅仅研究心理状态到心理/大脑/身体的状态，从言语的左脑之中意识的言语加工到情感的右脑之中的非意识加工，当今的这些研究趋势都与发展精神分析有关。我们现在已经明确得知：

> 婴儿最初的禀赋——最早期与母亲协调的互动将形成一个基础核心，它包含了所有之后功能的定向趋势。
>
> （Weil, 1985: 337）

当今心理神经生物学的模型认为，无意识的核心是心理生物学意义上的情感核心（Schore，1994）。

Emde（1983）在一篇精神分析的文章中提到，原初自我最初的、核心的整合式结构是开始显露出的"情感核心"，这一概念呼应了Joseph（1992）的一篇神经科学文章，他将无意识的"儿童式核心"定位于右脑和边缘系统，它维持着自我意象，以及所有相关的、童年时期形成的情感、认知和记忆。我想说的是，我们已经知道足够多的关于人类无意识的右脑单侧性生物基础了，我们现在需要超越关于情绪发展的单一心理学理论。

因此在这一章里，我将展示当前对婴儿社会-情感发展的心理学研究综述，以及对早期发育中的右脑之成熟的神经生物学研究。我将聚焦于对人类情绪发展起关键作用的婴儿早期事件之结构-功能关系：在人生第一年当中，主要照料者与婴儿之间相互调节的情感交流，即依恋的纽带是如何组织的。这些体验在快满2岁时达到峰值，大脑右半球的调节系统发育成熟了。之后，我还将讨论更为复杂的情绪发展——右侧大脑的持续性发育成熟与一生当中不断扩展的无意识右侧心智之间的关系。

贯穿始终的是我谨记温尼科特的格言，临床的相遇永远是相互的体验：

> 为了使用互相之间的体验，我们必须刻骨铭记这些理论：儿童的情绪发展以及儿童与环境因素的关系。
>
> （Winnicott，1971：3）

还有Watt最近发表在《神经精神分析》（*Neuropsychoanalysis*）杂志上有关"（神经）发育"本质的观点：

> 从很多方面而言，这都是神经科学的伟大前沿，我们的所有理论都将臣服于核苷酸试验这一强劲的迷幻剂，我猜人们将会

发现很多的欠缺。显然，情感过程，特别是变幻无常的依恋是神经发展的根本驱动力（这是发展之所以能够发生的背景环境，而单单靠它自己系统是无法发展的）。

（Watt, 2000: 191）

作为双向情感交流的依恋过程

从出生开始，婴儿就调动起自己日益扩展的适应能力，与社会环境展开互动。在最早的原始依恋体验中，婴儿使用的是日益成熟的运动和不断发展的感觉能力，特别是嗅觉、味觉和触觉。但到2个月大的时候，其社会和情感能力出现了一次飞跃。现在，功能性核磁共振成像（fMRI）研究显示，婴儿大脑正常发育的里程碑出现在8周左右（Yamada et al., 2000）。这时新陈代谢的快速变化出现在婴儿的原始视觉皮层区，反映出枕叶皮层的突触连接被视觉体验所修改的关键期开始了。母亲的面孔是发育中的婴儿视觉-情感信息的最初来源。

正是在这一时刻，发生在人类游戏最原始体验中的面对面互动首次出现了，这种互动：

> 出现在大约2个月大的时候，这是高度唤醒的、饱含情感的、短暂的人际交流，将婴儿暴露在高水平的认知和社会信息之中。为了调节这种正向的高度唤醒，母亲和婴儿会在滞后的刹那使他们的情感行为的强度达到同步。

（Feldman et al., 1999: 223）

这些"情感同步"的二人体验出现在正向的社会游戏的第一次表达中，被Trevarthen（1993）称为"原初的主体间性"，在这个时候，其模式是婴儿启动-母亲跟随的顺序。这种高度组织的、视听觉信号的对话是以毫秒级的速度传递的，并由游戏的每一方的注意状态和非注意状态的循环往复所组成。在这个沟通的矩阵中，双方会同步匹配他们的状态，然后同时调整他们的社会注意和刺激，并被对方的回应所加速唤醒（见图1.2）。

在情感同步的时间段里，父母投入于直觉的、非意识的、面部的、声音的及姿势的前语言交流当中：

> 这些体验给小婴儿提供了大量的瞬间——常常是大约每分钟20次的父母-婴儿互动——此时的父母让自己随之反应、容易预测，并可被婴儿操控。
>
> （Papousek *et al.*, 1991：110）

在这种"互相协调的选择性提示"的同步情境中，婴儿学习如何发出特定的社会性提示，妈妈就会做出回应，由此展现了"他人对自我回应的参与感，并伴随着自我对他人的理解"（Bergman, 1999：96）。这是关键性的行为，因为它提供了非常基本的机会来练习生物节律的人际协同。按照Lester、Hoffman和Brazelton的说法"同步的发展是每一方学习对方的节奏之结构、并调整自己的行为来配合这种结构的结果"（Lester *et al.*, 1985：24）

由于妈妈对婴儿情感状态之动态变化的心理生物同调，是以自发的非言语行为传达出来的，所以她的互动调节功能在每时每刻的表达也是发生在意识水平之下的。这种微调还在继续，紧随强烈欢乐的开口大笑这一"情感增强的时刻"，婴儿转移了视线，以便调节这个强烈情绪潜在的、缺乏组织的结果（见图1.3）。为了保持积极的情绪，妈妈直觉地得到了暗示，稍微向后退了一些来减弱刺激。紧随"在一起的时刻"之后，双方都脱离了彼此（D图），这提供了"开放的空间"，使得双方可以在一起，

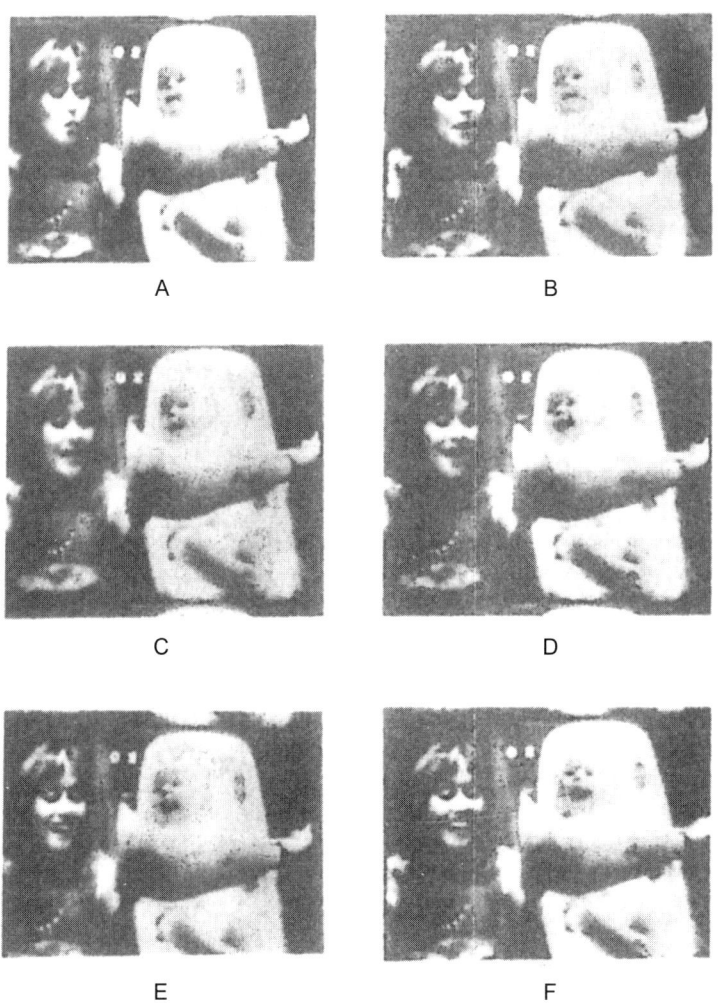

图1.2 情感同步：妈妈和婴儿面对面坐着，看着对方。在A时刻，妈妈做出"亲嘴的表情"，而婴儿的嘴唇微微向内使劲儿，呈现出紧张、严肃的面部表情。在B时刻，妈妈的嘴张大了，变成稍微积极一些的表情，而婴儿的脸放松下来，他的嘴也张开了一些，露出稍微积极的表情。在C时刻，妈妈和婴儿都露出微笑，在D时刻微笑进一步扩大。在E时刻，婴儿爆发出"完全张嘴的笑"。在F时刻，婴儿变换姿势，进一步将头转向他的左侧，并向上，增强了开口大笑的唤醒度。总用时在3秒之内。（摘自Beebe & Lachmann，1988）
Copyright © 1988 The Analytic Press. Reprinted with Permission

也可以在对方面前独自一人。这使得婴儿刚刚开始的自主调节能力得以组织起来。

在这个情感同步的相互调节过程中,视情况而决定自身反应的妈妈,越能够在社会互动的时刻依照婴儿来调节自己的行为水平,她就越能够在彼此脱离的时刻让婴儿安静地恢复;妈妈越能够注意到孩子再次启动的暗示、并再次加入进来,他们的互动就越能够同步。因此,同步的照料者通过调整模式、数量、灵活性、根据婴儿的实际整合能力来提供刺激启动和停止的时间点,这一切都在帮助婴儿进行信息加工。这些相互协调同步的互动对于婴儿健康的情绪发展是非常重要的。

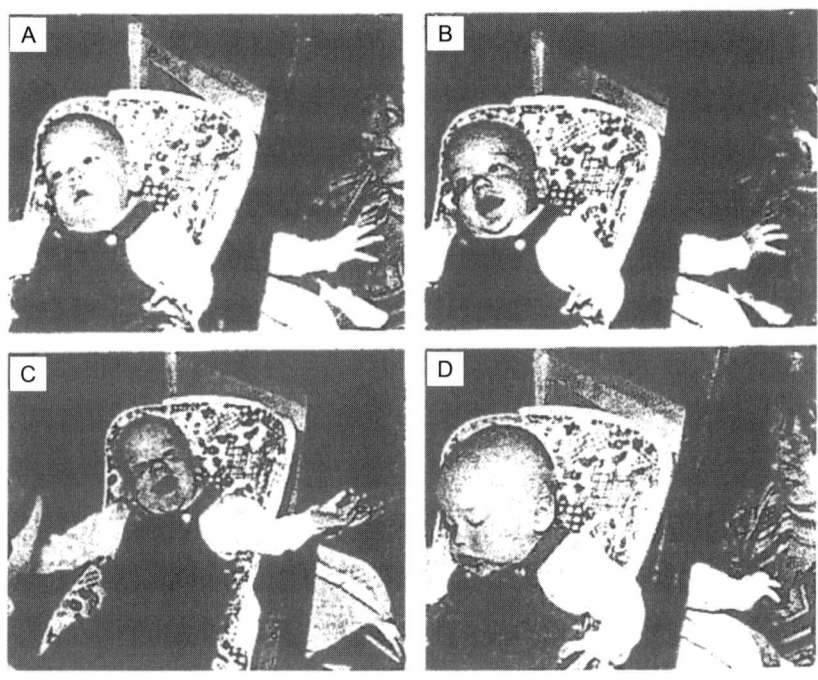

图1.3 协调互动的顺序:(A)婴儿看着妈妈,妈妈做出夸张的面部表情;(B)婴儿和妈妈都在微笑;(C)婴儿大笑,妈妈放松了她的微笑;(D)婴儿看向别处,妈妈停止了她的微笑,看着婴儿。(摘自Field & Fogel, 1982)Lawrence Erlbaum Associates Inc.

主体间性共振，情感同步以及互动修复

进一步来说，在视觉、听觉及姿势共同参与下的面对面同步互动之情感交流过程中，这个二人组合中的双方都会体验到一种状态的转换，他们从低唤起状态一起移动到能量增强的高唤起状态，从安静的觉察转换到积极强烈的情感状态。是怎样的二人心理生物机制在这些"相互调节的唤醒系统"中起作用呢？Sander（1991）用两个系统彼此协调一致的特性"共振"描述了母婴之间这种非常契合的互动情境。Trevarthen 在描述这种母婴二人组情感交流的独特本质时，也指出了一种共振过程：

> 在……两个主体之间产生一致性的参数，使他们可以运用身体的表达共振或反映彼此的心智。这种动作模式可以是"被携带的"，他们的体验可以被登记和模仿，这些特点使诸如小婴儿与母亲之间发生的情感共情式的交流成为可能。
>
> （Trevarthen，1993：126）

在物理学中，共振的性质就是和谐的震动，即一个共振系统通过对另一个共振系统的共振频率模式的匹配进行放大和增强的趋势。共振通常伴随有噪音，因此具有非线性动力学要素的特点：相对较小的输入振幅会引发惊人的反应，产生巨大的输出振幅（Schore，1997a，2000c）。这个"较小的输入"就是母婴二人之间传递的极其轻微却具有生物学重要性的面部和躯体信号，而这个"巨大的输出"反应就是双方强烈的情感状态。共振就是指这样的状况：个体或系统接收到一个频率为（或近似个体或系统的）自然震动的震动信号，结果是放大了其自然震动。Tomkins（1984）认为情感行为就是这样一个"模拟放大器"，无论什么启动了它，它都会

全程放大。

换句话说，对积极状态的放大尤其会发生在情感同步的时刻，此时外部感官刺激的频率与有机体遗传编码的内在节律相一致。这些内在节律的行为表现是由婴儿的安静觉醒状态来传达的，在这种状态下，婴儿的眼睛是睁开的，做出"阳光灿烂的表情"。这是一种最有兴趣的状态，反映出自主平衡和"调节均衡"的内在状态。为了充当婴儿状态的放大器，照料者必须首先匹配婴儿对这种状态的韵律性表达，这被 Stern（1983）称为时时刻刻的分享状态，先作为他者感同身受，然后动态地投入到状态的互补当中去，以自己的独特方式回应从对方那里来的刺激。

共振式的互动模式呈现出婴儿发动-母亲跟随的顺序，这样的观察呼应了温尼科特（1971）的描述，即婴儿表现出的"自发姿态"是对萌芽中的"真实自我"的躯体-心灵表达，同步的母亲"将婴儿的自我还给了婴儿"。但《牛津字典》也将共振定义为一种被分享的感情或感觉。情感信息的传递由此在共振的情境中得到增强，共振节律的匹配现象和情感同步由此成为亲密二人组之情感状态交流最大化的基础，这是共情的心理生物支撑。

再换句话说，当同步的二人组在依恋的交互过程中共同创造了共振的情境时，每一方内在状态的行为表达都被对方调节着，这导致了一方的输出与另一方的输入之间的配对耦合，以便形成更大的反馈配置，以及对双方积极状态的放大。婴儿研究者们指出，婴儿所表现出的欢愉是对妈妈欢乐、共情的同步行为的放大效果的回应，她以多种模式的感觉放大、共振了孩子的情绪。Stern（1985）描述了母亲的一种特殊的社会行为，可以"使婴儿爆发式的进入到下一个积极兴奋的轨道中"，并激发出"富有活力的情绪"。

为了进入这种交流当中，母亲情感状态的增强和减弱必须与婴儿内在唤醒状态相类似的增强和减弱达成共振。在这种同步的依恋互动过程中，母婴二人组共同创造了"互相调节的唤醒系统"。我们知道，由于唤醒水平与新陈代谢的能量变化有关，所以调节情感的照料者也同时调节了孩子的能量状态。众所周知，能量（状态）的改变是情感的最为基本和主要的特质，当一个系统与"共振"频率合拍时，能量的传递达到最大化，两个系统变得同步了（Schore，1997a，2000c）。因而这种充满能量的、情感增强的时刻带来一种赋予生命的感觉，由此增加了婴儿内部组织的复杂性和一致性。

在这个非言语情绪交流系统中，母亲和婴儿共同创造了这样一种情境，使得婴儿的内部情感状态可以向外表达出来。为了最优化这种调节的情境，母亲必须评估自己的反映功能，来调节自身内部信号、区分自身情感状态，同时也要调节那些可能引发婴儿过强的唤醒值、不理想的高水平刺激。因而，婴儿体验越来越高、加速回馈的情感的萌芽能力，在此时被放大了的、由心理生物同步的母亲在外部调节着，这有赖于她的能力来启动互动的情感交流机制，既启动她自己，也启动孩子。

但是我们也知道，主要的照料者并非总能同步：发展研究显示，这个二人组合常常出现不同步的时刻——即依恋纽带的破损。尽管短时的调节异常不会带来问题，但是长期的负面状态对婴儿有害。尽管婴儿拥有一些能力来调节低强度的负面情感状态，但是这些状态的强度、频率和持续时间会逐步增加。孩子多长时间处于强烈的负面情感状态是心理病理倾向性的病因学的重要因素。父母对状态调节的积极参与，对于孩子能够从高唤醒的抗议或低唤醒的绝望这样的负面情感状态，转换到重新建立起正面情感状态至为关键，这把钥匙就是照料者对自身情感——特别是对负面情绪的监控和调节能力。

在这种重要的"打断与恢复"的调节模式（Beebe & Lachmann，1994）中，"足够好"的照料者会通过同步失调来诱发婴儿的应激反应，她会引发婴儿的负面情感状态，再重新建立自身的心理生物同步调节的时间模式。这种再次同步能够给母亲和婴儿带来安慰，因而二人共同经历了交换情感、认知和行为的应激状态。这一修复机制奠定了"互动恢复"现象的基础，照料者的参与恢复了二人的同步失调（Schore，1994，1996）。如果说依恋是对互动性同步的调节的话，那么应激（失调）就可定义为互动顺序的不同步，紧随其后的同步时刻就可让应激恢复，即再次调节。我们现在认为，负面体验之后再次体验正面情绪的过程至关重要，这可以使孩子学习到负面的东西是可容忍的、可耐受的，婴儿复原力的最好代表就是孩子和父母从正面情绪到负面情绪、再到正面情绪的转换能力。在应激状态之下的复原力是依恋能力的基本指征。

在出生后的第一年里，对互动游戏中正面情感状态以及互动恢复中的负面状态的唤醒调节，为婴儿与主要照料者之间形成的依恋纽带奠定了基础。依恋的一个重要功能就是促进同步，或在有机体的水平上调节生物行为系统，因而依恋可定义为在有机体之间调节生物同步（Wang，1997；Schore，2000a，b）。换一种说法就是，依恋是二人（互动）调节情绪（Sroufe，1996）。婴儿依恋着心理生物同步调节的主要照料者，她不仅可以让负面情绪最小化，而且可以让出现正面情绪的机会最大化。

这些数据强调了一个被很多情绪理论家忽视的基本原则：情感调节不仅仅是对负面情绪的抑制，也包括放大和强化正面情绪，这是形成更复杂的自我组织的必要条件。依恋也不仅仅指在失调的体验、负面的应激状态之后重建安全感，它也是对正面情绪的互动放大，比如在游戏状态下。被主要照料者熟悉地、可预测地调节过的情感交流，不仅制造出安全感，而且创造出充满积极的好奇心，刺激出对新奇的社会情感与物理环境进行自我探索的萌芽。

依恋的动力与右脑的发育神经生物学

当前的研究显示"学习如何交流代表着也许是发生在婴儿阶段最重要的发展过程"（Papousek & Papousek，1997：42）。然而这些情感交流又是如何影响大脑发育的呢？Trevarthen（1993）对母婴的原型对话的研究与这个问题直接相关。伴随着眼对眼信息的是听觉发声、触觉刺激以及躯体姿势，这些都引发母婴二人组兴奋和愉悦的正面情绪。但 Trevarthen 也关注到了内部结构——功能因素（见图1.4），强调"人类儿童大脑发育的基本调节因子被情感的交流特别编写为成双成对的，从而与成人大脑的调节因子适配"。进而，二人的共振最终促成了正面情绪的大脑状态之间的互相协调。

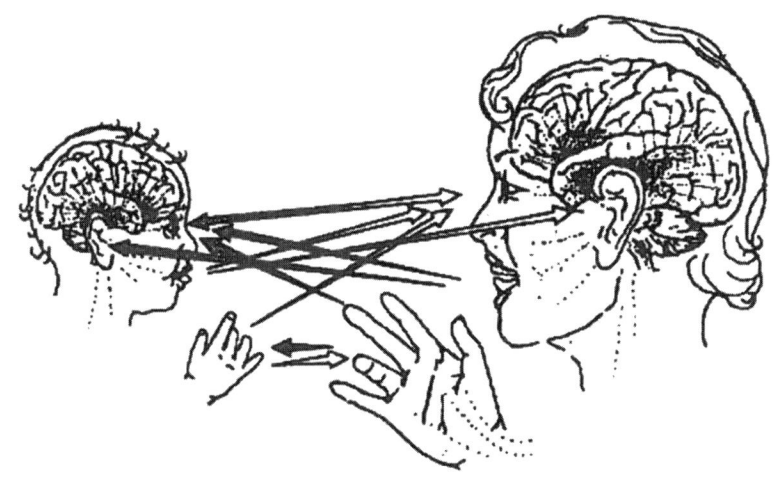

图1.4 原型对话中面对面交流的通道。原型对话被以下因素所调节：眼对眼的定向、发声、手势、手臂和头部的运动，所有这些都被用于协调表达人际的意识和情绪。（改编自Trevarthen，1993）

Trevarthen 对引发即时情绪效果之"情感交流"的描述,与 Buck 的"自发情感交流"的特征描述相互印证:

> 自发交流是发出者物种特异的表达性展示,如果接收者注意到了,就会激活情感的前协调状态,直接被接收者感知到……接收者直接理解了展示的"意义"……这种自发情感交流构成了*两个边缘系统之间的对话*……是基于生物性的交流系统,使个体互相之间直接关联:在自发交流中的个体实际上组成了一个生物单元……*与另一方的直接关联是自发交流的本质,代表了可以满足饱含情感的社会动机的依恋*。
>
> (Buck, 1994: 266,*斜体字为作者所标*)

Buck 认为这种基于生物性的自发情感交流系统位于大脑右半球,这与其他研究所显示的自发手势和情感交流的右侧优势相一致。

这些充满了情感的、心理生物协调的面对面互动发生在母婴游戏和互相修复的情境下,在出生后的4—9个月逐渐增多,而这正是边缘系统成熟的时间段。依恋的习得机制——印刻,被定义为母婴之间刺激与行为顺序的同步。这些事件对加工社会情感信息的大脑回路——边缘系统基于体验的成熟是非常关键的。在我近期的工作中,有证据显示,在出生后头两年的发育过程中,右侧边缘结构的发展被同步情感交换所印刻。出生后头3个月的社会情感体验会影响右侧杏仁核基于体验的成熟;4—9个月会影响右侧前扣带回;10个月到2.5—3岁会影响右侧眶额叶区域(Schore, 2001a)。

基于右半球在2岁前处于生长突增期的原则,它与边缘系统的连接比后发育成熟的左半球更为紧密,它是面部加工的核心区域,特别是右侧边缘结构为一系列越来越复杂的依恋体验所影响。因而:

> 婴儿的情感体验通过声音、形象和图片这些组成婴儿早期学习体验的大部分内容得以发展,并在大脑个体发育的形成阶段不成比例地存储或加工于右半球。
>
> (Semrud-clikeman & Hynd,1009:198)

Ryan 及其同事通过 EEG 和神经成像数据得出结论,"积极的情感交流源自父母支持婴儿自主性的养育,它包括右半球皮层以及全脑主要情绪调节的皮层下系统的参与"(Ryan et al., 1997:719)。

Tronick 等(1998)进一步阐述了,对社会情感交流过程的微调如何在母婴二人组之间启动了扩展意识的主体间性状态,即"相互在每一方的大脑中绘制每一个互动者的意识状态之(部分)元素"(Tronick & Weinberg,1997:75)。他们认为,当婴儿的自我组织系统与母亲的系统耦合时,可以形成一种大脑组织,并扩展成为更加一致和复杂的意识状态。我认为 Tronick 描述的就是神经学家 Edelman(1989)所谓的原始意识,将属于生物自我的本能与情感信息,和属于外部现实的存储信息加工联系起来。Edalman 也认为原始意识位于右脑。

这些双向同步的、充满情感的交流诱发高水平的代谢能量,来协调发育中的、与加工社会情感信息有关的右脑回路。有人认为"母亲向孩子投入更多能量以促成更大的大脑"(Gibbons,1998:1346)。用自我组织理论的术语来说,就是在情感同步的时刻相互渗入的右脑可以诱发一个放大了的能量流,使组织的一致性成为可能,让婴儿的右脑承担起更为复杂的状态。

然而,现在也有证据支持这样的观点:母亲的大脑组织同样被依恋的互动所影响着。一项对哺乳动物早期母婴互动的神经生物学研究发现,母亲大脑的树突生长也增加了(Kinsley et al., 1999)。作者们总结了妊娠晚期和产后早期的那些事件：

> 可能实际上重塑了（母亲的）大脑，造就了一个更为复杂的器官，使之适应要求越来越多的环境……如果认为母亲照顾孩子的关系是单向性的，那就是忽视了来自对方的那些潜在的、丰富的感官线索也可以丰富母亲的环境。通过提供这样的刺激，（婴儿）既可以保证自己的生存发育，也可以确保母亲的发展。
>
> （Kinsley *et al.*, 1999：137）

右脑与依恋心理学

生存，是婴儿发展适应能力的首要目标，因此关注情绪发展将我们带回到生物有机体的水平上去，即躯体的范畴。基本的生存功能包括调节右脑的大脑／心智／躯体状态。Lieberman（1996）在一篇重要的文章中写到，当前的发展模型基本上全都聚焦于认知，她说"婴儿的身体，及其快乐与挣扎，在这个画面中很大程度上缺失了"（Lieberman, 1996：289）。我想再次重申，有关右半球的发育和动态运行的信息，对于更深入地理解有机体的躯体／社会／情感基质的进化是至关重要的（Schore, 1994；Devinsky, 2000）。

这一半球显著地关系到对直接从躯体收到的信息的解析。右半球的功能与以下这些方面有关：允许个体以情感方式理解躯体刺激并做出反应；明确自我的躯体形象及其与环境的关系；区分自我与非我（Devinsky, 2000）。这些发展优势特别被依恋关系所影响，因而具有情感调节作用的依恋互动，除了带来神经生物学意义上的结果，还会引发婴儿躯体状态，即心理生物水平上的重要事件（Henry, 1993；Schore, 1994）。温尼科特

(1986：258）所谓"重要的是母婴之间以解剖学和生理学意义上的、活的躯体形式来交流。"

这些躯体对躯体的交流也包括右脑对右脑的互动。的确，绝大多数人类女性用（由右半球控制的）身体左侧怀抱晃动婴儿，这一倾向在女性中很常见，但在男性中却不是，这与惯用右手或左手无关，并广泛见于所有的文化当中（Manning *et al*., 1997）。有人认为这种左侧怀抱倾向"帮助从婴儿那里来的情感信息流通过左耳和左眼进入情感解码中心，即母亲的大脑右半球"（Manning *et al*., 1997：327）。正如神经学家 Damasio（1994）所说的那样，这一半球包含了最多大脑感知到的、可理解、整合的躯体状态图示。

25年前，Basch 推测"母婴的语言由双方无意识的自主神经系统所产生的信号组成"（Basch，1976：766）。这一概念与很多发展心理生物研究相一致，这些研究描述了依恋关系通过母婴双方的互动，在主要的激素、自主和中枢神经系统的相互调节方面的作用。Hofer（1990）强调了"潜在"调节过程的重要性，即照料者更成熟、更分化的神经系统调节婴儿"开放"的、不成熟的体内平衡系统。因此，Buck（1990）对依恋的神经心理描述——边缘系统之间的对话，与 Hofer 对成人与婴儿通过高级组织连在一起的个体体内平衡系统的心理生物描述是同质的。

重要的是，Hofer 将后者的关系情境重点描述为相互调节的"共生"状态，这些状态与共生的概念有关，已然在近期发展精神分析的文章中备受争议。这个争论围绕着马勒等人（1975）对正常共生期的描述，此时婴儿的"行为和功能好像与母亲形成一个全能系统——在一个共同边界之内的二人联合体"（Mahler *et al*., 1975：8）。尽管共生的婴儿模模糊糊地意识到母亲是他快乐体验的来源，他仍处于一种"未分化的状态，与母亲融合的状态，处身其中'我'还没能从'非我'中分化出来"（p.9）。

这后一个共生的定义背离了经典生物学概念，为精神分析的超心理学所独有。当前的证据也许不能直接支持婴儿意识局限性的推断,也不能支持仅以此一特征描述婴儿行为的整个阶段。但是,面对面的情感同步时刻的确在2—3个月时开始出现,即马勒之共生期的到来,这也的确诱发了高水平的积极唤醒,这种相互协调的顺序可以描述为马勒等人(1975)所谓的"最佳相互提示"。在马勒最早的文章(1968)中,她也的确强调了这些互动的情感实质,称之为"母亲养育照顾时情感的密切交往,一种社会共生"。

但更为重要的是,Hofer的工作以及近期的大脑研究都呼吁共生定义回归其生物学缘起。《牛津字典》给出了希腊词源,"一起生活",从而定义共生为:两个不同的、生活在紧密的物理联系中的有机体之间的互动,特别是每一方都让对方获益(楷体为作者所标)。另一个更为基础性的定义来自生物化学:"共生是不同有机体之间的联系,这种联系使各方生存能力增强"(Lee et al., 1997:591)。现在回顾一下Buck(1994)将情感沟通二人组描述为"事实上的生物单元",这个概念回应了Polan和Hofer(1999)将二人组描述为:一个由母婴构成单元的自组织调节系统。这些概念都认为充满积极的心理生物协调的依恋互动之情感同步是一种生物性的共生。

因此,共生的概念以有机体之间生物性同步的互动调节反映在依恋的概念之中。Cole在讨论依恋关系的面部信号之核心作用时主张:"正是通过分享面部表情,母亲和婴儿合二为一。在更为达尔文式的生物学语境中,婴儿与母亲的连接是保证其生存的关键"(Cole, 1998:11)。让我们回顾一下鲍尔比(1969)的观点:依恋的发展关系到生存这件生死攸关的大事,婴儿应对压力的能力与母亲的特定行为有关。早期发育的右半球对依恋起到支配性的作用,对于调控诸如支撑生存、使有机体适应压力源这样一些关键功能也至关重要(Wittling & Schweiger, 1993; Schore, 1994, 2001a, b, e, 2002c)。

右脑调节系统的组织

富于社会情感的大脑右半球，其独特的功能能力有哪些？神经成像研究显示，右半球专门加工为个体所熟悉的面部（Nakamura *et al.*, 2000），在形成依赖情感效价的、自动的、前注意评估的、情绪的面部表情时比左半球更快（Pizzagalli *et al.*, 1999）。这些是由以下意识域限之下的东西来匹配的：右侧皮质之下的"非言语情绪词典"，诸如面部表情、韵律（声音的情感语气）、姿态等非言语的情绪信号词汇表（Borod *et al.*, 1998；Bowers *et al.*, 1993；Dimberg *et al.*, 2000；George *et al.*, 1996）。这呼应了鲍尔比（1969）的推测：母婴联结发生在"面部表情、姿势、声音的语气"之脉络中，依恋的体验构建了个体独特的情感词典。但除此之外，躯体感觉的加工、内脏与躯体状态的表征、身体的感觉都主要由"非优势"半球所控制（Coghill *et al.*, 2001；Damasio, 1994；Devinsky, 2000）。

的确，右半球皮质（参见图1.5）比左半球更多地含有与以下两个系统之间大量的双向连接：快速加工情感信息的边缘系统和引发情感状态中的躯体成分的自主神经系统。这一特殊解剖结构使其在加工和表达意识域限之下的情感信息时占据统治地位。它向边缘系统传递感觉信息，使输入的社会信息与正面或负面的动机与情感状态相连，正如弗洛伊德所推断的那样，对快乐-不快乐的程度进行校准（见 Schore, 2001a, 2002a）。

现在，情感被定义为被两种对立的动机系统所控制的动作倾向性：引发趋近行为的欲望系统，以及引发回避行为的厌恶系统。当厌恶系统占主导时防御反应增加，当欲望系统占主导时防御反应减少，而两者的激发与否是由唤醒水平调节的（Lang, 1995）。与这一原则相呼应，我在近期的文章中提出，右脑的双向皮层——边缘自主回路基本上沿着欲望-厌恶的维度对社会、情感、身体信息做出加工处理，最终由包括参与度、趋近与依恋或是一整套远离的处理、回避、逃跑、防御等行为的倾向性表达出来（Schore，1994，1996，2001a）。

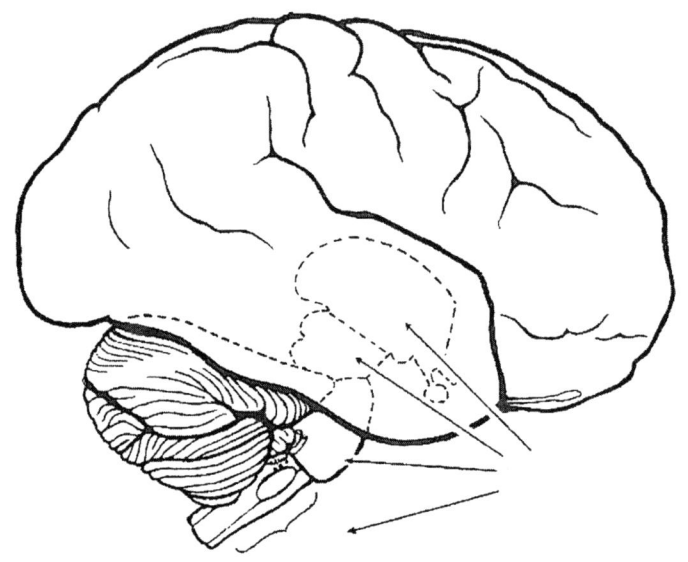

图1.5　右半球脑干结构与皮层表面的关系（摘自Smith，1981）

此外，当前的作者们提出"喙状边缘系统"的概念，它是由眶额叶、岛叶皮层、前扣带回以及杏仁核等相互连接的边缘区域的层级顺序所组成（见Schore，2001a）。这些3层的、右侧纵向组织的边缘回路，可以使皮层加工的、关于外部环境的信息（诸如从依恋客体包含情绪的面部传达出的视觉和听觉刺激）整合到皮层下加工的关于内部的、内脏环境的信息中去（诸如躯体的自我状态在当下的变化）。当高级皮层和低级的皮层下边缘水平同步地、自上而下和自下而上地相互沟通时，右脑这一无意识系统承担着一个高效的、紧密结合的系统角色，它可以快速地、相对灵活地适应动态转换着的内部与外部世界的要求，而又适应性地保持着连贯的主观体验，不管人际的和自己头脑中的情境如何变化。

在内隐程序记忆中（Hugdahl，1995），右半球存储了一个依恋关系的内部工作模型，决定了个体情感调节的性格倾向。对于安全型依恋的个体而言，这个表征编码了这样的期待：自我平衡的打破是可以修复的，这让孩子自行调节那些此前需要照料者的外部调节的功能。终其一生，这些无意识的内部工作模型都会被当作未来行动的指导。多个研究揭示了右半球是饱含情感的自传体记忆之基础（Fink *et al*., 1996），"与自我有关的"材料以及"自我识别"都是在右半球得到加工的（Keenan *et al*., 2001）。

更进一步来讲，这一"非优势"半球的活动，而非在它之后成熟的言语-语言学的左侧"优势"半球，有助于对其他人的情感状态的觉察，即共情（Schore，1994，1996，1999a，2000b）。一项最新神经成像研究报道了"以视觉呈现的面部表情来识别情绪，需要右侧躯体感觉皮质的参与"，以这种方式"我们识别出另一个体的情感状态，当呈现某种面部表情时，通过内部引发的躯体感觉表征，刺激个体如何感觉"（Adolphs *et al*., 2000：2683）。当然，共情是一种道德情感，很多作者都曾指出，右半球情感形象加工在道德发展过程中的重要性（Vitz，1990，Schore，1991，1994，1998b）。因而，依恋的体验直接影响道德发展的神经生物学基础。

因此，与另一个人的状态共情的适应能力有接收和表达两个方面，在母婴右半球基于生物性的、发生在"边缘系统之间的对话"之自发情感交流中这两方面都需要参与。最新研究显示，联合注意，即充满情感的二人之间的互动，让婴儿体味到"另一个人是对世界的心理态度的所在地，另一个人以这样一种方式'关注着我'，使分享体验成为可能"（Hobson，1993：267），这样的联合注意也有右半球的参与（Kingstone *et al*., 2000）。

在出生后的第二年，婴儿有能力形成一种"心智理论"，即个体将心理状态归咎于自我或他人，并在这样的状态基础上预期行为。人类的"右侧心智"从一开始就不仅仅指向评估他人的外显行为，它还试图去理解其他人类的心智（Schore 1998a）。此外，现在有越来越多的证据显示，右半球的早期功能在语言发展、特别是情感语言的发展中起关键作用（Locke，1997；Schumann，1997；Snow，2000）。

右脑包含参与"强烈情感的自我平衡过程"的情感调节回路，不仅调节着生物性的、原始的负面情绪，诸如愤怒、害怕、恐怖、厌恶、羞耻以及不可救药的绝望等；还调节着强烈的正面情绪，诸如高兴与欢乐（Schore，1994，1996，1997a，1999b，2001a，b）。这一半球包含"一个独特的反应系统，让有机体做好准备，有效应对外部挑战"，其适应功能据此协调着人类的应激反应（Wittling，1997：55）。因此它与生死攸关的、确保生存的功能直接相关，使有机体积极或消极地应对压力。

在安全型依恋的个体身上，右脑的最高层级——眶额叶皮层（Schore，1994，1998a，2001a，b）的功能是整合、分配情感动机的重要性与认知的影响，在情感相关的意义加工过程中（Teasdale et al., 1999），在产生带有情感成分的心智理论时（Stone et al., 1998：651），让情感与观点、想法相结合（Joseph，1996）。这一功能在不太确定的情境、情绪压力的时刻（Elliott et al., 2000）最为明显，它帮助个体在新环境或矛盾状态下尽早调动有效行为策略（Savage et al., 2001）。由此，这位社会-情感大脑的"高级主管"充当了一种应对机制，有效地监控和自动调节不仅是正面，还有负面情感状态的长度、频率和强度，因此成为人格发育的核心特质。的确，我们现在认为"眶额叶皮层与人类的核心功能有关，诸如社会适应、情绪控制、驱力与责任感这样一些定义一个个体'人格'的关键特质"（Cavada & Schultz，2000：205）。

这个右侧化的自我系统在出生后第二年的中期发育成熟，使个体扩展情感阵列、生成思考和调节这些情感状态的能力成为可能。自我调节的核心也因此是非言语的、无意识的。右半球"自我修正"系统的功能对于自我调节非常重要，即通过与他人的互动来灵活调整情感状态的能力，在互相依赖、互相连接的脉络中相互调整——这是两个人的心理学；不通过与他人的互动，在独立、自主的情境下自我调节——这是一个人的心理学。依据社会性的脉络，在这两个调节模式之间转换的适应能力，是从一个成熟中的生物有机体的安全依恋互动史以及心理生物协调的社会环境之中涌现出来的。

持续的右脑成熟与情绪发展

右半球是肉体与情感自我的神经生物学所在地，它在出生后的第二年继续处于生长期。在19—28个月，大脑两半球可首次整合和协调视觉信息（Liegeois et al., 2000），这一发育优势可以使面部的视觉情感以及躯体信号被右半球加工成复杂的主观情感状态，之后与左半球交流，开展进一步的语义加工。这种两半球的活动可能使孩子的情感体验之叙述得以出现。

右半球是人类无意识的生物学基础，在出生后的第二年结束了它的首次、也是最广泛的生长期，与此同时左半球开始生长（Thatcher, 1994）。在这一时期右半球仍处于主导地位，据 Chiron 等（1997）报道，1—3 岁期间的静息脑血流呈现出右侧优势，之后在第 4 年转换到左侧。他们的结论是："右侧与左侧的不对称可能与连续出现的功能有关，即首先集中在右侧（视觉空间能力），之后集中在左侧后脑联想区（语言能力）"（p.1064）。

我认为，大多数成人大脑的常见组织模式，即左半球优势的启动，是左侧前额叶胼胝体轴突向右侧生长的结果。Levin（1991）指出，胼胝体的传输始于 3.5 岁，这也是弗洛伊德非常感兴趣的年龄段：

> 因而，俄狄浦斯期的开始是心理发展与神经解剖发育的分水岭，它与半球之间整合其活动能力（或不能）的启动相一致（p.21）。这种防御功能的发展被弗洛伊德称为压抑的屏障，它由不断增强、却可逆的左半球压倒右半球的优势来实现，我们已知

它发生在大脑发育成熟的过程之中。

（Levin，1991：194）

Basch（1983）也提出"压抑是从情景记忆到语义记忆、从右脑到左脑被阻断了的过程"（p.151）。

这意味着在发展的这一时段，大脑两半球都有能力形成独立的自我表征，一个存储在显性记忆、可诉诸语言的左脑，而另一个存储在隐性记忆的右脑。右半球含有配置了情感的表征系统：编码了独特的自我与客体形象，与左脑词汇-语义的模式非常不同（Watt 1990）。这一两半球的系统（Siegel，1999）使右脑系统与左脑系统（右侧心智-左侧心智）之间的竞争成为可能。特别是冲突的出现，如 Brenner（1982）所说，包括此时活跃起来的性和攻击驱力也出现了。

右半球在一生中的稍后阶段继续其后续的（但远没有如此充沛的）生长期（Thatcher，1994；Epstein，2001）。现在我们认为，在这些后续阶段新形成的、减少了的突触连接受到已经形成了的、基础性的突触连接的限制，因此只有在之前的阶段最大限度地装配好了，才能有最大限度的发育成熟（Epstein，2001）。因而，个体持续发育的右脑的潜能、情感自我与肉体自我的出发点以及动力性的无意识，都与右脑受依恋影响的早期组织有关。在婴儿期，这种右侧皮层-皮层下系统的进一步生长是非常依赖于体验的。

正如 Erikson 所描绘的那样（1950；Seligman & Shanok，1995），这种扩展随着发展中的个体面临之后的人生阶段所固有的压力而出现，包括童年期、青少年期以及成人期。每一次个体发育的扩展都带来更加复杂的右脑表征，但最早形成的情感调节策略，是由情感同步的依恋互动所共同创造出来的，它可以调节正面情绪，也通过互相修复来调节负面情绪，为处理之后新的、更为挑战的社会情感环境所固有的压力提供基本的应对机制(Schore, 2001a)。

例如,当学步儿成长为幼儿时,与年龄相适宜的同伴间的互动有赖于有效的右脑能力,使其参与到与其他儿童关系性的、非言语的情感互动中去。这种能力包括无意识地、但有效地读懂面部表情和语气的能力,由此来理解同伴与老师的意图;共情性地与他人的状态共鸣;交流情感状态、调节人际情感,由此来应对童年早期新的、外在的人际压力。现在我们知道,右半球和左半球都在4—10岁之间进入到后续的生长期,大脑额叶持续地再组织,童年后期认知-情感的进步反映了右脑内部,以及情感的右半球和语言-语义的左半球之间更为复杂的连接。

大脑在青春期经历了重大的再组织,这一发育成熟对在这个童年期与成人期之间的、巨变的阶段常见的多重心理变化有所帮助。Spear 指出"从快速的生物心理社会成长以及变化的环境特征与要求这两方面来说,青春期仅次于新生儿期"(Spear, 2000: 428)。这些数据均显示,支持情感调控、自我调节、压力应对机制的右脑回路被重塑了。然而,在失衡状态的过渡期,即右侧自我调节系统重新组织的过程中,安全型依恋的儿童青少年可以得到有情感回应的父母的互动调节。原始依恋客体以这种方式继续支撑着个体刚刚开始出现的、更为复杂的调节能力。

对于安全型依恋的个体而言,或那些与具备安全依恋、并可作为相互调节者的个体互动的人而言,无意识的内部工作模型可以变得更加复杂。右脑依赖于体验的扩展反映在人类一生当中无意识的生物基质的生长上(Schore, 2001c, 2003a, b)。无意识的最新概念被概括为"有内聚力的、持续活跃的心理结构,它关注着人生的体验,根据其解读机制而做出反应"(Winson, 1990: 96)。

如上所述,非优势的右脑在保持"一致的、连贯的、统一的自我感觉"中扮演着非常重要的角色(Devinsky, 2000)。这一自我系统,在科胡特的精神分析文章中称作自体心理学(1971),在神经精神分析的文章中也有提及（Schore，1994），它持续不断地在一生的不同阶段发展得更为复杂、更为有效、更为灵活。这一自我调节、自我矫正的动力系统的持续个体发生，使得情感交流的自我边界之扩展成为可能。早期右脑无意识加工社会情感信息和身体状态的能力，不仅对自我的发端至为重要，也是一生自我持续发展所必备的。

在情绪发展经历了关系性损害时，各种病态自我（Kohut，1977）以及依恋失调（Bowlby，1969）会反映在右脑结构组织的缺陷上。对这种"发展性阻滞"（Stolorow & Lachmann，1980）的心理治疗应指向发展的基本模式的可塑性（Emde，1990）以及被打断的发展过程的完成性等方面（Gedo，1979）。这种对社会情感自我的生理基质（Schore，1994；Devinsky，2000），即"右侧心智"发育的再活化（Ornstein，1997），可以发生在有助于成长的环境中，有情感调节作用的治疗关系会优化"已有的心理结构"（Kohut，1984：98）。

在神经精神病学的文献中，Rotenberg 写道：

> 心理治疗师与来访者之间情感关系的重要性可以解释为，在这种关系过程中右半球活动的恢复。心理治疗过程中的情感关系以这种方式覆盖了由于童年早期缺乏情感关系所引发的缺陷。
>
> （Rotenberg，1995：59）

我在一系列的文章中都曾提到治疗联盟中右半球对右半球的沟通模式（正如母婴二人组一般）能直接进入、调节和改变无意识结构的发展（Schore，1994，1997b，1998c，1999c，2001c，2002b，d）。治疗关系以这种方式"治愈患者，即通过学习加工和调节情感的方法，患者首先得以在心理层面生存下去，之后得以转化"，从而引发"患者的无意识情感调节结构"的改变（Spezzano，1993：215-216）。

相互建构的治疗情境会增强主体间的共振,聚焦于情感的沟通与调节,这是发展性(Hurry,1998)治疗的关键因素。关系性的、有助于成长的环境可以活化心理生物协调的依恋机制,使情感同步,这种互动修复对于从不安全依恋到"习得性安全"(Phelps et al., 1998)依恋之治疗性改变是非常重要的。最新研究认为,聚焦于依恋的心理治疗目标是对内在情感平衡的互相调节和以隐含的程序记忆编码的互动表征之再建构(Amini et al., 1996)。

让我们回顾一下边缘系统的特征:加工情感、组织新的学习内容、适应快速变化的环境的能力(Mesulam,1998),这些都是心理治疗体验的组成部分。因此,在治疗联盟中充满情感的互动瞬间,是治疗性地修改情感体验的必要因素。《美国精神病学杂志》(*American Journal of Psychiatry*)的编辑 Andreasen 认为,精神分析式的密集治疗"可以看作是对深深嵌入边缘系统的记忆和情感反应的长期再建构和再组织"(Andreasen,2001:314)。

Brown(1993)主张,由于情绪发展的过程持续到成年之后,这带来观察和理解自我心智的可能性。"成人的情感发展让我们有可能对心理功能的过程本身进行自我观察和反思"(p.42)。这不仅简单地包括体验之中的情感内容,而且包括情感被体验到的过程——它是如何被自我体验到的、如何告知自我它与内部及外部现实的关系。"心理治疗的目的是训练对情感过程的有意识反思,就这个意义而言它是成人情感发展的媒介"(p.56)。

我认为 Brown 所描述的是右脑的复杂运行之发展过程:躯体和情感的自我感觉(Devinsky,2000;Schore,1994);依恋关系的内部工作模型的存储,指导着对体验的评估(Schore,1994);对个体有意义的社会情感信息的加工(Schore,1998a);重要功能的活化,使有机体积极或消极地面对压力(Wittling,1997);对他人的情感状态共情的能力(Schore,1996);在道德发展过程中对情感-意象过程的调节（Vitz, 1990）；应对日常压力的一种机制——对幽默的欣赏（Shammi & Stuss, 1999）；与觉察有关的未解决的问题之解决（Beeman & Bowden, 2000）；对叙述性理解的支持（Robertson & Gernsbacher, 2001）；对自己的过去之大脑表征，和自传体记忆的激活（Fink et al., 1996）；"与自己相关的世界"之建立（Van Lancker, 1991）；以及"心理表征和意识到对过去、现在、未来的主观体验之能力"（Wheeler et al., 1997: 331）。因此，情绪发展在持续一生的自我扩展过程中占据了核心地位。

（曾林　译）

参考文献

Adolphs, R., Damasio, H., Tranel, D., Cooper, G. and Damasio, A.R. (2000). A role for somatosensory cortices in the visual recognition of emotion as revealed by three-dimensional lesion mapping. *Journal of Neuroscience 20*: 2683-2690.

Amini, F., Lewis, T., Lannon, R. *et al.* (1996). Affect, attachment, memory: contributions toward psychobiologic integration. *Psychiatry 59:* 213-239.

Andreasen, N. C. (2001). *Brave New Brain.* New York: Oxford University Press.

Basch, M. F. (1976). The concept of affect: a re-examination. *Journal of the American Psychoanalytic Association 24:* 759-777.

Basch, M. F. (1983). The perception of reality and the disavowal of meaning. *Annual of Psychoanalysis 11:* 125-154.

Beebe. B. and Lachman, F. M. (1988). Mother-infant mutual influence and precursors of psychic structure. In Goldberg, A. (ed.). *Progress in Self Psychology,* Vol. 3, 3-25. Hillsdale, NJ: Analytic Press.

Beebe, B. and Lachmann, F. M. (1994). Representations and internalization in infancy: three principles of salience. *Psychoanalytic Psychology 11:* 127-165.

Beeman, M. J. and Bowden, E. M. (2000). The right hemisphere maintains solution-related activation for yet-to-be-solved problems. *Memory & Cognition 28:* 1231-1241.

Bergman, A. (1999). *Ours, Yours, Mine: Mutuality and the Emergence of the Separate Self.* Northvale, NJ: Analytic Press.

Blonder, L. X., Bowers, D. and Heilman, K. M. (1991). The role of the right hemisphere in emotional communication. *Brain 114:* 1115-1127.

Borod, J., Cicero, B. A., Obler, L. K., Welkowitz, J., Erhan, H. M., Santschi, C., Grunwald, I. S., Agosti, R. M. and Whalen J. R. (1998). Right hemisphere emotional perception: evidence across multiple channels. *Neuropsychology 12:* 446-458.

Bowers, D., Bauer, R. M. and Heilman, K. M. (1993). The nonverbal affect lexicon: theoretical perspectives from neuropsychological studies of affect perception. *Neuropsychology* 7: 433-444.

Bowlby, J. (1969). *Attachment and Loss. Vol. 1: Attachment.* New York: Basic Books.

Brenner, C. (1980). A psychoanalytic theory of affects. In Plutchik, R. and Kellerman, H. (Eds), *Emotion: Theory, Research and Experience,* Vol. l. New York: Academic Press.

Brenner, C. (1982). *The Mind in Conflict.* Madison, CT: International Universities Press.

Brown, D. (1993). Affective development, psychopathology, and adaptation. In Ablon, S. L., Brown, D., Khantzian, E. J., Mack J. E. (eds), *Human Feelings: Explorations in Affect Development and Meaning,* 5-66. Hillsdale, NJ: Analytic Press.

Buck, R. (1994). The neuropsychology of communication: spontaneous and symbolic aspects. *Journal of Pragmatics 22:* 265-278.

Cavada, C. and Schultz, W. (2000). The mysterious orbitofrontal cortex. Foreword. *Cerebral Cortex 10:* 205.

Chiron, C., Jambaque, I., Nabbout, R., Lounes, R., Syrota, A. and Dulac, O. (1997). The right brain hemisphere is dominant in human infants. *Brain /*20:1057-1065.

Cicchetti, D. and Tucker, D. (1994). Development and self-regulatory structures of the mind. *Development and Psychopathology 6:* 533-549.

Coghill, R. C., Gilron, I. and Iadorola, M. J. (2001). Hemispheric lateralization of somatosensory processing. *Journal of Neurophysiology 85:* 2602-2612.

Cole, J. (1998). *About Face.* Cambridge, MA: MIT Press.

Connelly, K. J., and Prechtl, H. F. R. (1981). *Maturation and Development: Biological and Psychological Perspectives.* Philadelphia: Lippincott.

Cooper, A. M. (1987). Changes in psychoanalytic ideas: transference interpretation. *Journal of the American Psychoanalytic Association 35:* 77-98.

Damasio, A. R. (1994). *Descartes' Error.* New York: Grosset/Putnam.

Devinsky, O. (2000). Right cerebral hemisphere dominance for a sense of corporeal and emotional self. *Epilepsy & Behavior 1:* 60-73.

Dimberg, U. and Petterson, M. (2000). Facial reactions to happy and angry facial expressions: evidence for right hemsphere dominance. *Psychophysiology 37:* 693-696.

Dimberg, U., Thunberg, M. and Elmehed, K. (2000). Unconscious facial reactions to emotional facial expressions. *Psychological Science* 11: 86-89.

Dobbing, J. and Sands, J. (1973). Quantitative growth and development of human brain. *Archives of Diseases of Childhood 48:* 757-767.

Edelman, G. (1989). *The Remembered Present: A Biological Theory of Consciousness.* New York: Basic Books.

Elliott, R., Dolan, R. J. and Frith, C. D. (2000). Dissociable functions in the medial and lateral orbitofrontal cortex: evidence from human neuroimaging studies. *Cerebral Cortex 10:* 308-317.

Emde, R. N. (1983). The pre-representational self and its affective core. *Psychoanalytic Study of the Child 38:* 165-192.

Emde, R. N. (1990). Mobilizing fundamental modes of development: empathic availability and therapeutic action. *Journal of the American Psychoanalytic Association* 38: 881-913.

Epstein H. T. (2001). An outline of the role of brain in human cognitive development. *Brain and Cognition 45:* 44-51.

Erikson, E. (1950). *Childhood and Society.* New York: W. W. Norton.

Feldman, R., Greenbaum, C. W. and Yirmiya, N. (1999). Mother-infant affect synchrony as an antecedent of the emergence of self-control. *Developmental Psychology, 35:* 223-231.

Field, T. and Fogel, A. (1982). *Emotion and Early Interaction.* Hillsdale, NJ: Erlbaum.

Fink, G. R., Markowitsch, H. J., Reinkemeier, M., Bruckbauer, T., Kessler, J. and Heiss, W.-D. (1996). Cerebral representation of one's own past: neural networks involved in autobiographical memory. *Journal of Neuroscience, 16:* 4275-4282.

Fox, N. A., Calkins, S. D. and Bell, M. A. (1994). Neural plasticity and development in the first two years of life: evidence from cognitive and socioemotional domains of research. *Development and Psychopathology 6:* 677-696.

Freud, A. (1965). *Normality and Pathology in Childhood.* New York: International Universities Press.

Gedo, J. E. (1979). *Beyond Interpretation.* New York: International Universities Press.

George. M. S., Parekh, P. I., Rosinsky, N., Ketter, T. A., Kimbrell, T. A., Heilman, K. M., Herscovitch, P. and Post, R. M. (1996). Understanding emotional prosody activates right hemispheric regions. *Archives of Neurology 53:* 665-670.

Gibbons, A. (1998). Solving the brain's energy crisis. *Science 280:* 1345-1347.

Henry, J. P. (1993). Psychological and physiological responses to stress: the right hemisphere and the hypothalamo-pituitary-adrenal axis, an inquiry into problems of human bonding. *Integrative Physiological and Behavioral Science 28:* 369-387.

Hobson, R. P. (1993). Through feeling and sight to self and symbol. In Neisser, U. (ed.), *The Perceived Self: Ecological and Interpersonal Sources of Self-Knowledge,* 254-279. New York: Cambridge University Press.

Hofer, M. A. (1990). Early symbiotic processes: hard evidence from a soft place. In Glick, R. A. and Bone, S. (eds), *Pleasure Beyond the Pleasure Principle,* 55-78. New Haven, CT: Yale University Press.

Hugdahl, K. (1995). Classical conditioning and implicit learning: the right hemisphere hypothesis. In Davidson, R. J. and Hugdahl, K. (eds), *Brain Asymmetry,* 235-267. Cambridge, MA: MIT Press.

Hurry, A. (1998). Psychoanalysis and developmental therapy. In Hurry, A. (ed.), *Psychoanalysis and Developmental Therapy,* 32-73. London: Karnac.

Joseph, R. (1992). *The Right Brain and the Unconscious: Discovering the Stranger Within.* New

York: Plenum Press.

Joseph, R. (1996). *Neuropsychiatry, Neuropsychology, and Clinical Neuroscience,* 2nd edn. Baltimore: Williams & Wilkins.

Keenan, J. P., Nelson, A., O'Connor, M. and Pacual-Leone, A. (2001). Self-recognition and the right hemisphere. *Nature 409:* 305.

Kingstone, A., Friesen, C. K. and Gazzaniga, M. S. (2000). Reflexive joint attention depends on lateral and cortical connections. *Psychological Science 11:* 159-166.

Kinsley, C. H., Madonia, L., Gifford, G. W., Tureski, K., Griffin, G. R., Lowry, C., Williams, J., Collins, J., McLearie, H. and Lambert, K. G. (1999). Motherhood improves learning and memory. *Nature* 402: 137.

Kohut, H. (1971). *The Analysis of the Self.* New York: International Universities Press.

Kohut, H. (1977). *The Restoration of the Self.* New York: International Universities Press.

Kohut, H. (1984). *How Does Analysis Cure?* Chicago: University of Chicago Press.

Lang, P. J. (1995). The emotion probe: studies of motivation and attention. *American Psychologist 50:* 372-385.

Lee, D. H., Severin, K., Yokobayashi, Y. and Reza Ghadiri, M. (1997). Emergence of symbiosis in peptide self-replication through a hypercyclic network. *Nature, 390:* 591-594.

Lester, B. M., Hoffman, J. and Brazelton, T. B. (1985). The rhythmic structure of mother-infant interaction in term and preterm infants. *Child Development, 56:* 15-27.

Levin, F. (1991). *Mapping the Mind.* Mahweh, NJ: Analytic Press.

Lieberman, A. S. (1996). Aggression and sexuality in relation to toddler attachment: implications for the caregiving system. *Infant Mental Health Journal 17:* 276-292.

Liegeois, F., Bentejac, L. and de Schonen, S. (2000). When does inter-hemispheric integration of visual events emerge in infancy? A developmental study on 19- to 28- month-old infants. *Neuropsychologia 38:* 1382-1389.

Locke, J. L. (1997). A theory of neurolinguistic development. *Brain and Cognition 58:* 265-326.

Mahler, M. S. (1968). *On Human Symbiosis and the Vicissitudes of Individuation, Vol. 1: Infantile Psychosis.* New York: International Universities Press.

Mahler, M., Pine, F. and Bergman, A. (1975). *The Psychological Birth of the Human Infant.* New York: Basic Books.

Manning, J. T., Trivers, R. L., Thornhill, R., Singh, D., Denman, J., Eklo, M. H. and Anderton, R. H. (1997). Ear asymmetry and left-side cradling. *Evolution and Human Behavior 18:* 327-340.

Matsuzawa, J., Matsui, M., Konishi, T., Noguchi, K, Gur, R. C., Bilker, W. and Miyawaki, T. (2001). Age-related changes of brain gray and white matter in healthy infants and children. *Cerebral Cortex 11:* 335-342.

Mesulam, M.-M. (1998). From sensation to cognition. *Brain 121:* 1013-1052.

Ornstein, R. (1997). *The Right Mind: Making Sense of the Hemispheres.* New York: Harcourt Brace.

Nakamura, K., Kawashima, R., Ito, K, Sato, N., Nakamura, A., Sugiura, M., Kato, T., Hatano, K,

Ito, K., Fukuda, H., Schorman, T. and Zilles, K. (2000). Functional delineation of the human occipito-temporal areas related to face and scene processing: a PET study. *Brain 123:* 1903-1912.

Papousek, H. and Papousek, M. (1997). Fragile aspects of early social integration. In Murray, L. and Cooper, P. J. (eds), *Postpartum Depression and Child Development,* 35-53. New York: Guilford Press.

Papousek, H., Papousek, M., Suomi, S. J. and Rahn, C. W. (1991). Preverbal communication and attachment: comparative views. In Gewirtz, J. L. and Kurtines, W. M. (eds), *Intersections with attachment,* 97-122. Hillsdale, NJ: Erlbaum.

Phelps, J. L., Belsky, J. and Crnic, K. (1998). Earned security, daily stress, and parenting: a comparison of five alternative models. *Development and Psychopathology 10:* 21-38.

Pizzagalli, D., Regard, M. and Lehmann, D. (1999). Rapid emotional face processing in the human right and left brain hemispheres: an ERP study. *NeuroReport 10:* 2691-2698.

Polan, H. J. and Hofer, M. A. (1999). Psychobiological origins of infant attachment and separation responses. In Cassidy, J. and Shaver, P. R. (eds). *Handbook of Attachment: Theory, Research, and Clinical Applications,* 162-180. New York: Guilford Press.

Robertson, D. A. and Gernsbacher, M. A. (2001). A common network of brain supporting narrative comprehension. Paper presented at Cognitive Neuroscience Society Annual Meeting, New York, March 2001.

Rotenberg, V. S. (1995). Right hemisphere insufficiency and illness in the context of search activity concept. *Dynamic Psychiatry* 150/151: 54-63.

Ryan, R. M., Kuhl, J. and Deci, E. L. (1997). Nature and autonomy: an organizational view of social and neurobiological aspects of self-regulation in behavior and development. *Development and Psychopathology 9* : 701-728.

Sander, L. (1991). Recognition process: specificity and organization in early human development. Paper presented at University of Massachusetts conference, *The Psychic Life of the Infant.*

Sander, L. (2000). Where are we going in the field of infant mental health? *Infant Mental Health Journal 21:* 5-20.

Savage, C. R., Deckersbach, T., Heckers, S., Wagner, A. D., Schacter, D. L., Alpert, N. M., Fischman, A. J. and Rauch, S. L. (2001). Prefrontal regions supporting spontaneous and directed application of verbal learning strategies: evidence from PET. *Brain 124:* 219-231.

Schore, A. N. (1991). Early super-ego development: The emergence of shame and narcissistic affect regulation in the practicing period. *Psychoanalysis and Contemporary Thought* 14: 187-250.

Schore, A. N. (1994). *Affect Regulation and the Origin of the Self: The Neurobiology of Emotional Development.* Mahwah, NJ: Erlbaum.

Schore, A. N. (1996). The experience-dependent maturation of a regulatory system in the orbital prefrontal cortex and the origin of developmental psychopathology. *Development and Psychopathology 8:* 59-87.

Schore, A. N. (1997a). Early organization of the nonlinear right brain and development of a predisposition to psychiatric disorders. *Development and Psychopathology 9:* 595-631.

Schore, A. N. (1997b). Interdisciplinary developmental research as a source of clinical models. In Moskowitz, M., Monk, C., Kaye, C. and Ellman, S. (eds), *The Neurobiological and Developmental Basis for Psychotherapeutic Intervention,* 1-71. Northvale, NJ: Aronson.

Schore, A. N. (1997c). A century after Freud's project: is a rapprochement between psychoanalysis and neurobiology at hand? *Journal of the American Psychoanalytic Association 45:* 841-867.

Schore, A. N. (1998a). The experience-dependent maturation of an evaluative system in the cortex. In Pribram, K. (ed.), *Brain and Values: Is a Biological Science of Values Possible?* 337-358. Mahwah, NJ: Erlbaum.

Schore, A. N. (1998b). Early shame experiences and infant brain development. In Gilbert P. and Andrews, B. (eds), *Shame: Interpersonal Behavior, Psychopathology, and Culture,* 57-77. New York: Oxford University Press.

Schore, A. N. (1998c). Affect regulation: a fundamental process of psychobiological development, brain organization, and psychotherapy. Unpublished address, Tavistock Clinic, London, July 1998.

Schore, A. N. (1998d). The relevance of recent research on the infant brain to pediatrics. Unpublished address, Annual Meeting of the American Academy of Pediatrics, Scientific Section on Developmental and Behavioral Pediatrics, Section Program, Translating neuroscience: early brain development and pediatric practice, San Francisco, CA, October 1998.

Schore, A. N. (1999a). Commentary on emotions: neuro-psychoanalytic views. *Neuro-Psychoanalysis, 1:* 49-55.

Schore, A. N. (1999b). Parent-infant communications and the neurobiology of emotional development. Unpublished address, Zero to Three 14th Annual Training Conference, Anaheim, CA, December 1999.

Schore, A. N. (1999c). Psychoanalysis and the development of the right brain. Unpublished address, First North American International Psychoanalytic Association Regional Research Conference, 'Neuroscience, Development and Psychoanalysis'. Mount Sinai Hospital, New York, December 1999.

Schore, A. N. (1999d). The right brain, the right mind, and psychoanalysis. On-line at the website for *Neuro-Psychoanalysis:* http://www.neuro-psa.com/schore.htm

Schore, A. N. (2000a). Foreword to the reissue of *Attachment and Loss, Vol. 1: Attachment* by Bowlby, J. New York: Basic Books.

Schore, A. N. (2000b). Attachment and the regulation of the right brain. *Attachment & Human Development 2:* 23-47.

Schore, A. N. (2000c). The self-organization of the right brain and the neurobiology of emotional development. In Lewis, M. D. and Granic, I. (eds), *Emotion, Development, and Self-Organization,* 155-185. New York: Cambridge University Press.

Schore, A. N. (2000d). Healthy childhood and the development of the human brain. Unpublished keynote address, Healthy Children Foundation Conference, Luxembourg and World Health Organization, Luxembourg, November 2000.

Schore, A. N. (2001a). The effects of a secure attachment relationship on right brain development, affect regulation, and infant mental health. *Infant Mental Health Journal, 22:* 7-66

Schore, A. N. (2001b). The effects of relational trauma on right brain development, affect regulation, and infant mental health. *Infant Mental Health Journal 22:* 201-269.

Schore, A. N. (2001c). The Seventh John Bowlby Memorial Lecture, 'Attachment, the self-organizing brain, and developmentally oriented psychoanalytic psychotherapy'. *British Journal of Psychotherapy 17:* 299-328.

Schore, A. N. (2001 d). Plenary Address: Parent-infant emotional communication and the neurobiology of emotional development. In *Proceedings of Head Start's Fifth National Research Conference, Developmental and Contextual Transitions of Children and Families: Implications for Research, Policy, and Practice,* 49-73.

Schore, A. N. (2001e). Regulation of the right brain: a fundamental mechanism of attachment, trauma, dissociation, and psychotherapy, Parts 1 and 2. Unpublished addresses, conference, 'Attachment, Trauma, and Dissociation: Developmental, Neuropsychological, Clinical, and Forensic Considerations', University College of London Attachment Research Unit and Clinic for the Study of Dissociative Disorders, London, June 2001.

Schore, A. N. (2002a). The right brain as the neurobiological substratum of Freud's dynamic unconscious. In Scharff, D. and Scharff, J. (eds) , *The Psychoanalytic Century: Freud's Legacy for the Future.* 61-88 New York: Other Press.

Schore, A. N. (2002b). Clinical implications of a psychoneurobiological model of projective identification. In Alhanati, S. (ed.) , *Primitive Mental States, Vol. lll: Pre- and Peri-natal Influences on Personality Development,* 1-65 London: Karnac.

Schore, A. N. (2002c). Dysregulation of the right brain: a fundamental mechanism of traumatic attachment and the psychopathogenesis of posttraumatic stress disorder. *Australian and New Zealand Journal of Psychiatry 36:* 9-30.

Schore, A. N. (2002d). Neurobiology and psychoanalysis: convergent findings on the subject of projective identification. In Edwards, J. (ed.) , *Being Alive: Building on the Work of Anne Alvarez,* 57-74. London: Brunner-Routledge.

Schore, A. N. (2003a). *Affect Dysregulation and Disorders of the Self.* New York: W. W. Norton.

Schore, A. N. (2003b). *Affect Regulation and the Repair of the Self.* New York: W. W. Norton.

Schumann, J. H. (1997). *The Neurobiology of Affect in Language.* Malden, MA: Blackwell.

Seligman, S. and Shahmoon-Shanok, R. (1995). Subjectivity, complexity, and the social world: Erikson's identity concept and contemporary relational theories. *Psychoanalytic Dialogues* 5: 537-565.

Semrud-Clikeman, M. and Hynd, G. W. (1990). Right hemisphere dysfunction in nonverbal learning disabilities: social, academic, and adaptive functioning in adults and children.

Psychological Bulletin 107: 196-209.

Shammi, P. and Stuss D. T. (1999). Humour appreciation: a role of the right frontal lobe. *Brain 122:* 657-666.

Siegel, D. J. (1999). *The Developing Mind: Toward a Neurobiology of Interpersonal Experience.* New York: Guilford Press.

Smith, C. G. (1981). *Serial Dissection of the Human Brain.* Baltimore/Munich: Urban & Schwarzenberg.

Snow, D. (2000). The emotional basis of linguistic and nonlinguistic intonation: implications for hemispheric specialization. *Developmental Neuropsychology 17:* 1-28.

Spear, L. P. (2000). The adolescent brain and age-related behavioral manifestations. *Neuroscience and Biobehavioral Reviews 24:* 417-463.

Spence, S., Shapiro, D. and Zaidel, E. (1996). The role of the right hemisphere in the physiological and cognitive components of emotional processing. *Psychophysiology 33:* 112-122.

Spezzano, C. (1993). *Affect in Psychoanalysis: A Clinical Synthesis.* Hillsdale, NJ: Analytic Press.

Sroufe, L. A. (1996). *Emotional Development: The Organization of Emotional Life in the Early Years.* New York: Cambridge University Press.

Stern, D. N. (1983). Early transmission of affect: Some research issues. In Call, J., Galenson, E. and Tyson, R. (eds), *Frontiers of Infant Psychiatry,* 52-69. New York: Basic Books.

Stern, D. N. (1985). *The Interpersonal World of the Infant.* New York: Basic Books.

Stolorow, R. D. and Lachmann, F. M. (1980). *Psychoanalysis of Developmental Arrests.* New York: International Universities Press.

Stone, V. E., Baron-Cohen, S. and Knight, R. T. (1998). Frontal lobe contributions to theory of mind. *Journal of Cognitive Neuroscience 10:* 640-656.

Teasdale, J. D., Howard, R. J., Cox, S. G., Ha, Y., Brammer, M. J., Williams, S. C. R. and Checkley, S. A. (1999). Functional MRI study of the cognitive generation of affect. *American Journal of Psychiatry 156:* 209-215.

Thatcher, R. W. (1994). Cyclical cortical reorganization: origins of human cognitive development. In Dawson, G. and Fischer, K. W. (eds), *Human Behavior and the Developing Brain* 232-266. New York: Guilford Press.

Thomas, D. G., Whitaker, E., Crow, C. D., Little, V., Love, L., Lykins, M. S. and Lettermman, M. (1997). Event-related potential variability as a measure of information storage in infant development. *Developmental Neuropsychology 13:* 205-232.

Thompson, R. A. (1990). Emotion and self-regulation. In *Nebraska Symposium on Motivation,* 367-467. Lincoln: University of Nebraska Press.

Tomkins, S. (1984). Affect theory. In Ekman, P. (ed.), *Approaches to Emotion.* Hillsdale, NJ: Erlbaum.

Trevarthen, C. (1990). Growth and education of the hemispheres. In Trevarthen, C. (ed.), *Brain Circuits and Functions of the Mind,* 334-363. Cambridge: Cambridge University Press.

Trevarthen, C. (1993). The self born in intersubjectivity: The psychology of an infant communicating. In Neisser, U. (ed.), *The Perceived Self: Ecological and Interpersonal Sources of Self-Knowledge,* 121-173. New York: Cambridge University Press.

Tronick, E. Z. and Weinberg, M. K. (1997). Depressed mothers and infants: failure to form dyadic states of consciousness. In Murray, L. and Cooper, P. J. (eds), *Postpartum Depression in Child Development,* 54-81. New York: Guilford Press.

Tronick, E. Z., Bruschweilwe-Stem, N., Harrison, A. M., Lyons-Ruth, K., Morgan, A. C., Nahum, J. P., Sander, L. and Stern, D. N. (1998). Dyadically expanded states of consciousness and the process of therapeutic change. *Infant Mental Health Journal 19:* 290-299.

Van Lancker, D. (1991). Personal relevance and the human right hemisphere. *Brain and Cognition, 17:* 64-92.

Van Lancker, D. and Cummings, J. L. (1999). Expletives: neurolingusitic and neurobehavioral perspectives on swearing. *Brain Research Reviews 31:* 83-104.

Vitz, P. C. (1990). The use of stories in moral development. *American Psychologist 45:* 709-720.

Watt, D. (1990). Higher cortical functions and the ego: explorations of the boundary between behavioral neurology, neuropsychology, and psychoanalysis. *Psychoanalytic Psychology 7:* 487-521.

Watt, D. (2000). The dialogue between psychoanalysis and neuroscience: alienation and reparation. *Neuro-Psychoanalysis 2:* 183-192.

Wang, S. (1997). Traumatic stress and attachment. *Acta Physiologica Scandinavica, Supplement 640:* 164-169.

Weil, A. P. (1985). Thoughts about early pathology. *Journal of the American Psychoanalytic Association 33:* 335-352.

Wexler, B. E., Warrenburg, S., Schwartz, G. E. and Janer, L. D. (1992). EEG and EMG responses to emotion-evoking stimuli processed without conscious awareness. *Neuropsychologia 30:* 1065-1079.

Wheeler, M. A., Stuss, D. T. and Tulving, E. (1997). Toward a theory of episodic memory: the frontal lobes and autonoetic consciousness. *Psychological Bulletin 121:* 331-354.

Winnicott, D. (1971). *Playing and Reality.* New York: Basic Books.

Winnicott, D. (1986). *Home is Where We Start From.* New York: W. W. Norton.

Winson, J. (1990). The meaning of dreams. *Scientific American,* November: 86-96.

Wittling, W. (1997). The right hemisphere and the human stress response. *Acta Physiologica Scandinavica, Supplement 640:* 55-59.

Wittling, W. and Schweiger, E. (1993). Neuroendocrine brain asymmetry and physical complaints. *Neuropsychologia 31:* 591-608.

Yamada, H., Sadato, N., Konishi, Y., Muramoto, S., Kimura, K., Tanaka, M., Yonekura, Y., Ishii, Y. and Itoh, H. (2000). A milestone for normal development of the infantile brain detected by functional MRI. *Neurology 55:* 218-223.

第 二 章

记忆、遗忘和直觉：
神经-精神分析的视角

奥利弗·特恩布尔和马克·索尔姆斯（Oliver Turnbull & Mark Solms）

本章描述了遗传的记忆机制（inherited memory mechanisms）是如何在发展过程中被修正并个体化的，以及我们个人经历是如何被组织成预定的知识、行为的类别（有些是意识的，有些是无意识的），个人经历又如何塑造了我们每日的生活。结合个体所处的特定环境中的习性，这些联系让个体可以很好地调适他们的"需要-满足"活动。这些记忆系统的生存价值是很显然的，这些记忆的内容帮助个体适应他所居住的特定世界。虽然这些记忆系统的内容对每个个体来说都是独特的，但记忆是根据普遍的、标准的模式来组织的。这种"标准"的组织人类记忆的模式就是本章的主题。我们首先会介绍这些亚系统，然后再涉及这些和精神分析相关的一些话题。

"记忆"这个术语涵盖了很多不同的心理功能。有时我们认为记忆是记（remembering）这个行为。记忆的这个维度是回忆（reminiscence），它是指我们把思维带到一些之前认识到的事实或者经历过的事件上。其他时候"记忆"这个术语并不是指把脑海中储存的知识带回来的过程，而是储存知识本身。这种"记忆"代表的是思维包含了过去影响的痕迹，而这些痕迹持续到现在。"记忆"这个术语也被用在获取知识的过程，即学习或者背（记忆）的过程。

因为记忆的功能涵括了很多不同的事情，现今的认知科学家会把它分为一系列的成分。[1] 我们将会用几种方法来分块讨论这个复杂的议题。

编码、储存、提取和巩固

记忆过程的三个阶段在专门的文献中反复被提及（见图2.1）。[2] 获取新的信息被命名为编码（encoding），保存信息被称为储存（storage），而把信息重新想起来则称为提取（retrieval）。于是记忆的功能顺序为：编码、储存和提取，这给了我们一个简单的分块方法。但是，这三个概念本身并没有体现出记忆的神经生理的复杂性。

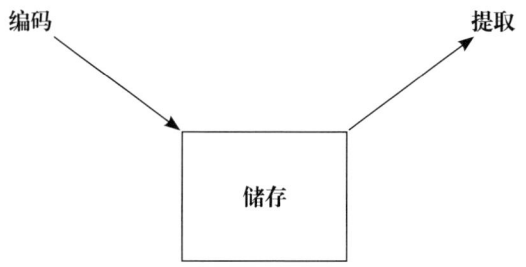

图2.1　编码、储存和提取

这种简单的分类很快在引入"巩固"这个概念后就遇到了问题（见图2.2）。它在记忆文献中成了一个重要的概念，因为它强调了记忆实际上在大脑中是如何组织的。有确凿的证据表明巩固过程的存在，这些研究证据最早源于脑损伤的研究，大脑损伤后记忆功能也会受损。

几乎总会出现这种情况，在脑损伤后记忆并没有完全受影响。几乎没有人的记忆是完全被摧毁的，实际上，如果一个来访者出现完全的失忆现象，我们就会考虑癔症的诊断。神经心理方面的事实是，记忆的特定方面容易受到脑损伤或疾病的影响，而另外一些部分几乎是不可破坏的。最易受影响的记忆是近期记忆，这些在脑损伤前几个小时、几天、几个月或几周前发生的事件（或者是近期学习到的事实）的记忆会在脑损伤后受损。一般来说，越是远期的记忆，越不会被神经性病理现象所破坏。这种时间梯度（temporal gradient）（这也是其常用名）是由 Ribot 提出的，所以又称为李伯特定律。也许让人觉得很诧异的是最近期的记忆（最新鲜的那些）是最容易受损的，反而更远期的记忆是最能持久的。这些情况反映了有些东西随着时间推进在不断加深记忆。这个东西就是巩固的过程。记忆持续被不断巩固到储存的更深的水平。就在此刻，你就对刚刚读到的内容进行了少量的巩固。在接下来的几天、几周、几个月甚至几年，巩固的过程都在持续。巩固可能是记忆过程中编码阶段最概念化的一个部分，它在储存阶段也在持续发生（见图 2.2）。

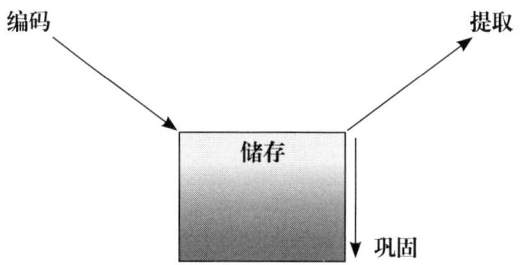

图 2.2 编码、储存、提取和巩固

短时和长时储存

我们的记忆过程的图示会进一步变得更复杂，因为储存阶段需要分为短时和长时两种（图 2.3）。短时记忆和长时记忆的区分大概是大脑记忆系统内最重要的区分，但是这也是一个重要的容易混淆术语的地方。对于很多人来说"短时记忆"是指存在几个小时或者几天的记忆。人们会说：

"我的短时记忆太差了,所以我几乎不记得昨天发生了什么"。如果从专业角度来说,我们应该说这些人在近期记忆上有些困难。专业说法"短时记忆(short-term memory,STM)"是指现在在你意识中的信息,它源于大约几秒前发生的事情。无论近期记忆还是远期记忆其实都属于"长时记忆"(Long-term memory,LTM)。如果一个来访者不记得昨天发生的事,那么出现问题的就是他们的长时记忆了。长时记忆开始于几秒前。会混淆的一部分原因是如今认知科学中不太使用"短时记忆"这个词了,我们更多使用瞬时记忆,以及近年来越来越多被使用的词:工作记忆。

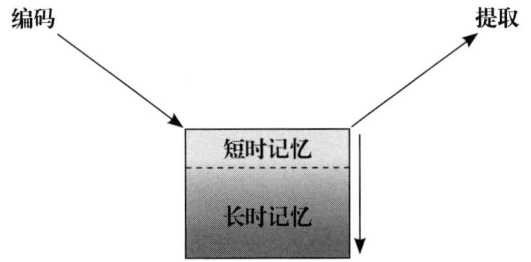

图 2.3　短时记忆和长时记忆

短时记忆(或瞬时记忆,工作记忆)是对于此刻在你脑海中的事件(或事实)的记忆。可能因为你刚刚学到这些或者刚刚经历这些(因为这些事情刚发生在你身上),因此它们还没有消失在你意识中。或者,它们在你脑海中是因为你主动保留了它们,想要让它们保持意识的觉知,或者因为你主动把它们(从长时记忆)带回脑海中。这显示了短时记忆有主动和被动的方面。我们(本文两位作者:特恩布尔和索尔姆斯)倾向于使用"瞬时记忆"这个术语来描述被动(感知觉的)方面的短时记忆,我们用"工作记忆"来描述主动(认知操作)方面。当我们使用这两个术语,它们就分别指外部和内部产生的当下的意识内容。

意识的内容被保存在认知科学家称为"缓冲器"的部分,在其中它可以(如果我们希望的话,它就能)持续地演练。工作记忆的机制可以把信息保留在这个缓冲器里面，想要保留多久就保留多久（直到你睡着）。因此，短时记忆的缓冲器可以被看作我们意识的中介。更准确地说，它是我们延展意识（extended consciousness）的中介（详见 Damasio, 1999 或 Solms & Turnbull, 2002）。认知科学家使用像"超短期"和"标志性"记忆这样的术语来表示这些外在知觉刺激在核心意识的瞬间效应，这些效应只存在瞬间，并不会长时间存在。

当你在阅读这些文字，并把它们登记在核心（感知觉的）意识内，它们所包含的信息就会存到你短时记忆的缓冲器中。在几秒钟内，随着你读下去，你势必就需要编码更多信息，你几秒钟前读到的句子就需要转到短时记忆缓冲器之外，给新的信息腾出空间。这是因为虽然你可以在一段较长的时间内把一些信息保留在脑海里，但是意识的短时记忆缓冲器的处理能力非常有限（大约是 7 单元的信息）。[3]

那么这就带来了一个新的问题：那些被弹出缓冲器的材料会怎样？你无法完全编码并储存所有你经历的信息。实际上，注意的机制在每个感知觉阶段都排除了大量的信息。巩固的机制持续在这个记忆储存系统内部的转换的过程中进行。巩固因此不仅仅是一个加固记忆中的材料的过程，它也是一个排除你不想记忆的内容的过程。这引入了一个重要的区分：主动和被动遗忘（"记忆痕迹衰减"和"压抑"）。[4] 我们在这章会再次提及这个议题。

我们之前说过在你读这篇文章时的相当一部分巩固的内容会在今晚出现。很多神经科学家相信睡眠的功能（尤其是快速眼动睡眠或者做梦的睡眠）和巩固的过程有紧密的关系。这个理论存在争议。一个尤其有害的误解是梦是记忆的"垃圾桶"（Crick & Mitchison, 1983）。根据这个观点，记忆是在快速眼动睡眠中巩固的，而那些被选择要被消除的材料则会在你的梦中闪现，它们即将被遗忘。因此，日间最不重要的材料会在梦中出现，这也是为什么梦很容易被遗忘。精神分析学家对于梦的本质和功能有非常不同的看法（详见 Solms, 1997a, 2000 或 Solms & Turnbull, 2002）。

巩固的生理学机理：细胞同时放电

短时记忆的生理学机理目前尚不是很清晰，但是神经科学家认为它和长时记忆有根本性的区别。短时记忆似乎涉及反响回路（reverberating circuit），反响回路是指一组相互联系的细胞在一个紧密的（自我反响）的循环里一起放电。这种放电模式的保持就是把信息留在脑海中（神经上与之相关）。一旦特定的反响回路建立了，那么它更可能在之后被再次激活，因为"一起激活的细胞总是连在一起的"，这就是赫布定律。这个"连在一起"的过程是把短时记忆转为长时记忆的过程。它似乎包括了两个阶段。第一个阶段，细胞的改变是纯粹生理性的，连接这些回路中细胞的突触变得越来越"可渗透"（例如，它们的临界点降低，这使得细胞更可能因为突触收到之前让它们激活的刺激而再次激活）。这反过来引发了第二阶段（更长期）的解剖学过程。某些连接在一起的细胞持续放电，这激活了细胞颈部的遗传机制，使得这些联结点的突触进一步生长。因而这些反复联合激活的细胞真的长到了一起，"连到了一起"。[5]

这个相对近期的发现让 Eric Kandel 获得了 2000 年的诺贝尔生理学或医学奖，它对于我们理解记忆有非常重要的作用。它展示了短暂的、反响的回路对涉及的细胞有长期的滋养作用（trophic effect），促生了密度增加的神经组织。这种滋养作用是依赖活动的，并且持续终身。

遗忘、压抑和婴儿期遗忘

"连在一起"的过程不可避免还有另一面：如果这个过程是依赖活动的，那么如果某个特定的回路不再被使用会发生什么呢？那些不再活跃的突触又会怎样呢？它们是会萎缩还是真的死亡？"用进废退"的原则在早期大脑发育中发挥了重要的作用。我们出生时都带有多于我们所需数量的突触。这些突触代表了潜在的神经元之间的联系，这是我们建构自己的内部地图以及我们所在世界的模型也许需要的突触。从某种程度上说，它们反映了我们所有可能发现的世界。我们所处的真实的环境只激活了这些潜在连接里面的一部分。这些连接之后会被加强；而那些没有被使用的则会消退掉。这个过程被称为神经元的"修剪"过程。

但是这个过程并不是在童年早期就结束了。虽然在童年早期时大量多余的神经组织都脱落了，但是"用进废退"的原则持续终身。最后，一些在童年时反复被激活的连接（所以被保留了下来）可能在之后的发展阶段衰退，原因很简单，因为它们不再被需要。广泛存在的反对精神分析的"婴儿期遗忘"的观点就是基于这个事实。

这个观点一般会被这样陈述：人们在成年时并不依赖儿童时使用的记忆回路，因为情况改变得很快。由于儿童期记忆不再被使用，它们就萎缩了。婴儿期遗忘因此是一个简单的记忆衰退过程，一些不被使用的旧连接的瓦解。因此（此点有争议）我们没必要去推测存在一个主动的"压抑"的力量，用这个力量来解释我们普遍不能回忆童年早期的事件，因此也没有必要去"恢复"它们。

这一说法有几个严重的问题，其中两个问题值得我们在此简短说明一下。第一，意识和无意识的记忆事实上是两个非常不同的东西。记忆痕迹的激活并不总是等同于意识的回忆。你没有在意识上觉察和留意到童年早期的记忆，并不意味着它们留下的痕迹不是持续被激活的。相反，很可能这些网络经历了大量的修剪过程还存活了下来，这些网络作为"模板"成为后期记忆组织的基础。即使一开始塑造这些网络的事件在这过程中并没有被带到意识层面，甚至即使这些事件无法被带到意识层面，这些深深被巩固的"板块"回路还会经常被激活。这引出了关于人类记忆的功能结构的几个重点，这些重点我们将会在下一部分谈到。我们现在先讲讲当代神经科学中已经能很好地区分的意识和无意识记忆机制（详见 Solms & Turnbull, 2002）。没人怀疑长时记忆痕迹在没有表现为意识回忆的伴随体验的情况下也能被激活。事实上，多数记忆加工都是以这种形式进行的。这些记忆加工被称为是"内隐的"。当一个长时记忆痕迹被激活，并且被带到意识觉察的范畴（例如，当这些记忆不仅仅被激活，也成为工作记忆的暂时"缓冲器"可以使用的材料，如同上文提到的内容），我们就会说这个记忆成为外显的了。专业术语"内隐记忆"和"外显记忆"在当代神经科学中是精神分析中的术语"无意识"记忆和"意识"记忆的对应词语。

第二，质疑"早期儿童期的记忆是被简单'遗忘'了"这个说法的根据是李伯特定律，该定律认为最古老的回忆实际上是最稳固的回忆。任何关于婴儿期遗忘的解释都必须说明为什么它会违反李伯特定律。在精神分析中，对此的解释是这些早期记忆是非常稳固的，它们只是看起来像被遗忘了，但是实际上是无法被意识觉察而已。于是问题就变成了：为什么它们无法被意识觉察？（在精神分析中的答案是：它们被压抑了）。现在还没有其他解释来回答为什么会有违反李伯特定律的现象。

记忆的差异性

有人认为弗洛伊德说过：一旦记忆被记下就不会被遗忘。实际上这并不是他的观点，但他的确强调过记忆不可思议的持续性，[6] 以及长时记忆实际上是非常持久的。

长时记忆这么持久的原因是它们一般被编码到多个位置上，所以从某种意义上来说，记忆在脑中"无处不在"。之前我们讨论了细胞间联系的性质，那么知道记忆拥有一个广泛存在的解剖学表征就应该不让人意外了。因此，实际上记忆过程有大量的冗余。记忆包含了在大量大片神经元之间的连接，移除一个或另一个神经丛不会毁掉整体。记忆可能会轻微减退，但是很难消除整个网络（同样地，减退的印记可以被"重构"，虽然重构的版本不一定完全准确，见下文）。长时记忆如此稳固的第二个原因是记忆被多重编码。记忆的多元子系统，并不仅有一个"档案柜"。所以即使某一个"档案"丢失了或者消退了，大部分的丢失档案储存的信息可能以不同的形式储存在其他"档案"中。

我们接下来介绍一些比较知名的人类记忆的"档案柜"。这些代表是否最终反映了全部独立的类别尚存在一些争议，但是这个分类系统被人们广泛使用，并且很可能还会继续被使用。这些类别可以呈现为记忆"储存"成分的子系统，如图2.1和图2.2所示。

语义记忆

语义记忆是一个"网络，当中储存了与我们对世界的基本认识有关的概念和联系——词义、分类、事实、命题等"。[7]这种事实是以第三人称信息的方式储存的，就是类似我们会在百科全书中读到的那种方式。它包含了一些对于世界的客观信息和世界运作的方式，例如"狗有四条腿"以及"伦敦是英国的首都"这种事实。语义记忆中并没有"主观"的成分，从这个意义上来说它并不代表体验。它包含了我们和其他社会成员共享的信息，特别是和我们同侪团体共享的信息。但是，它也储存了客观的个人信息，诸如"我生于1961年7月17日"以及"我住在威尔士的班戈"。我们很多的语义知识是在小学的年龄进行编码的，但是大多数是更早期的时候习得的。我们应该记得语义记忆包括一些极"一般"的知识。实际上，我们常常忘了我们曾经需要学习这些知识。例如，语义记忆包含了语言的文法规则；以及知道如果你放手东西就会坠落，如果是杯子就会摔破，如果是球就会反弹，如果是叶子就会被风吹起。当你迅速伸出手要去抓一只坠落的杯子时，你实际上预期它可能会摔破，所以伸手这个动作是基于记忆的；你向下伸手是因为过去重复了无数次的经验让你知道可能将会发生什么。(本例子中)这个习惯性的手部动作本身是被归类进"程序记忆"之下的，它是一种"身体"记忆，我们将会在下文中谈到；但抽象的"杯子掉落会摔碎"这个抽象的规则是被编码进语义记忆中的。

知识和知觉的分类

语义记忆可以被分到几个亚成分中，所以我们语义记忆中的一些具体方面可以被相对孤立地破坏。这个语义记忆的特性被称为材料特异性（material specificity）。语言规则、数学规则、物体的形状以及各种不同类别的特性都被储存在大脑不同的网络中，因此它们容易分别受损。左右大脑半球的很多心理功能差异也取决于材料特异性（见 Solms & Turnbull, 2002，尤其是其与精神分析的关系部分）。材料特异性在某种程度上是取决于模式特异性（modal specificity）的。[8] 例如，在皮层枕颞叶内侧的回路（尤其是右侧）的分类信息使得我们能够识别个体的脸，而在左颞叶的侧凸（以及邻近的顶叶、枕叶的部分）的分类信息使得我们能够提取一些特定的名字。[9] "脸"回路编码了视觉-特定图像（visual-specific images），而"名字"回路编码了听觉-特定图像（auditory-specific images）。但是对于脸和名字的分类知识（以及两者之间的联系）也是抽象地储存和分类的。某种程度上，记忆网络被编码成具体的、形式特定的图像，而不是抽象的、材料特定的连接和分类，神经科学家倾向于把它们分类到*感知觉*下，而不是记忆机制（见下文）。抽象的客体（或者它们的特质）之间的连接一般都归类为语义记忆。

语义记忆的解剖学

因为语义记忆与"客观"现实有关，代表了从"第三者"的视角来看世界（即使是关于你自己的信息，例如"我生于1961年7月17日"），它在外感受性的大脑皮层中编码。关联和概念的网络包含了语义记忆，它表现为连接的"目录"的形式，即反映在形式特定的皮层中的具体影像的连接。[10] 因此这些目录可以很大程度上"定位"在皮层"联合"区，它联系了不同的单峰皮层（图2.4）。这尤其适用于后颞和顶下小叶区，它们形成了大脑功能单元的集合，Luria把这些单元称为"接收、分析并储存信息"的单元（见Luria, 1973）。但是，如同之前说到的，读者不该错误地认为这些关联网络的节点就等同于网络本身。记忆痕迹本身广泛分布于大脑皮层中，它们必然要包含所有具体的、单峰的影像，这些正是语义目录联系起来的。

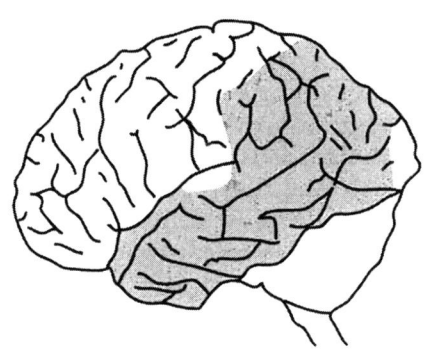

图2.4 后"联合"皮层

记忆的当下

语义记忆和知觉之间模糊的界限，反映在大脑某些区域损伤的患者的临床归类的异常现象中。例如，虽然无法记得名字的患者告诉我们他们的"记忆"有问题，我们（神经学家和神经心理学家）会认为他们的问题与"语言"功能有关。相应地，我们会把这些患者的疾病归进"失语症"的类别中（准确来说是"命名性失语症"）而不是"遗忘症"。相似地，无法识别出熟悉的面孔被归类成知觉障碍（一种"失认症"，准确来说是"脸盲症"）而不是记忆障碍（遗忘症）。相似地，无法回忆个体抓住坠落的杯子的动作是一种技术动作障碍（"观念运动性或观念性失用症"）而不是遗忘症。所有的失语症、失认症、失用症事实上都是记忆障碍（更广义的记忆），但是我们把它们归类成语言障碍、知觉障碍和技术动作障碍等。这一部分是因为我们超量学习了这些知识类别，以至于我们忽略了一个事实：我们曾经学习过它们。

因此，我们视为理所当然的"世界就是这样的"观念（正如我们感知到的），实际上都是我们学会的关于世界的知识——世界是我们记得的样子的。人们的大脑受损后，他们的世界往往会突然发生戏剧性的变化，这是对此最好的证明。结果（也并不让人诧异）有些患者很难识别这是自己而不是世界发生了改变。这还可以通过神经发展的角度来证明。我们可以"设计"一只看不见横线的猫，我们在这只猫的关键发展阶段剥夺它看见横线的机会。这种猫的视觉皮层就会以一种缺乏横向信息的方式来组织。如果你遇到了这只从出生开始就没看过横线的猫，你会目睹它看到一条横线的反应（例如，在它前面放一根横杠），它会表现得像这个物体不存在一样，直接撞过去。这个证据说明，很多我们认为是知觉的内容实际上是记忆。另外一个以记忆为基础的知觉的例子是口音。口音反映了不同语种学到的不同特征。日本人很难区分"r"和"l",因为在大脑发育过程中他们所处的语音环境里两者并不存在(有意义的)差异。即使他们之后换到另一个环境,新环境中 r 和 l 的区分是重要的,他们还是会以(和别人)不同的方式觉知这个世界——至少就这个小细节而言。

Gerald Edelman 写的一本畅销书《记忆的当下》(*The Remembered Present*, 1989)就很好地描述了知觉是什么。我们自动化地根据我们记忆中存储的模型重构了现实。我们并没有每天重新知觉世界,然后试图重新从无差别地施加在我们身上的刺激中分辨出可识别的物件和可解释的有意义的文字。而这应该是婴儿初生时要做的。我们成人会把自己的预期(我们之前经验的产物)投射在世界上,以这种方式,我们很大程度上构建了而不是知觉了(以任何简单的感觉)我们周围的世界。因此这个我们每日体验的世界是双重地从哲学家所说的"现实本身"偏离开的(详见 Solms & Turnbull, 2002),首先是由于我们知觉器官的介入(这些知觉器官都用于取样和代表世界的某些特定特征),但也因我们的记忆(这基于过往经验,组织并转化了某些选定的特征,成为可识别的物体)而偏离。

Aleksandr Luria(著名的俄罗斯神经学家)[11]认为"知觉和记忆的层级结构在成熟过程中发生了逆转。对于小婴儿来说,所有事情都依赖于感觉,而认知是由具体的知觉到的现实所驱动。但是,在发展过程中,被深层编码的、抽象的知识掌管了知觉过程,而这些知识源于早期学习经历。我们因此看见我们预期要看见的,当我们的预期不成立时,我们要么诧异于这个事实,要么对这些根本视而不见。实验研究显示我们往往看见一些不存在的东西,这是因为我们预期它们存在。最著名的例子是"盲点",盲点位于每只眼睛的视神经进入视网膜的点上。因此,客观上当我们闭上一只眼睛时,我们的视觉存在一个洞(接近视觉区的中央)。而主观上,这个区域被"填充"了材质、颜色、运动等,正是我们预期在当前情况下会在该视觉区体验到的内容。这是认知科学家称为"自上而下"影响视知觉的例子（只有新生儿才被认为完全依赖于自下而上的知觉机制）。

这些事实对于心理治疗师来说非常重要，治疗师的日常工作中最重要的部分就是帮助他们的来访者觉察到内化模型的存在，这些模型支配了他们的生活经验并且让现在和过去一样。现在尚未清楚，到底这些记忆机制对知觉自上而下影响的神经科学发现，是否也适用于移情的复杂关系现象以及分析师的类似研究。但是，这看起来是一个靠谱的工作假设，它至少能解释这些更复杂现象的一部分（见 Solms & Turnbull，2002）。

程序记忆

程序记忆是一种"身体"记忆。这是一种习惯性的动作技能记忆，或者更一般地说，是*知觉运动*（perceptuomotor）或*观念运动*（ideomotor）技能记忆。它"允许我们学习技巧并知道如何做事"：[12] 如何走路，如何堆积木，如何写字、弹琴。正如我们上面说的，很多这些技巧是过度学习的，所以我们一般并不觉得它们属于记忆的维度。但是，它们作为被学会的技巧，在恰当的时候被提取出来，这其实就是这些技巧的本质。它们依赖于正确种类的经验和大量的练习。在学习阶段持续重复对程序记忆来说非常重要，程序记忆比语义记忆有更久远的进化根源。所有水平的意念运动能力，从走路到弹琴，这些都是逐步学会的技巧。诸如骑自行车等技巧是极难随时间衰退的。所以有句格言特别适用于程序技巧：它们"难学，也难忘"。

程序记忆和语义记忆有部分重叠，因为很多运动技巧的编码和储存是以知觉和语义两种形式进行的。一个有效区分两者的方式是考虑个体玩某个游戏的具体技巧和（说）他所有的关于游戏规则的抽象知识。

如下事实可以证明程序记忆和语义记忆的不同：它们在脑损伤中会独立受损。神经受损的患者失去了一些习惯化的能力，但是仍然保有这些失去的技巧的抽象知识，这种情况很常见。相应地，功能成像研究[例如正电子发射计算机断层扫描成像（Positron Emission Computed Tomography，PET）和功能性磁共振成像（functional magnetic resonance imaging，FMRI）][13]显示在程序和语义记忆任务中，大脑的不同部分被激活。但是，在程序记忆任务中被激活的脑区并没有包含整个运动系统。例如，顶叶和额叶的皮层运动（和观念运动）结构参与了程序性学习。但是，一旦技巧成为习惯（例如更深地巩固在程序记忆中），代表该技巧的运动程序就进一步巩固在皮层下的结构中，主要包括基底核和小脑（见图2.5）。

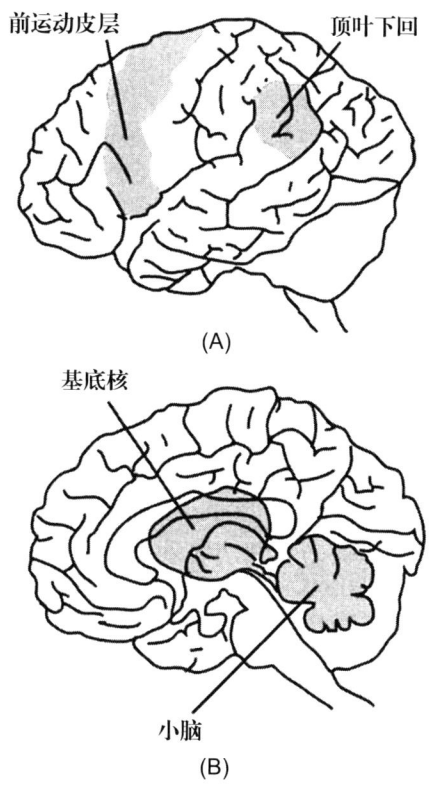

图2.5 （A）前运动皮层和顶叶下回；
　　　（B）小脑和基底核

程序记忆和无意识

程序记忆的一个重要特征是内隐性。习惯化行为几乎从定义上来说就是自动化执行的（因此也是无意识的）。一旦程序记忆变成外显的，它就变成了别的东西；它被转译成语义或者情景的形式（情景记忆会在下一部分讨论）。众所周知，玩游戏的技巧提高时，关于如何玩游戏的抽象和外显知识却没有相应地提高。这种知识（网球或者高尔夫球教练有的知识）并不只是通过程序方面的练习来获得。很多极为出色的运动员并不知道执行某个具体扣杀时所需的动作细节的知识。事实上，在这种运动中广为人知的制胜绝技就是问你的对手他们是怎么握拍的，或者他们在扣杀时手肘的位置是怎样的。有经验的选手知道这种外显地思考本来练习得很好的动作往往会导致表现的急剧下降。相反，顶尖的运动员描述他们的最佳体验时会说他们处于"巅峰状态"，在这种状态下他们是完全自动化反应的，他们完全没有思考要如何击球，他们的球拍、球棍就像是他们自己身体的延伸一样。[14]

一般来说，程序记忆和语义、情景记忆是相关联的。即同一段体验会同时以不同的方式编码，它是一套经验性的情节，一套抽象事实，也是一套习惯性反应。这也是我们之前谈到的记忆冗余的表现。因此，一个人的行为很可能（实际上也很常见）被一些完全无意识的影响和事件所决定。

这也和心理治疗师需要处理的一些现象明显有关。它丰富了我们称为"移情"现象的维度，以及移情和知觉记忆的关系。移情也明显包含了程序记忆；事实上，也许移情与程序记忆可能关系更紧密。我们尚不确定这多大程度上能适用于其他心理治疗师关心的现象——例如一些创伤来访者呈现的"身体记忆"。但是，就像我们之前讨论的，有些自动的情绪行为（例如对条件性有毒刺激的无意识恐惧反应）肯定看起来行使了跟程序记忆差不多的功能。可能未来分析师和神经科学家跨学科的合作可以帮助我们清晰地区分这些"程序"记忆的亚系统。

情景记忆和意识

情景记忆包含了字面意义上的"再体验"过去事件——让人重新觉察过往体验的情景。这就是我们多数人认为的记忆。当我们说"我记得……（任何事）"我们说的就是情景记忆。根据 Schacter 的定义，情景记忆系统"让我们外显地回忆个人事件，这些事件独特地定义了我们的生活"。[15] 此处的焦点落在两个成对的事实上，这些记忆本质上是主观的，同时它们本质上是意识的（因此是"我"和"记得"）。

为什么我们对个人生活事件的记忆必然是意识的呢？这里面存在一个重要的问题。这些记忆是意识层面的，因为它们包含了重现过去瞬间的体验。我们知道"瞬间的体验"由什么构成（见 Solms & Turnbull, 2002）；它们包含了对自我状态的知觉与当前体验到的外在世界事件的瞬间配对——我们知道意识（或者"核心意识"）既是这种配对的媒介也是其中的信息。情景记忆因而包含了必要的"自传体自我"的基本组织（见 Damasio, 1999）。延伸的意识是"延伸的"，因为它延伸了追溯到过去自体-客体配对的意识的质量。它包含了重现核心意识的过往瞬间（或者过去的自体-客体"单元"）。

但这是否意味着自传性知识都必然是意识的？心理治疗师常常报告他们的来访者"恢复了"关于个人生活事件的记忆，而这些记忆之前是无意识的。这些记忆之前是被编码为"情景性"的吗？他们之前只作为语义信念和程序性习惯存在吗？如果是这样的话，所有所谓的恢复的记忆事实上都是重构的记忆，从这种意义上来说，它们源于一些本身并非"情景性"的原料。另一方面，个人情景会留下神经痕迹（自我-世界连接），而这个痕迹联系了两种真实的表征（伴随当前世界发生的事件的自我状态），它们只有在这个联系（与表征本身相反）被再次激活时才能变成意识的内容，这似乎是说得通的。另一方面，自我状态究竟能否在不"激活"的情况下被"表征"是个问题。换言之，自我状态本身可能就是意识的。（在我们说"我记得"这句话的时候，肯定是作为我们"自身"存在着的。）自我意识（"我在那儿……""它发生在我身上……"）看起来必然是意识的。这意味着虽然外在事件可以在大脑中被编码为无意识的（作为语义、知觉或程序的痕迹），但生活情景显然不能。经历并不仅仅是过去刺激的痕迹，经历一定是曾经发生过的。经历是事件的重现，因为经历（"我记得……"）必然是意识的，是自我意识（"曾经在那里"）把痕迹结合进经历中。

因而，从神经科学的角度，我们似乎要重新发现一个再显然不过的事实，我们对我们经历的**感受**正是使它们易被压抑的原因。即使我们对某事件有完美的语义、知觉或程序的记录，该事件的多重外感受痕迹还需要被带回到与（且通过）感觉的、感受性的自我的并发连接中，如果这个事件即将被有意识地重现（例如，情景性的回忆）。任何妨碍这些连接的事情都可以把某段记忆从延伸的意识中排除。

这一切表明，当精神分析学家谈到对于个人事件无意识的记忆时，他们实际上说的是储存在记忆中的存疑事件如果能被重新体验会是什么样子。对事件的无意识记忆（无意识情景记忆）"似乎"是情景记忆。它们并不作为经历存在，直到他们被当前的自我重新激活。在此期间，它们只以程序性和语义性的痕迹存在（习惯和信念）。

情景记忆的解剖学

情景记忆最重要的结构和语义记忆及程序记忆中重要的结构非常不同。情景记忆包含了皮层连接储存模式(例如促进突触网络)的意识激活(例如,被核心脑干结构激活——见 Solms & Turnbull, 2002),这些皮层连接代表了早期的知觉事件。[16] 这些储存的皮层模式和不同的脑干自我状态之间的连接需要通过海马体进行编码。海马体是褶曲的原始皮层,它位于颞叶中前脑的内表面(图2.6)。它与一系列被不严谨地称为"边缘系统"的其他结构紧密地互相连接。

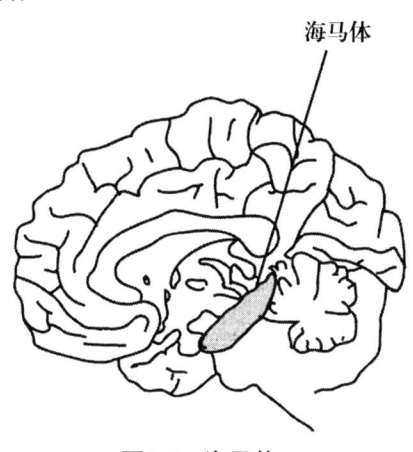

图2.6　海马体

理解情景记忆需要知道,组成边缘系统的结构网络是最先被识别出来的(James Papez 于20世纪30年代发现)并不是与记忆有关的功能,而是和情绪相关的功能。这进一步说明,情景记忆并不是被简单储存,而是被经历的。情景记忆的必要元素是意识,以及自我产生的意识状态,它们本质上是情绪性的(见 Solms & Turnbull, 2002)。这是为什么我们说意识既是情景记忆的媒介也是信息内容;我们用情景的形式来提取事件,这是为了回忆我们是如何感受它们的。

海马体损伤的影响

海马双侧损伤的患者并不是无意识的。他们的核心意识是完整的。他们失去的是延伸意识的重要组成部分；这种延伸意识觉察到过往事件的神经痕迹的能力。这些痕迹本身还在（内隐的，以程序和语义的方式存在），但是患者无法有意识地（外显地）提取它们。因此，这些患者的行为还是受到过往经验的影响；他们所缺乏的就是有意识地反思这些体验的能力。一个有名的 Claparede 的案例常常会在这个部分被提到。[17] Claparede 在迎接一个遗忘症患者的来访时，在握手时用手里藏着的一枚大头针刺她。下一次当他迎接这个患者时，她会往后缩手，即使她意识上已经不记得见过 Claparede 了。见过 Claparede 的事情在她的（情景）记忆中消失了，但是影响还在。这是一个情景记忆和程序记忆分离的例子。当被问到为什么不愿意和 Claparede 握手时，患者解释说"一个人是有权缩手的"（或者类似的话），这演示了情景记忆和语义记忆之间的分离。她知道要做什么（程序记忆），她也能提取相关的抽象事实（语义记忆），但是她无法回忆起真实的经历（情景记忆）。

我们这里需要更进一步地区分。Claparede 的患者如果在脑损伤之前被大头针刺到的话，她就能回忆这件事的真实经历。海马体损伤（主要）会失去回忆损伤后的事件的能力。这反映了海马体在提取过往经历中的作用不如把经历编码为外显的可提取的方式一样重要（见图2.1）。海马体的角色似乎是创造上文提到的（自体-客体）指向性的联系。脑损伤后无法有意识地回想个人事件被称为顺行性遗忘。无法记得脑损伤前的事件被称为逆行性遗忘。一般来说，情景记忆的分界点和大脑被损伤的瞬间并不是完全重合的；个人事件的遗忘往往不只发生在脑损伤开始之后。这反映了李伯特法则，它也反映了近期记忆（这些在遗忘发生前刚刚被编码的内容）还不够稳固，无法承受海马体损伤的影响。回溯性地丢失了之前的记忆提供了一个有力的证据，证明了前文说到的巩固过程的存在（和重要性），以及海马体在持续进行的动态过程中的重要性。

情景记忆中海马体的角色从海马刺激的角度来看也是非常重要的。正如海马损伤会让一种"我曾经"或者"这发生在我身上"的感觉的知觉痕迹消失，海马刺激也可以产生一种伪造的"我曾经"或"这发生在我身上"的感觉。这为似曾相识的现象、幻觉的一些形式（例如在复杂部分性癫痫中）和一些（非常可能的）"错误记忆"提供了生理基础。

HM

没有任何关于情景记忆的神经心理学会不提及著名的案例"HM"。和Phineas Gage 一样，HM 可能是行为神经科学史上最有名的临床案例。他患有难治的癫痫，而癫痫的病灶是海马体（就像癫痫常见的情况，这是由于边缘神经元低激活阈值）。在20世纪50年代，加拿大神经学家Scoville 提出摘除导致癫痫的病变海马体组织。时至今日，这个手术还对治疗难治性癫痫有非常好的效果。Scoville 发现的直接结果是，今时今日这个手术和当时他对 HM 做的手术有一个非常重要的差异。Scoville 摘除了 HM 的左右海马体。手术的直接结果就是 HM 再没有新的情景记忆了（这个结果由 Brenda Milner 在之后所记录，他是 Scoville 的神经心理学同事）。这个案例让人们第一次关注到海马体在记忆中重要的作用。

HM 的病前记忆还很清晰。这意味着他只能记得截止到他手术前一段时间的生活，包括童年期和成年早期。所以，主观上，他一直活在20世纪50年代。他的瞬时记忆也是正常的。因此他一次能够保留大约7个单元的信息，但是当这些信息要从短时记忆移到长时记忆，并且由新一轮的意识信息取代其位置时，原本的这些信息就无法被带回到意识层面了。神经心理学家充分地研究了 HM。这使得他有机会展现语义记忆和程序记忆能力的完整性。例如，在重复做一系列标准心理测验时，他的成绩明显提高了，即使他完全不记得做过心理测验，甚至也不认得和他合作多年的任何专业人员。[18]

今时今日，为了治疗复杂部分性癫痫而要摘除海马体时，神经外科医生会只切除一个海马体，我们花了很多努力确保切除的是病变的而不是健康的海马体。而两个海马体都要被切除的手术是被绝对禁止的（业界一个假设是：癫痫比再也无法储存任何一个情景记忆要好）。还有其他一些疾病过程会影响这一脑区。例如，这种类型的遗忘常见于单纯疱疹（性）脑炎，这是一种病毒性疾病，它会选择性地攻击海马体组织。这种遗忘也是组织缺氧的常见结果（组织缺氧发生在吸入烟雾，麻醉事故和几乎溺毙的意外以及其他事件中）。也许最有名的导致这种遗忘的疾病是阿尔兹海默病，病变过程往往始于海马体区域，它对海马体的影响远大于其他脑结构。

重探遗忘，压抑和婴儿期遗忘

这里面的重点是，长时记忆储存系统的多样性使这一现象变得很普通：我们行为和信念会受到经历的影响，而我们又意识上不记得这些经历。事实上我们无法外显地把某个事件回忆起来并不等于我们不知道（无意识地，内隐地）发生了什么，并进行相应的应对。你记得的内容是意识还是无意识的，取决于哪个记忆系统参与了记忆的编码和提取。只有当情景记忆系统在编码阶段（和早期巩固阶段）参与了，这个经历才会在我们的外显记忆中。如果情景记忆没有参与，那么这个事件就会从意识中消失，即使它对行为和信念的内隐影响可能存在很久。

这就指出了压抑（至少是某些形式的压抑）的一种可能的生理机制。

遗忘压力性经历在近年来成为焦点，这些现象对于心理治疗师来说当然是熟悉的。首先，这些压力性经历会损伤海马体（因而影响情景记忆）的功能。在压力性情境中，身体会引发一连串反应导致肾上腺分泌类固醇激素（糖皮质激素）。这些激素帮助我们把能量调动到我们需要的地方（例如，增加心血管活动），并且帮助抑制需要在压力情境中被抑制的（生理）过程。但即使这些机制如此有效，过度暴露在糖皮质激素之下还是会损害神经元（尤其是海马体神经元），因为神经元往往包含非常多的糖皮质激素受体。Schacter（1996）回顾了长期压力的影响，他考察了一系列可信的证据（例如，战争老兵和儿童期性虐待的受害者），发现长期压力会导致糖皮质激素升高。这和多种记忆异常有关，这可能反映了海马体功能异常。此外，脑成像研究显示这些人的海马体的体积显著缩小了。对于正常被试做的研究也显示人工操作类固醇激素的水平能够引发暂时性的情景记忆损伤，即使在健康志愿者身上也会有这个结果。这些事实显示海马体解耦（uncoupling）可能是创伤记忆的压抑中一个重要的成分（例如，无法意识到）。这些记忆并非被编码成一种使得它们之后能被有意识地提取的形式，这是由于创伤的瞬间海马体功能异常。

同样的逻辑也适用于婴儿期遗忘。在生命最初两年，海马体没有能够完全行使功能。这表示在生命最初两年，人是无法编码情景记忆的。但是这并不代表这些早年经历不重要，或者我们对最初两年的事情毫无记忆。它只表示这些最初的记忆会以习惯和信念（程序和语义性知识）的方式编码，而不是以外显的、情景记忆的方式编码。婴儿期知识被储存为"身体记忆"和内隐的关于世界如何运作的知识。所以我们完全有理由接受一个事实：这些早期经历对人格形成有决定性的作用（考虑到"神经元修剪"等的存在，见上文），但是人们并不太可能能够外显地记得任何出生后最初两年的事件。当我们在心理治疗中遇到了源于这些最早时期的情景记忆时，把它们视作记忆的"重构"（源于其他非情景记忆或者源于后期的情景记忆，然后投射到生命最初两年）[19]应该是一种审慎的做法。很多弗洛伊德归因于"屏蔽记忆"的特点似乎都适用于此。

这对于被压抑的和婴儿期记忆的"恢复"有重要的启示。据目前人们所知，我们可以合理地假设任何婴儿期记忆的情景是无法真正被恢复的。我们最早的经历只能被重构，用内隐（无意识）语义和程序性的证据推论重构出来。这同样适用于（程度更低一些）创伤性记忆。我们似乎可以合理地认为在某些极端的情况中，创伤性事件根本没有被编码为情景记忆，因此（就像那些有结构性海马体损伤的情况一样）它们就无法以情景记忆的方式提取。但可能这些事件会被编码为弱化的情景的形式，所以要提取它们就需要花费更多努力，而最终的产品是不那么可靠的——它是由模糊的情景痕迹所堆积，并且部分是由其他来源的记忆所建构。

提取障碍

到目前为止，我们主要关注了记忆的编码和存储阶段（见图2.1）。虽然和海马体损伤有关的遗忘表现为无法提取病变后的情景记忆的形式，这并不是因为任何大脑的提取机制有问题。这些记忆无法被提取是因为它们最开始就没有以恰当的情景的形式被编码。和提取异常有关的记忆障碍表现为一种完全不同的形式。

图2.6提醒我们海马体是（边缘）结构的复杂回路。它位于颞叶中，作为"接受、分析和储存信息"的功能单位的一部分，海马体被称为是边缘系统的知觉端点。通过位于间脑附近的一个厚的神经元束（穹隆），海马体投到了一组位于大脑"运动"区域的结构——"规划、管理和审核活动"的功能单位。

这些紧密联系的结构包括丘脑的背内侧核、乳状体、基底前脑和围绕着这些结构的腹侧额叶皮质本身（见图2.7）。这些结构会受到不同疾病过程的损害，但可能最常见的是与长期酗酒有关的维生素 B 缺乏［韦尼克氏脑病（Wernicke's encephalopathy）］以及由前交通动脉的动脉瘤破裂导致的情况。这些疾病产生了被称为科尔萨科夫精神病（Korsakoff's psychosis）的惊人的神经心理学状况。事实上，它被称为"精神病"立即就反映了它和海马体损伤导致的遗忘的主要差异。如果你询问一个像 HM 一样的患者，他与你初次见面的地方在哪里，他很可能会说"不知道"或者"不记得"。但是如果你问一个患有科尔萨科夫综合征的人同一个问题，他很可能会回答："什么叫我们第一次见面的地方在哪里……我们认识好多年了；就昨天而已，你还坐在这里，我们还一起喝酒了！"（即使事实上你们可能根本没见过面）这些患者不是遗忘了，他们是记错了，还往往以一种浮夸的方式记错。这种类型的错误记忆被称为虚构。

虚构是编码和提取两种形式的遗忘症之间的主要区别特征。科尔萨科夫患者并没有遗忘，或者在他们的回忆中有空隙。相反，他们的回忆中存在一些并不属于原本情境的内容。对于这些患者的细致研究发现，他们的错误记忆并不是凭空捏造的。它们实际上是一些真实记忆的碎片，不过

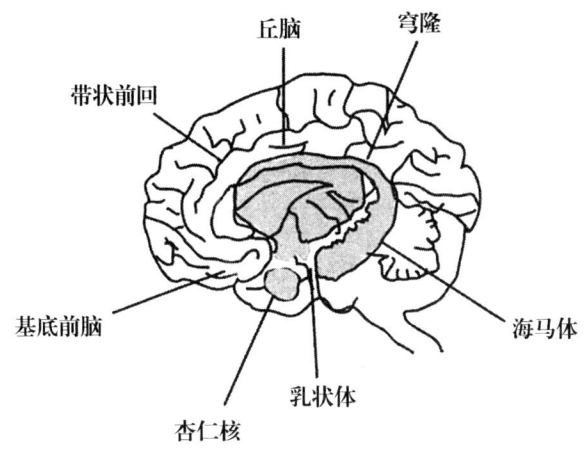

图2.7　海马体和与其连接的结构

这些碎片在不恰当的地方蹦出来了（之后我们会讨论这些研究对精神分析的重要启示）。时序症（Achronogenesis）这个术语，意思是时源性障碍，它有时会被用于描述这些记忆错误。患有时序症的患者可能会告诉你一件发生在10年前的事情，却把它当成是昨天发生的。所以时间标记的错误并不只是虚构错误的特点。这些患者的另一个有趣的特点是无法区分记忆和非记忆。梦、真实经历的记忆和日间的想法常常混在一起。[20]

举个例子，例子中这种困难的本质会呈现得更清楚。在标准记忆临床评估中，患者会阅读以下的故事：

> 在上周，12月6日，一条河淹了一个距离牛津16千米的小镇。水淹没了街道进入到房子里面。13人溺毙，600人因为潮湿阴冷的天气而受寒。一个男人为了救一个困在桥底的男孩而割伤了手。

然后要求患者复述这个故事，他复述如下：

> 发洪水了，我想应该是发生在斯特里特姆吧（患者居住地）……是在商业街吗？杰克和他在商业街上的店怎样了？我不记得了……但我记得那天我还和杰克一起。还有个医生也在，他问了我一堆关于我的记忆的蠢问题——他难道不知道中风过的人是不记事的吗！

很明显，病人的复述中包含了一些原始故事的元素，但这个故事很快就变得无比混乱，既包含了过去记忆中相去甚远的联系和混淆，也包含了当下的想法——这从对医生和他们的蠢问题的评论中可以看出来。

这类患者虚构的内容以及常犯的错误类型对于精神分析有重要的启示。我们在别的地方讨论了一系列惊人的例子（见 Kaplan-Solms & Solms,

2000)。在额叶腹侧（图2.8）损伤的患者身上可以观察得特别清楚。这个脑区的双侧损伤会导致一种心理状态，该状态下人会表现出回忆特点，这些是弗洛伊德称为"无意识系统的特殊性质"的特点。这些功能特点如下："相互矛盾的免除、初级过程（投注的机动性）、无时间性、用心理现实替代外部现实"（Freud，1915：187）。

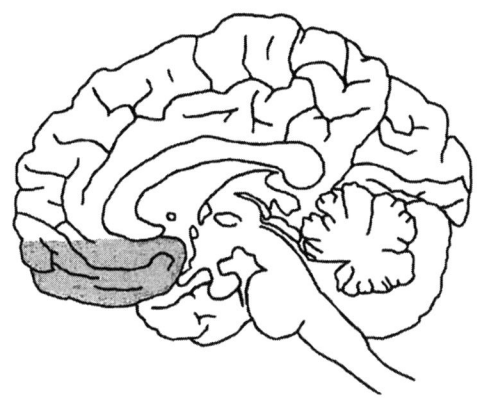

图2.8　大脑额叶腹侧

相互矛盾的免除

其中有个患者是一个住在神经康复病房的英国绅士，他在国外住了多年。他的一个好朋友在二三十年前去世了，当时他们一起住在肯尼亚。一天他兴奋地告诉职员说他在医院碰到了他的一个朋友。"你相信吗？"他说，"亚当斯[21]和我在同一个住院部。你还记得我跟你说过的那个20年前在肯尼亚去世的小伙子吗？能够再见到他真是太好了。"当被问到亚当斯在20年前去世了又怎么能在此时出现在医院时，患者停顿了一会儿，然后说："这一定会导致一个有趣的法律问题——他在一个国家死了，但是在另一个国家活着。"这个人明显能够接受两个互斥的事实，认为它们可以同时成立。

无时间性

第二个患者是一名女性,她也是同样的脑区受损,她在中风前就已经有过几次就医情况,之后因为中风而住院。她经历过一次严重血栓(在腿部),以及一次子宫摘除。对于这个女人来说这次住院和之前住院都是一样的,她讲话的方式就像她住在神经科病房是因为子宫切除手术,但在下一句话中她又说住院是因为血栓,然后,往下说又变成了中风。事实上,她会觉得自己同时因为这几种原因在不同的医院住院——她觉得自己同时在国王学院医院、皇室自由医院和伦敦皇家医院住院。一系列独立的事件被融合成了一件事。

另一种无时间性发生在之前讲到的朋友去世的男士身上。他的妻子往往在下午5点来探望他,这也是医院的探视时间。因此他总是认为任何时候都是下午5点——即使是刚吃完早餐或者吃午餐之前。在某次午饭时间,他的这个错误再次被医院职员纠正了,他注意到墙上一个"禁止吸烟"的牌子,这个警示牌的样子是一个红色圆圈中有一条对角线。该男士把它看成了钟表,他反驳道:"看……现在就是5点!"

用心理现实替代外部现实

在这些案例中,内部驱力世界的需求优先于外部现实的限制,内部的愿望替代了外部的感知觉。上述的将"禁止吸烟"警示牌看成了显示下午5点的钟表便是这种类型错误的例子,因为这符合患者的愿望。他的内部现实凌驾在外部感知觉之上,而这是我们平常不允许的。同样地,他想要见死去朋友的愿望(或者有朋友陪伴的愿望)扭曲了他的感知觉,他把医院的某个陌生人(可能那个人的特征让他想起他的朋友)看成了他朋友。即使他记得他朋友已经去世了,但此时他会将外部证据放在一旁,以满足自己的愿望。

初级过程（投注的机动性）

这可以被定义为投注在一个客体身上的感受没有适当限制地被转移到其他客体上，一般来说这些客体有一些共同点（有时是一些很浅层的特征）。这种"投注的机动性"在那个把陌生人和自己死去很久的朋友合并的男士身上很明显。一个更好的例子是另一个患者，在丈夫来医院看她的时候，她能够清楚认得自己的丈夫，也把他当丈夫对待。但是当丈夫不在时，她就会把隔壁病床的男人认作丈夫，并且像对丈夫一样对待那个人。这种虚构中愿望满足的性质是如此明显。她想要丈夫陪伴。当丈夫在的时候，那就没事；但是当丈夫不在，忽略这个事实或者修改她对于现实的感知觉来满足自己的愿望并不是什么难事。

这里我们并不进一步讨论这些患者的议题（见 Kaplan-Solms & Solms，2000）。但是，很明显，这些虚构的典型特征都是弗洛伊德认为无意识所有的功能特点。[22] 当我们把它们纳到记忆提取机制的框架下来考虑时，我们就可以得出一些关于记忆组织的有意思的结论。

第二种记忆组织

我们之前讲到了海马体在编码情景记忆中存在关键的作用，当海马体受损，情景记忆基本上就消失了（差不多）。但是，当参与情景记忆提取的间脑和额腹侧的结构受损时，记忆却不会消失，它们只是失去了它们真实和理性的组织。这是因为对应现实要求和理性的部分（弗洛伊德所说的"现实原则"和"次级过程"）的结构受损了，它们是组成一般提取过程的结构。这说明了有关长时记忆和无意识系统的一些非常重要的事情。长时记忆的组织方式，以及无意识的互相连接方式可能与有意识正常提取的途径有非常大的差异。它们之间形成的这种联系可能是我们从健康、反思性自我的角度很难想象的。我们平时非常看重的真实性和理性的特征似乎是附加上去的特征，它们只出现在提取过程中，在负责规划、管理和确认活动的功能单位的目标导向的控制之下（见 Luria，1973）。这个功能单位在我们晚上睡觉时也会失去对于记忆过程的影响力（Solms，1997a，2000）。

长期以来，精神分析学家都相信无意识的组织原则和意识（以及前意识）完全不同。使用这些神经患者的记忆错误作为证据，这给我们机会用和过去方法（让神经正常的来访者躺在精神分析的躺椅上进行自由联想）完全不同的视角来考察组织原则。[23] 虽然这里提供的证据并不是完全没有问题，也并非对批评和重新解读持开放态度，但它提供了一种新奇的方法来考察无意识记忆系统。我们（本章作者）现在正使用一系列神经心理学的技术，从这个角度对虚构遗忘症患者进行系统的系列研究。

我们在这里想表达的只是：提取信息（有意记忆）和信息实际被储存和无意识组织的方式有很大差异。无意识记忆联想的内隐影响施加在我们日常的认知和行为上，从外显自我功能的角度来看，两者都同等出人意料。在此，我们有必要回顾本章一开始提出的观点，记忆痕迹可能在任何时候都是被无意识激活的；我们不需要外显地提取记忆来激活它，并且无须外显提取它也会影响我们的认知和行为。

再谈遗忘、压抑和婴儿期遗忘

我们已经知道，额叶在提取记忆的过程中扮演着重要角色，它使得记忆能够以一种现实的、理性的、有条理的方式被提取。额叶和海马体一样，它在出生的头两年并没有发育好。事实上，在 2 岁左右额叶有一个生长突增期，第二个生长突增期在 5 岁左右——额叶的体积在整个青少年期持续增长。在生命的最初几年，额叶系统的组织水平（"规划、调节和确认活动的单位")可以说是非常糟糕的,所以无论从什么角度来说,我们之前讨论的这些组织化的提取过程在幼儿身上都不存在。我们成人依赖的这种目标导向的、理性的、现实的、选择性的长期有序的记忆方式,并不是我们早年记忆的特点。因此,儿童的记忆和那些患有科尔萨科夫综合征的成人差不多。[24] 因为目标导向的额叶系统在控制编码和巩固过程中也扮演了一个重要的角色,很可能幼儿记忆痕迹的储存方式实际上和成人大脑不同。如果某件事情是以一种方式编码的,那么要用另一种方式提取就更难了,因此这强化了我们之前所说的儿童情景记忆重构的本质这一观点。这些事实和海马体的成熟一样,让我们有了新的角度来看待婴儿期遗忘的现象。

以上这些观点表明,弗洛伊德称为"原始抑制"或"生物性抑制"(例如,在5岁左右压抑屏障的自然发展)可能和正常的额叶成熟有关。这些观点也表明,我们不应该仅仅从*编码*机制的角度看待压抑(例如海马体记忆机制的失败)。*提取*机制和额叶显然在发展过程中也扮演了重要的角色,它们也在弗洛伊德称之为"压抑"的临床现象中扮演着重要角色。在某些人身上,在某些情境中,由额叶进行的提取过程可能有选择性的偏向,倾向于情景记忆系统中促进意识表征的材料类型。但是也不要忘记我们之前谈到的关于情景记忆的失败:一些意识上不记得的事情并不意味着我们完全不记得这些事情。可假定"压抑的"记忆(和其他内隐记忆一样)会通过程序记忆和情景记忆系统持续对认知和行为施加一定的影响,这种影响将会维持终身。

额叶、情绪和记忆

近年来,我们越来越了解不同核心情绪系统的神经生物学,这些核心情绪系统的生理基础在于皮层下结构(见 Panksepp, 1998)。这些系统与学习我们行为的结果（更好地预测未来的结果）的过程有关。有关涉及一种情绪（恐惧）的学习已经取得了很大进展，Joseph LeDoux（1996）的书《情绪化的大脑》（*The Emotional Brain*）对这一领域做了精彩的总结。我们也开始认识到这些系统的输出和认知过程的相互作用，及其进入意识体验的方式。这种相互作用的解剖学基础是前文提到的额叶腹侧结构（见图2.8）。这个脑区中不同皮层下情绪系统的纤维通路开始和额叶皮层系统产生相互作用，额叶皮层系统是认知的核心部分。由此，核心的情绪信息可以进入到这个心理器官最高等级、最复杂的部分——关于这个话题的知识已经帮助我们解决了一个神经心理学长期存在的问题。

出现额叶腹侧损伤的神经患者（尤其是在高速机动车辆事故之后造成的损伤）一直都让神经心理学业界非常困惑。这些患者的智力相对正常，往往在一系列"执行"任务中表现得接近正常。但是即使他们看起来表现是正常的，他们经常会选择不恰当朋友，卷入一些不明智的关系，参与不恰当的活动（Bechara *et al.*, 2000）。这种行为往往会导致金钱损失、职业生涯的终止、失去家人和朋友的爱。情绪的角色，尤其是情绪学习最近改变了我们对这些患者的这些行为的看法。事实上，它改变了我们对很多心理生活方面的看法。这些患者糟糕的判断和决策能力似乎是因为他们无法使用情绪学习系统，这个系统会提供决策可能导致的后果的信息（见Damasio, 1994, 1996）。

这篇文章指出了在认知中情绪的决定性作用的生理基础，这个心理生活方面现在可以通过爱荷华博弈任务来评估（Bechara *et al.*, 1994）。在这个任务中，参与者面前有4副牌，他们要从中以任意顺序选一副牌。他们每轮都会赢钱或输钱。有些牌经常有高收益，但是偶尔会带来大损失，持续玩这副牌就会导致总体经济损失。另外一些牌的收益不那么大，但是只会有小的、不频繁的损失，所以持续玩这副牌就会有小的、持续的收益。游戏很复杂，所以参与者似乎（主观地）不知道这个游戏可能会发生的事情。但是，参与者很快就会产生某副牌是好的还是坏的"感觉"，这种感觉可能源于在选择高风险的"坏"牌之前几秒的小幅度情绪激活——当参与者在想他们要选择哪副牌时（见 Damasio, 1994, 1996）。自主神经系统的激活与这个情感体验有关，我们可以用皮肤电反应（galvanic skin response，GSR）直接测量它（见 Damasio, 1994, 1996）。换言之，参与者接到行为结果的"预警"，以情绪的方式进行了编码，这使得他们可以回避负面的结果（Bechara et al., 1994）。

在练习阶段，所有参与者一开始都选择高风险的牌，但是神经正常的参与者（即使是自称赌徒的人）会很快换成能够累积少量金钱的那副牌。额叶腹侧存在神经损伤的参与者在做出坏决策之后表现出了强烈的皮肤电反应（表示他们还能感受到情绪），但是他们无法建立"预警"效应，预警效应会在导致糟糕的潜在结果的决策之前发出预警。因此，这些神经受损的参与者没有对坏结果的选择做出回避，因而持续输钱（Bechara et al., 1994）。无法预测行为可能的情绪结果可能导致了他们日常生活的困难。

直觉和主观体验

因此，爱荷华博弈任务的参与者似乎能够通过使用内隐学习系统来获得正常的表现——依赖一种（情绪调节的）"感觉"，或者"预感"哪副牌是好的还是坏的，这是在缺乏外显地（认知的、概念的）觉察这些牌所带来的收支之下发生的（Bechara et al., 2000）。这是一个对依赖"直觉"和信念的可信定义——例如有对于某些无法获得验证的事的信心。参与者无法验证，或者外显地展现为什么他们选择这副牌——但是他们都准备好在做决定时"相信自己的感觉"。换言之，参与者似乎需要基于理性控制之外的系统来做决定，因为他们被要求"感觉"他们在任务上的表现。在练习中，他们能够有好的表现并不是出于神秘的原因——他们只是关注了事物特定的第二种（情感性的）来源的信息：所以决策是基于两种"来源"的信息——情感和认知的信息（关于"两个来源"的概念详见 Solms，1997b 或 Solms & Turnbull，2002）。

很明显，正如额叶腹侧损伤的患者展现的证据所示，情感来源的信息是学习和问题解决过程的核心——虽然它明显是决策中正在被研究的方面（Fridja *et al.*, 2000）。这个现象当然也和心理治疗师有关。分析性情境中往往要求分析师基于这些情感信息做出判断——这也许是反移情（当代的用法）的基础。这些发现使一件最不可能的事成为可能：直觉有神经生物学解释。

儿童期记忆

从本章我们目前为止讨论的内容来看，我们可以对幼儿（2 岁以下）的记忆本质做出一些（假设的）总结。我们已经谈到他们的主观记忆体验很少依赖于真实的情景性提取——所以面对世界中的客体时（例如，儿童恐惧的狗或爱的父母），他们不太可能有意回忆特定的与该客体相关的事件（例如这条狗吠他或者父母对他很好）。我们认为这是因为"海马体"记忆系统还没有发育好，在幼儿身上，海马体功能尚不健全。我们也认为幼儿已经有情感为基础的学习系统，我们能够把这些系统的特性称为"直觉"，但对于这些记忆的可靠性并没有完全的信心。因此我们有一种感觉，一种"预感"，某个客体可能以某种特殊方式行动。

在成人身上，这些关于客体可能行为的直觉往往[25]可以追溯到一系列情景记忆，它会让我们更相信某事件会发生。在幼儿身上，这种由情景记忆提供的额外信息是不可得的——降低了幼儿对某客体会按照预测的方式行动的"信心"。由此，幼儿的世界会比成人的更不可靠——幼儿往往要被迫猜测、估计某客体（某人）行为的方式，这些都基于证据薄弱的情感学习系统。因此，整个世界都充满了直觉感觉和预感——客体似乎表现得非常不可预测。

这对精神分析的启示非常明显。对于童年早期的本质，很多精神分析思想核心的原则都是强调母亲（或主要照料者）与孩子有关的行为的可靠性。神经生物学证据让我们重新审视这些观点，即幼儿如此依赖可靠的照料者（或促进性的环境），原因就是幼儿尚未具有像成人那样宽泛的记忆系统，因此他们只能依赖"直觉"印象来判断客体（人）的行为。

结论

让我们简单回顾一下记忆的神经心理学。实际上这方面的内容远比本章所述的多得多，毕竟记忆是当代神经科学中最热门的研究领域，它也与一系列精神分析中非常重要的问题有关。我们正处于心理科学激动人心的新时代的黎明，充满无限可能性。终于，我们似乎可以把握一种方法，以可测量的、生理单位的方式来研究人的内在生活——过去这是精神分析的禁区。这使得精神分析和其他科学相比，处境非常微妙。

即使经过一个世纪的共同努力，精神分析学家还没能说服科学界，让大家认为精神分析学家已经找到了理解管理自然界最有趣和最神秘的部分（我们自己）的法则。现在人们已经掌握大量的神经生物知识，它涉及很多传统精神分析学家感兴趣的话题，这使得精神分析当下站在了十字路口上。精神分析学家可以继续选择在下个世纪保持那种远离神经科学的姿态，但我们深信这样会损害精神分析和神经科学。心理器官只有一个。长远来说，一种关于记忆（以及整体"内部世界"）的连贯的神经科学会发展起来，无论精神分析是否参与其中。此刻精神分析学家的合作肯定会加快这个过程，但科学会最终找到一条穿过"黑暗森林"的路径，我们此刻所讨论的这个议题也必定如此。

精神分析发展的高速路是参与那些与其直接相关的神经科学的议题。这并不是一个简单的任务。多数精神分析学家不懂神经科学的复杂，我们也必须承认，很多精神分析学家不太具有设计和实施系统科学研究的能力。当代越来越多的精神分析学家热衷于面对这项挑战，本章就是为了帮助愿意这么做的精神分析学家。如果大量精神分析学家选择了这条路，我们的收获肯定会比付出多。一种根本上不同的精神分析会诞生。它保留了作为研究人类主观的科学的值得骄傲的位置——通过这门学科我们研究内在体验和生命的过程，但是它的主张会更牢固。我们会更了解心理障碍是如何形成的。我们会更好地在治疗中有针对性地治疗那些最能受益的人，以他们最能受益的方式工作。我们可以将临床枝叶延展到之前没有想过的方向。最终，我们相信，我们能够充满信心地说：这就是心理真正运作的方式。

注释

1. 一系列的书对这个领域的文献进行了总结：Larry Squire（1987）的书《记忆和大脑》（*Memory and Brain*）强调了神经科学的议题——虽然他的书现在有点过时了。Daniel Schacter（1996）的书《寻找记忆》（*Searching for Memory*）强调的是认知的议题。Alan Baddeley（1997）的书《人类记忆：理论和实践》（*Human Memory: Theory and Practice*）也提供了一个可理解的但相对技术性的对认知文献的回顾。
2. 方盒-箭头范式并不能完整反映心理功能，它们的目的也并非如此。我们使用方盒来简化"心理器官"的元心理图画，主要是为了教学目的。事实上，思维的成分功能是流动的和彼此相关的，而且远比方盒-箭头图所能表示的要复杂得多。
3. 布洛伊尔和弗洛伊德（1895）写到，意识和记忆在这个意义上是相互独立的。

4. 这个领域的近期发现请参见 Anderson and Green（2001）。

5. 这一机制的详情请参见（Kandel *et al.*, 2000）。

6. 弗洛伊德实际上说的是："声称过去心理生活的内容也许可以保留下来，不一定会被摧毁，可能我们应该对此感到满足。我们脑海中的旧事物总可能被抹去或消失……到了无法用任何方法修复或者提取的程度；这种保存整体上取决于一定的有利条件。这是有可能的，但我们对此毫无所知。我们只能坚持这个事实，即过去会被保存在心理生活中，与其说这是例外，不如说这是规律"（Freud, 1930：71-72）。

7. Schacter（1996：151，楷体字形式的强调为作者所标）。

8. "模式"特指一些具体的*感知觉*形态的信息（例如，视觉或听觉）。"材料"特指某些*抽象类别*的信息（例如言语和视觉空间信息）。

9. 重要的是，注意这些区域并不包含完整的记忆痕迹，例如个体的脸或名字。但这些回路的关键区域（或者节点）可以在这些区域中找到，这会导致当这些脆弱的区域受损时，心理功能就会严重受损。

10. 见 Mesulam（1998）。

11. 和他的同事 Lev Vygotsky（见 Luria，1973：74-75）。

12. Schacter（1996：135，楷体字形式的强调为作者所标）。

13. 正电子发射计算机断层扫描成像（positron emission tomography, PET）和功能性磁共振成像（functional magnetic resonance imaging, fMRI）是通过扫描大脑组织不同区域的新陈代谢水平（这反映了细胞放电率），显示不同脑区相对激活程度的技术。对某个正在做特定任务的人使用这些技术，把结果和做其他任务的人的扫描结果进行比较，就可以揭示不同任务中参与的脑区有何区别了。

14. 见 Gallwey（1986）。

15. Schacter（1996：17，楷体字形式的强调为作者所标）。

16. 意识想法也是"知觉事件",也可以被重新激活。

17. Claparede（1911）。

18. 对于 HM 的世界的细节描述见 Ogden（1996）。Oliver Sake（1985）的《迷途的水手》(*Lost Mariner*) 很好地描述了另一个遗忘症患者,虽然 HM 和 Sack 描述的患者之间有关键差异——主要因为潜在导致遗忘的原因（具体的损伤脑区）不同,如同正文所述。

19. 我们最早的童年记忆往往是从照片和父母对于该事件的描述拼凑而成的。这些记忆的重构性质往往从一个细节上能看出端倪,我们能够在这个"记得的"情节中*看见*我们自己（第三者视角）。

20. 例子可参见 Solms（1997a）。

21. 这不是他的真名。

22. Freud（1915：187）。

23. 见 Kaplan-Solms 和 Solms（2000）。

24. 但这个比喻不能引申太远。例如,患有科尔萨科夫综合征的成人能够用别的方式来代偿他们提取的困难,因为他们的其他心理器官已经成熟并且（基本）保持完好。

25. 我们需要说明,无论如何,成人都不免会在做判断的过程中只依赖直觉。上文提到的"博弈游戏"也揭示了人们在*合理程度内*相信这些信息是正确的。但是过度依赖此类信息则可能导致错误信念——这也是我们目前正在研究的领域。

（王觅　译）

参考文献

Anderson, M. C. and Green, C. (2001). Suppressing unwanted memories by executive control. *Nature 410:* 366-369.

Baddeley, A. (1997). *Human Memory: Theory and Practice.* Hove: Psychology Press.
Bechara, A., Damasio, A. R., Damasio, H. and Anderson, S. W. (1994). Insensitivity to future consequences following damage to human prefrontal cortex. *Cognition 50:* 7-15.
Bechara, A., Damasio, H. and Damasio, A. R. (2000). Emotion, decision making and the orbitofrontal cortex. *Cerebral Cortex, 10:* 295-307.
Claparede, E. (1911) *Experimental Pedagogy and the Psychology of the Child.* Bristol: Thoemmes Press.
Crick, F. and Mitchison G. (1983). The function of dream sleep. *Nature 304:* 111-114.
Damasio, A. (1994). *Descartes?Error.* New York: Grosset/Putnam.
Damasio, A. R. (1996). The somatic marker hypothesis and the possible functions of the prefrontal cortex. *Philosophical Transactions of the Royal Society of London (Biology) 351:* 1413-1420.
Damasio, A. (1999). *The Feeling of What Happens.* London: Heinemann.
Edelman, G. (1989). *The Remembered Present.* New York: Basic Books.
Freud, S. (1915). The unconscious. *S.E. 14:* 161.
Freud, S. (1930). Civilisation and its Discontents. *S.E.21:* 59.
Fridja, N. H., Manstead, A. S. R. and Bem, S. (2000). *Emotions and Beliefs: How Feelings Influence Thoughts.* Cambridge: Cambridge University Press.
Gallwey, W. T. (1986) *The Inner Game of Golf.* Pan: London.
Kandel, E. R., Schwartz, J. H. and Jessell, T. M. (2000). *Principles of Neural Science.* Norwalk, CT: Appleton & Lange.
Kaplan-Solms, K. and Solms, M. (2000). *Clinical Studies in Neuro-Psychoanalysis.* London: Karnac.
LeDoux, J. (1996). *The Emotional Brain.* London: Weidenfeld & Nicolson.
Luria, A. R. (1973). *The Working Brain.* Harmondsworth: Penguin.
Mesulam, M-M. (1998) From sensation to cognition. *Brain 121:* 1013-1052.
Ogden, J. A. (1996). *Fractured Minds: A Case-Study Approach to Clinical Neuropsychology.* New York: Oxford University Press.
Panksepp, J. (1998) *Affective Neuroscience.* Oxford: Oxford University Press.
Sacks, O. (1985). *The Man Who Mistook his Wife for a Hat.* London: Picador.
Schacter, D. (1996). *Searching for Memory.* New York: Basic Books.
Solms, M. (1997a). *The Neuropsychology of Dreams.* Mahwah, NJ: Earlbaum.
Solms, M. (1997b). What is consciousness? *Journal of the American Psychoanalytic Association 45:* 681-778.
Solms, M. (2000). Dreaming and REM sleep are controlled by different brain mechanisms. *Behavioral and Brain Sciences 23:* 843-850.
Solms, M. and Turnbull. O. H. (2002). *The Brain and the Inner World: An Introduction to the Neuroscience of Subjective Experience.* London: Karnac.
Squire, L. R. (1987). *Memory and Brain.* New York: Oxford University Press.

第三章

依恋、实际经历和心理表征

米丽亚姆·斯蒂尔（Miriam Steele）

概述

在本章中，我会描述早期依恋关系的质量以及与照料者（们）之间的实际经历是如何构成组建表征世界的基石的。首先我将略述依恋理论的4个基本假定，然后我会概述过去和现今支持该理论的证据。在此，发展是根据依恋系统的角度来考虑的。相应地，我们将从照料者满足基本依恋需求的方式来理解发展的变迁。最后，我将一一描述维持或中断情感联结的相随效应。

依恋理论基于约翰·鲍尔比最初且持续的想法。它声明人类是为生物心理学上对他人的依恋需求所驱动。依恋理论假设我们的生存紧密联系着，甚至可以说取决于建立和维持与他人情感联结的能力。近年来，依恋理论以及验证了其理论的核心研究成果吸引了学界范围极广、不同深度的兴趣。这可证实的、迅速发展的兴趣来自各种各样的学科，其中包括儿童心理治疗、儿童精神病学、临床心理学和社会福利工作，而依恋理论如今已占据了一个至关重要的位置。依恋理论的4大基本假定已得到了观察研究的极力支持，且有助于我们理解父母对下一代（以及以后）所造成的基本、持久的影响。

传达了鲍尔比依恋理论精髓的4大假定如下：

1. 人与人之间亲密的情感联结具有首要地位和生物功能。
2. 对待孩子的方式强烈地影响其发展和将来的人格功能运作。
3. 依恋行为被视为组织性系统的一部分，该系统运用自我和他人的"内部工作模型（internal working model）"的概念来引导期望以及行为计划。
4. 依恋行为抵制变化，但其持续拥有着改变的潜力，因此一个人的一生中都有可能受到不利或者有利的影响。

亲密情感联结的首要地位和生物功能

这个观点，现今被广泛地认定为真理，然而当鲍尔比第一次在20世纪50年代末期提出时曾导致很多精神分析的同僚们给他打上了异教徒的烙印。对鲍尔比来说，我们作为个体的生存，作为人类的生存，取决于建立和维持与他人情感联结的能力。哭泣、伸手、抱住的"本能"是具有进化起源的生物必然性的功能表达，这些本能自出生开始便可运行并在整个生命历程中显而易见（尤其在危急时刻）。鲍尔比用神经化学、认知、动物行为学以及进化学理论中最前沿的进展，将关系重要性的想法固定于一个人类动机的新模型（见 Cassidy & Shaver，1999；Schore，2000；Suomi，1999）。

因为约翰·鲍尔比所处的处境，即工作于第二次世界大战结束时期以及它带来的无数分离和悲痛问题，或者说即便处于这样的处境，他仍将亲子依恋关系的想法转变成了20世纪精神病学中最可行的理论概念之一。这种可行性源于他意识到对父母和孩子关系的全面理解并不能仅来自儿童精神病学或儿童精神分析的单一角度。因此，在塔维斯托克诊所（Tavistock Clinic）建立了儿童和家庭部门之后，他求助于顶尖的临床和发展心理学家、儿童和成人精神病医生以及人种学家，而且他们统一的兴趣正是如何理解父母影响孩子的方式。

玛丽·安斯沃思，参加了那些会议4年，致力于依恋研究和培训其他研究者，她在依恋理论的发展中占据了一个极其重要的地位。因决心收集证据来验证塔维斯托克会议中探讨的想法，安斯沃思开始进行母婴详细观察的实地考察研究，最初在乌干达（Ainsworth，1967），后来又在美国进行了新生儿和母亲第一年生活的重复家庭观察（Ainsworth *et al.*，1978）。值得重点指出的是，依恋理论中一些极重要的基本原理源于安斯沃思在乌干达实地对母婴的仔细观察，这也反驳了依恋理论只针对中产阶级白种人家庭亲子关系的批判。正是在乌干达的观察促使她领悟到依恋系统是物种特性，而不是文化特性。玛丽·安斯沃思同时也坚信数百个小时在巴尔的摩一系列不同环境下的家庭观察教会了她最多，其中包括最核心的就是母亲和婴儿之间温柔肢体接触的重要性。至于被应用于全球成千上万发展研究的著名陌生情境（Strange Situation）则为事后产物，玛丽和她的同事仅仅用了半个小时就构思设计了这组基于实验室的观察序列（Ainsworth & Marvin，1995）。也就是说这是一个尝试，试图了解在家以外有压力的情况下所观察到的母亲和婴儿是否和居家环境中的母性行为相关联。

安斯沃思及其同事的工作成果（Ainsworth *et al.*，1978）建立在鲍尔比关于依恋的生物学基础假设以及与照料者相处的真实经历的重要性上，他们强调了需要"施压"或者激活依恋系统来研究并测量依恋。通过将一个1岁孩子和他的母亲引入一个装饰明亮、布满玩具的游戏室，她旨在激活孩子的探索（或者游戏／工作）系统。而几分钟后安排母亲离开孩子身边，她则旨在激活孩子的依恋（爱恋）系统。当一个系统被召唤启动时，她预测，另一个（通常）将会消退。因此，依恋正常或者安全的孩子在母亲在场时会快乐地玩耍，分离时则表现出减弱的玩耍性和喜悦，而之后重聚时又再次恢复。家庭观察也证实了这类孩子具有被敏感反应的母亲照顾的过往经历。但是对于其他孩子来说，不太快乐、甚至无效的探索性玩耍行为占据主导地位，而且似乎在重聚时以此防御性地掩饰内在的痛苦。这类孩子的家庭观察则证实了母亲不敏感（干扰的）或无回应（拒绝性）的行为历史。还有一些孩子，探索无效且整个实验室观察中主要呈现出痛苦，他们的家庭观察证实了母亲本为好意（往往如此）、但实则无效的行为方式。

安斯沃思及其同事观察到后来在陌生情境中被判定为安全型的孩子，他们的母亲能以一种回应孩子信号的方式喂食，例如根据婴儿的摄取能力调整瓶装以及固体食物的准备。喂食应该是对婴儿主动性的回应，安全型婴儿的母亲绝不会强迫喂食（Ainsworth & Bell, 1974）。因此，在面对面的互动中，一些母亲能够很有技巧地调节节奏，以此建立流畅的话轮转换（turn-taking）并根据孩子的主动性做出协调（Blehar et al., 1977）。安全型婴儿和母亲身体接触的特征便是一种轻柔、温和的方式，使得母婴双方对接触都感到愉悦。在婴儿期结束时，经历过以敏感照料为特征的开放式沟通的婴儿往往能更有效地与母亲沟通。

依恋行为系统的神经化学、生物学和进化学的起源已由经典的陌生情境实验很好地阐明（Ainsworth et al., 1978），它适用于12—18个月大的婴儿。在陌生情境中，婴儿在行为和生理学层面上都明显地表现出痛苦（Spangler & Grossmann, 1993）。情境起效以及其作用是因为它能够激发依恋系统的启动，引发受到足够好的母亲照料的孩子寻求安全基地。很简单，没有新生儿可以在缺乏安全基地的照料环境中生存并茁壮成长。1岁的孩子如果表现得好像并非如此，极大程度上是一种防御策略。

照料者对待孩子的方式对孩子的发展有着深远的影响

遵从鲍尔比和安斯沃思的观察工作并得益于视频技术的进步，被称为"宝宝观察员"的创新工作致力于一个精细测量亲子关系质量的研究方法，观察员中包括 Edward Tronick 和 Beatrice Beebe。Edward Tronick 在母婴互动的时机和质量方面的工作成果令人深思，他指出了即使是安全型依恋的母婴也无法达到100%的准确率。事实上，在条件允许的最佳情况下，实验室里互动观察的失调比例高达50%以上（见 Stern，1985）！由此可以理解，"正常"的社会交往涉及孩子在与照料者互动中有信心被理解的希望，并且明白被误解时弥补实现的可能。也许逐步修通失调正提供了形成安全依恋的必要成分，也就是说，婴儿或孩子被激发寻求策略，将照料者重新带回到注意力集中的互动中，并从中学习（有意识地，主要是无意识地）什么起了作用而什么没有起作用。这也许是内在自信、凝聚力和依恋安全的感觉的必要成分。对于那些失调实在太频繁或太强烈的亲子来说，过于巨大的挫败感促使他们不得不放弃寻求同调。在这种情况下，我们可以看到防御策略相当快速地被建立起来（即9个月大的时候），以抵制难以承受的互动失调的痛楚。

Beatrice Beebe 及其同事已经能够精确测量在前语言期母亲和婴儿之间互动的复杂细节。在一篇近期的专题论文中，Jaffe 等人（2001）着重指出他们如何从88个4个月大婴儿的"合拍结合"评估中来预测母婴的依恋分类。以类似"话轮转换、加入、放弃（话轮）和追踪"的构成概念来看待这些对话的特征，他们用稳固的实证方式定义了母婴同调。这些在4个月时的观察能够预测在12个月时的分离后（在陌生情境中）孩子对母亲愉悦的回应，这也高度意味着早期的母婴互动模式有助于建立孩子的内在世界（或内部工作模型），其中包括自我和他人的表征。Jaffe 及其同事似乎已经刻画出，正是实际经验有助于孩子在心智中建立起身处人际关系中的感觉，能够给人际关系带去什么以及该从中期待什么的一种持久的感受。越来越多的发展研究如今已经能够在这核心关系的系统中渐渐区分出正常的母婴互动和轻微至严重的扰乱。

在依恋研究的领域中最具有创造性及临床相关性的发现之一来自一个卓越的依恋研究中心，即地处加利福尼亚的伯克利（Berkeley，CA），由 Mary Main 和 Erik Hesse 引领的社会发展实验室（Social Development Lab）。作为一个研究方法上的巧妙创新者，Main 观察到最初的陌生情境系统并不适用于一些她尝试着分类的婴儿。他们似乎没有一个有组织性的策略来处理实验范式引起的压力，所以她将这个群体的婴儿描述为混乱型（Main & Solomon，1990）。呈现混乱型模式的婴儿似乎将父母视为令人害怕的（Main & Hesse，1990），这表明婴儿不确定当父母在场时哪些行为是恰当的——有时候表现出回避，另一些时候表现出抵抗，他们也许在重聚场景时对陌生人的关注多于父母，或表现出极端的自我保护姿势，比如遮盖脸面、俯卧着或维持着一个呆板的姿势。这困惑的姿态与孩子内在力争整合性和安全性的目标背道而驰，且无法被婴儿长期维持。就像 Main 和 Hesse 描述的，依恋对象"同时是其警报的来源和解决方案"（Main & Hesse，1990：163）。总体人群中混乱型的发生率为10%～15%，但当人群中父母与孩子关系处于高危程度时，即儿童被虐待比例高、父母有精神疾病时则此风险将增至90%（Lyons-Ruth & Jacobovitz，1999）。这种混乱型模式的线索能在家庭观察中的母亲行为上寻找到。

仔细的母婴家庭观察按照 Main 和 Hesse（1995）的指导方针，针对受惊或者令人害怕的行为来编码。在美国，Jacobovitz 首创了这项实地考察工作（见 Lyons-Ruth & Jacobovitz，1999），而荷兰的同行 Schuengel 等人（1999）也寻找并发现了母亲可怕行为和母婴混乱型策略之间的相关性。值得注意的是，Karlen Lyons-Ruth 及其同事拓展了母婴之间所观察到的这组可能令人害怕的行为，发现父母与婴儿依恋相关沟通的特定内容之间的极端失调，和竞争性照料策略的展示，两者都引起并拒绝了婴儿依恋的情感和行为，最终导致混乱型依恋（见 Lyons-Ruth & Jacobovitz, 1999）。从这些独立的研究尝试中我们可以清晰地发现父母的实际行为和混乱型依恋分类存在着显著的联系，但实际上捕捉这些行为并不容易。

我们中绝大多数人，甚至大街上随便一个人都能告诉你，父母的实际行为对孩子十分重要。但是，历史上很多分析师都提议临床精力的焦点必须放在幻想上。对此，鲍尔比持否定的态度。他反驳了这个论点，他认为作为临床工作者的我们必须尽可能地知道特定孩子身上可能发生过什么，因为基于对孩子实际经历的了解，我们会采取不同的干预。比如，在一节治疗过程中一个孩子捆绑玩具娃娃，可能这个孩子有过被捆绑的经历。如果确实是这样的话，这与身体受到拘束的想法来自神经症的情况不同，后者涉及的是一个侵扰性母亲在她孩子身上引发了这类幻想，因此我们所需要采取的措施也不同。

在和收养孩子的父母一起工作时，有些被收养的孩子曾经历过身体、性和情感虐待等形式的严重逆境，而我们常常可以听到这些养父母"难以置信"的描述，他们报告说当他们希望给孩子快乐或爱的体验时，他们却遭遇了孩子的拒绝、糟蹋甚至恐惧。对于这其中的一些孩子来说，曾经施加虐待、苛待的照料者其持久性的表征被突破了，因此孩子坚持不懈地需要激发新的照料者在他们熟悉的模式下行动。还有一些收养者新收养了年龄较大的孩子，他们表示非常震惊，哪怕是一个随意的肢体动作，比如手伸过桌面去够盐瓶，都能引发孩子的畏缩和明显的恐惧。成人们花了好几分钟才明白他们看起来善意的行为都可能导致孩子害怕的反应。

照料者实际行为的极强影响力早已在文献中有丰富的记载，这都得归功于鲍尔比。灵长类研究者 Stephen Suomi 的研究提供了具有启发性的数据，恒河猴早期依恋史的差异可以有终身性的影响。例如，将恒河猴在最初的6个月中和同龄的同伴一起饲养，而不是由成年的猴子饲养，同伴中则会形成牢固的关系。但是，同伴不像成年母亲的安全基地那样有效，因此同伴间的依恋关系带有"焦虑"的性质（Suomi，1991）。当在熟悉的环境中，这些同伴相伴饲养的猴子们和那些成年母猴养大的猴子们无法被区分开来；然而，当面对一个新情况时，它们则显得更加胆小，表现出更强的攻击性，追踪到成熟期，相比之下它们则无法给予自己的后代足够的照料。

Suomi其他的创新研究则是仔细检查了寄养长大的猴子受到的影响。寄养长大、困难型气质的猴子如果有养育质量高的无血缘寄养母亲，会给它们带来积极的长期发展结果，它们擅于招揽团体成员的支持，甚至上升至它们社会团体的顶层支配地位。相对比的是被惩罚性寄养母亲养大的困难型气质的猴子，它们发展成"不安全型"依恋，随后显示出对新环境和压力的极端反应，最终它们处于团体支配阶级的底层。有趣的是，气质比较随和的猴子们似乎较少受到母亲养育质量的影响（Suomi，1995）。Werner和Smith（1982）的研究中同样展示了背景环境在研究中的关键性，他们发现在高危和低危家庭的研究中，良好的养育和低危家庭孩子的发展结果没有相关性，但是在高危家庭中却至关重要。

综上所述，婴儿的情绪特征或者气质与跟照料者在一起的实际经历有着令人着迷的相互作用。这对我们理解复原力及其相关的对关系的反思能力是如何互相促进的有着有趣的影响。健康精神发展的起源很有可能并不仅仅在谐调或失谐的互动计数中被发现，但是却可以在连接、错误连接或连接中断、随后修复和恢复互动的序列中被发现。经历过失去且重新获得平衡的婴儿更不可能在将来严重崩溃。

针对逆境中或逆境后补偿性经历的巨大价值的这些建议，正与临床观察报告（Hopkins，1996）、气质和依恋发展研究（Crockenberg，1981；

van den Boom，1994）以及流行病学的发现（例如 Rutter *et al*., 1990）相一致。Hopkins 强调了母性行为太好和不够好的风险，此外也指出了足够好的母亲拥有的潜力能使事情好转、欣然接受喜悦以及包容沮丧！Crockenberg 的经典研究展示了高度易怒、较难承受情感的新生儿可能更容易发展成不安全型依恋（正如早期研究所表明的那样），但这只限于新生儿第一年时母亲曾经历过低水平社会支持的情况。与之相关的是，van den Boom 控制极佳的研究提供了有力的证据，在生命的第一年中期进行短期治疗干预可以帮助一个高度易怒的新生儿在 1 岁的时候成为一个安全型依恋的婴儿。然而，Rutter 及其同事表明对于在校成功、制定了生活工作上有效的规划策略和建立维持了令人满意的婚姻关系的女性，早期经历过的严重关系逆境却不大可能导致持续性的心理社会问题。

内部工作模型

精神分析理论家 Morris Eagle（1995：136）指出："当代和经典精神分析理论几乎没有关注人们实际上做了什么来保持他们的病理，特别是，他们适应不良的关系模式"。相比而言，基于鲍尔比关于经历的意义被编码在内部工作模型中而后引导期望和行为的假定，Eagle 几乎完全专注于依恋理论和研究中的实际行为、目标和策略。也就是说，直到现有的心理模型不能再简单地适用于新的经历且新体验累积到一定程度时，在最佳情况下那个内部模型开始更新和修正，即心理发展的过程或者"调适"，这正是被皮亚杰认定为认知发展中普遍阶段的经典描述。

自我和依恋对象（们）的内部工作模型组织关于关系的想法和感情并引导期待，这一观点来自经典精神分析思考和认知心理学的结合。鲍尔比直接指出，我们每个人自身都有自我和他人的表征，以及与他人隐喻性交谈中的自我。因此在我们试图规定的条件下，他人常常不知不觉地被吸引到我们的谈话中。但是同等地，正如 Sandler 角色反应的理论指出，"两个人才能起舞探戈"（见 Sandler, 1987）。无论他们是亲生父母、养父母、老师或是保育员，成人和孩子互动的挑战在于识别孩子希望"和我们跳舞的曲调"，并帮助他们实现快乐、有责任感的、建立信心的"舞步"，从而推进他们的发展。

依恋研究已经说明了孩子依恋的内部工作模型不仅影响孩子对于他人的信仰和期待，还可能同样地引起他人的行为和反应。比如，Eagle（1995）提出关注 Alan Sroufe 针对高危样本早期母婴依恋的纵向研究，在他的研究中托儿所老师们在不知道孩子们早期依恋模式的情况下表达了他们对孩子的感情，事后老师们报告说他们对 12 个月大、被分类为安全型依恋的孩子们感到亲切友好、无控制性和积极乐观。相对地，对于婴儿时被分类为回避型的孩子，他们的感情和行为更为愤怒、具有控制性和负面性。更进一步地，老师们报告说焦虑/矛盾型的孩子们引起了他们过度的抚育和容忍行为，但也表达了他们期望控制孩子们。重要的是，对于不安全型的两个小组，老师们并没有期待这些孩子们会像他们的同龄人那样具有符合年龄的举止。Sroufe 指出孩子们对老师表现出的行为，也反向引起了老师的特定反应，这与孩子对照料者一直以来的期待十分类似。照料者的内部工作模型，即管理照料者对婴儿的期待的那些过程，这一领域有着 15 多年的大量研究。这个时期的依恋研究开始于"移至表征的层面"（Main *et al*., 1985），并涉及了一种访谈技术的发展，它能够引发成人自我、依恋对象（们）的内部表征，以及调节情绪激发的内隐策略。

这个访谈被称为成人依恋访谈（Adult Attachment Interview，AAI）。它在儿童心理治疗、精神分析和越来越多的社会工作圈子里已是众所周知。成人依恋访谈很重视无意识的心理和情绪过程对成人的作用。它的目的是"令无意识吃惊"（George *et al*., 1985）。因此，精神分析临床工作者更倾向于观察，习惯性地、合情合理地提防着心理学研究的实证主义以及除此之外的限制性特征。政治经济形势需求"循证"治疗毫无疑问地引发了人们对成人依恋访谈日益增长的兴趣，可以说这是一个出现在恰当时机、恰当地点的工具。因为成人依恋访谈关键取决于听成人用自己的语言讲述他们家族历史的故事，受训倾听患者的临床工作者可以轻而易举地领会这种方法。然而，临床工作者倾向于依赖直觉，尽管有根有据，但为了分析患者必需的材料，他们只能处理相对较少数量的患者。相较之下，成人依恋访谈研究者能够从相对较大的个人群体中收集信息，并根据冗长的书面指南来应用严格详细的分析方式（Main & Goldwyn，1998）。一个受训的评估员可以以高度可靠的测量方式测出受访者可能发生的童年经历、他们对于依恋的当前心理状态以及他们的总体依恋模式。现今众所周知的依恋模式以及成人依恋、照料的内部工作模型的表达被称为自主-安全型（autonomous-secure），不安全-淡漠型（insecure-dismissing），不安全-过分投入型（insecure-preoccupied）和未能解决过去的丧失或创伤（unresolved）。在多样化的文化和语言环境中，可以观察到这些成人的模式对应着母婴依恋模式［分别对应为安全型（secure）、回避型（avoidant）、矛盾型（resistant）和混乱型（disorganized）］，而也有很多研究报告了代际间的一致性（见 Hesse，1999；van Uzendoorn，1995；Steele et al.，1996）。

　　成人依恋访谈完全是围绕着依恋主题而构建的，主要为童年期个人与母亲和父亲的关系（和/或其他照料者）。受访者被要求描述在童年时期和父母的关系，并提供具体的记忆来支持总的评估。访谈的力量在于引出依恋故事的系统性方法。值得注意的是，成人依恋访谈问题可以被看作包括3种差别显著、具有挑战性的探究模式，针对过去经历依恋相关痛苦的记忆以及当前评价。首先，访谈中有一些关于负面经历和相关的情绪的问题，这是每个人童年经历的一部分，其中包括不安的情绪、身体伤害、生病和与父母分离。第二，有些问题针对一部分人的童年经历中的负面体验和相关情绪，包括丧失和虐待。第三，还有的问题是要求受访者考虑儿童依恋经历的可能意义和其对成人后人格的影响，包括要求受访者解释为什么在童年时期父母会那样做的理由。重要的是，受训的评估员首先给叙述以9分制的形式打分，涉及可能发生的过往经历和关于依恋的当前心理状态。可能发生的过往经历这一维度受评估员的直接关注，即在受访者的童年中父母双方爱、拒绝、忽视以及角色反转的程度，这正例证了鲍尔比所言的童年时期与照料者现实经历的重要性这一概念。关于依恋的当前心理状态这一维度，包括注意特定父母心理表征的情感质量，比如对父母双方理想化、愤怒或者诋毁的描述程度。另外，受访者的心理状态会通过更全面的考量来评估，包括叙述的连贯性、被动性和显示元认知迹象的程度（Main & Goldwyn, 1998）。值得注意的是，特别是因其临床相关性，我们参与了一个总部设在伦敦的研究项目，旨在拓展元认知（意识到自己的思维过程）评分系统，纳入"对心理状态的意识可作为自己和他人行为的推动力"这一方面（Fonagy et al., 1991）。这个尝试促成了"反思功能"这一概念的发展，我们认为，被照料者或多或少准确反映出来的我们的内在世界的童年早期经历可以促成反思功能的正常发展（例如 Fonagy et al., 1995）。进一步来说，反思功能可能会因为幼年时期缺乏照料者共情性的反应而被显著地抑制或者歪曲。在这种情况下，出现儿童和成人精神病理结果的概率可能会上升。

在评估和分类依恋访谈时另一个重要的考虑是关于过去的丧失和创伤。当有足够的证据表明存在重大的丧失或创伤时（身体和/或性虐待），可以遵循若干的特定准则（Main & Goldwyn, 1998）来评估过去创伤的解决程度。总之，这可以归结为决定压倒性负面经历的程度是（1）被认为如此，还是（2）他们采用属于过去特征的说话方式来叙述。未解决的哀悼在讨论过去的丧失和/或创伤时最为明显，检视之下会发现推理或者讲述中有失误（Main & Goldwyn, 1998）。比如，在丧失出现的地方，重要的是受访者能表现出对这一丧失的永久性的充分意识。在受访者童年经历中出现虐待的地方，重要的是受访者即刻承认虐待，也能显示出他们明白自身并不为所遭受的不良对待而承担责任。找到受访者心中解决程度的重要线索，在于仔细研究叙述中关于创伤的逻辑和时间顺序的描述，既不过于简短（暗示着试图淡化创伤的重要性），也不过于详细（暗示着继续耿耿于怀）。

在多个独立调查中发现，在成人依恋访谈中被问及过去的丧失和/或虐待的母亲们的未解决回应，与母婴依恋中的混乱/迷失型依恋有关。Main 和 Hesse（1990）推测过，并继而研究（Lyons-Ruth & Jacobvitz, 1999；Schuengel *et al.*, 1999）证实了令人害怕或受惊的母性行为可能是干涉性机制。简单来说，一个女人仍然频繁地被她过去糟糕的记忆侵扰，尽管自身不知情，但在她与婴儿的经历中可能会制造出一种持续的潜在恐惧感。

有研究者近来在以色列的背景下对这种现象做了调查，在那里有大量的祖母于幼年纳粹大屠杀时失去了父母。其中很多在大屠杀中丧失了家庭的儿童幸存者定居在以色列并建立起了新的家庭。Sagi-Schwartz 等人（2003）研究了这个人群，旨在观察这些创伤性屠杀经历可能传递到第二代（女儿们）以及第三代（1岁的孙辈）的程度。他们针对这个基于社区的不寻常样本的调查（对比临床性报告）揭示了非凡的复原力，即第一代童年遭遇非人暴行、受到创伤的父母们设法隔离了他们的孩子（和孙辈们），使得他们免受负面的影响。祖母们展现出了较高（50%）程度的未解决的哀悼，相对比的是一个配对的对照组（10%），但是这并没有传递给他们的女儿，在这些女儿们身上也没有观察到令人害怕的母性行为。也许这些祖母能够抑制她们曾经糟糕经历的影响，是因为大屠杀的创伤并没有牵涉到所有依恋经历中最为残酷的体验。那就是父母或者其他被信任的依恋对象所造成的创伤，正如虐待儿童受害者的情况。此外，这些祖母们创伤前（即在纳粹杀害他们父母之前）的依恋经历本就足够好，因此帮助孩子们隔离了由匿名的、非人道的社会政治力量（纳粹）所造成的创伤。最后，这些儿童幸存者/母亲/祖母从所在的大屠杀后的环境中缓慢艰难地获得了极大的力量和耐心宽容，即以色列的大量幸存者为建立起一个国家而做出直接贡献，这个国家与大屠杀的集体记忆不无关系。

可以说，幼儿依恋经历从来没有直接促成成人时的依恋情感、信念和行为。如果成人没能接受他们令人不快的过去，创伤性的依恋经历只与其未解决的哀悼有关，以及和成为父母后潜在的令人害怕的或受惊的行为有关。"修通（work through）"的能力以及接受自己经历的能力正反映在访谈中讲述的连贯性上，且这似乎是基于防御性策略的最小依赖。结果是，访谈可以揭示困难和痛苦的经历，而这些经历被整合到现今对待依恋的态度中，从而传达了对亲密关系的重视。我们来看一下下面这个30岁女人的例子，她回忆了她儿时的经历，她有一个身体时常抱恙、养育风格倾向于高度控制性、偶尔侮辱性的母亲。当被问及她用来描述和她母亲关系的形容词"害怕"时，她说：

> 有一件事……直到成年我才意识到，而且，一旦我意识到，便帮助我理解了很多东西，嗯，就是她保持控制的方法是生病，所以你，如果你做错了事总是会害怕的，然后她就会生病，而且这是你的错，所以我非常清楚地记得这种循环，大概五六岁时……当你长大了你就学会接受了，但是那个时候我记得我非常难过，而且被吓到了。

这段摘录在我们的反思功能索引上得分非常高，因为这位准妈妈展现了一种具有发展观的能力，看到了童年事件如何在成年后会有不同理解。她也能够将她母亲的身体疾病与导致其控制性行为的心理状态联系起来，而且她还用了令人赞叹的词汇来描述情感和心理状态。很显然，在她的关系经历和内在世界中存在着一些明显的间断，使其具备复原力。

依恋模式中的连续性和改变潜力

本章接下来会着重强调依恋模式中的连续性和改变。这与鲍尔比的观点一致，就是因为一个映照早期依恋经历的内部工作模型被建立，所以生活的逆境（如果极其严重或者累积到极限）可以倾覆安全基地。但是，同样地，如果在逆境后有充足的积极关系经历，早期的不安全基地会变得更稳定和强硬。鲍尔比反复指出在生命中的任何时候都有积极变化的可能。

持续性可以在孩子的生活中和代际之间被观察到。如果照料环境有足够的稳定性，这些在陌生情境中的反应模式随着时间推移是基本稳定的（Lyons-Ruth *et al.*, 1991；Waters, 1979；Vaughn *et al.*, 1979）。此外，这4种主要的亲子依恋模式不可能由孩子身上的属性（例如气质）直接决定（Crockenberg, 1981；van den Boom, 1994）。大多数有比较过婴儿-母亲和婴儿-父亲依恋质量的研究都报告，每个婴儿-父母的关系在统计上是相互独立的（例如 Main & Weston, 1981；Steele *et al.*, 1996）。在陌生情境中重聚时孩子对母亲的行为很大程度上反映了其与母亲互动的独特历史，母亲如何回应婴儿对接触和安慰的需求，以及这又是如何被婴儿理解的。不同的互动历史则可能构成孩子对父亲依恋的基础。因此，婴儿期间的依恋质量最好被理解为在陌生情境中最容易观察到的孩子-照料者关系的特征。陌生情境因此可以说是提供了在压力诱导情况下婴儿行为反应的一个可靠的索引，这也为我们打开了一扇窗，可以看到年幼孩子和他们的照料者之间的内部工作模型。成人依恋访谈评估的是照料者自己独特的关系内部工作模型，这也是婴儿-照料者关系质量中最强大的预测因子，且它进一步强调了依恋观念本质的关系特异性（见 Steele *et al.*, 1996；van Uzendoorn, 1995）。

目前，已经有大量的研究详细记录了发展后续，从婴儿期的陌生情境评估，到蹒跚学步的幼儿期、幼儿园幼童期、儿童潜伏期、青少年时期甚至最近到成人期的各种各样的社会认知发展。下面是海量文献的选择性概述，介绍了依恋需求和产生的实际经历如何使心理表征（或者内部工作模型）反过来影响随后的经历。

Klaus 和 Karin Grossmann 在德国进行的一个长期追踪研究（也称纵向研究）识别出了早期与母亲依恋的长期影响。他们令人印象深刻的众多研究之一，展示了安全依恋的 3 岁孩子能够在竞争比赛失败时坦诚地和成人考官沟通他们的悲伤（看着他们竞争对手的脸）。相比之下，有不安全-回避历史的孩子们在输了后透露出不适，却不会直接表露出悲伤，反而展示了"社交性微笑"。这些发现与他们的独立观察研究相吻合，回避型依恋的 1 岁孩子隐藏自己负面的情绪，而用生理反应的唾液皮质醇测量所得的内部指标却显示孩子强烈及长时间的压力唤醒（Spangler & Grossmann，1993）。若认为这些研究发现仅仅存在于孩子身上，那就错了，因为有证据表明回避型依恋孩子的母亲极其有力地向他们传递了积极回应的意愿，但是仅限于他们表现出积极情感的时候。负面情感的展露很可能被忽视或者被拒绝，因此这些孩子到 1 岁时就学会了掩饰他们的感情（Grossmann et al., 1986）。

Mary Main 及其同事发现针对 6 岁孩子的一系列评估和他们 5 年前收集的早期陌生情境测量结果有着令人印象深刻的连续性。这个追踪研究采用了一系列独特、创新的任务来评估这些 6 岁孩子当前的依恋关系，其中包括父母和孩子分离 1 小时后重聚行为的详细观察，以及孩子回应依恋主题提示所提供的叙述评估。比如，当孩子被问到，"和父母分开的两周时间将会做些什么？"在 1 岁时就是安全型依恋、现已 6 岁的孩子更能想象处理分离的方法，即请求父母不要走，表达失望或愤怒，找到保持联系的方式。在 12 个月大时被评估为不安全型依恋的孩子，在 6 岁时倾向于不知道作为孩子能做什么，或者将自己锁在屋子里甚至自杀，以此进一步地让自己远离依恋对象（Main et al., 1985）。这些发现支持内部工作模型抗拒改变的观念，而且发展进步时早期版本的进化是可追踪的，因此1岁时的行为评估可以和后来童年叙述指数高度相关（$r = 0.59$）。

在我们自己对跨代依恋模式的追踪研究中，我们发现12个月大时和母亲的依恋被评估为不安全型的孩子，且他们母亲的成人依恋访谈结果是淡漠型或过分投入型，在他们6岁时能提前识别和理解情绪，其中包括矛盾或混杂的感情（Steele et al., 1999）。进一步追踪至青少年早期，研究揭示这些孩子的社会认知能力可以再一次地从10年前的依恋分类中预测到。孩子11岁时，应答刻画情感两难境地的卡通时的承认不适的能力及精心计划解决方案的能力，与早期和母亲的安全性有关（Steele et al., 2002）。情绪能力和绝大多数心理治疗干预常常引用的"感情转化成语言"的目标，这两者可以轻松地被概念化，作为心理健康的重要支撑。

涉及非临床样本的成人依恋访谈研究表示，到十七八岁的年龄甚至更早，个体会发展出运作良好的能力来报告、监测和评估可能极不同类型的早期依恋经历，即和母亲、父亲以及其他人（例如 Kobak & Sceery, 1988）。进一步来说，Main（1991）表明受益于早期与母亲安全依恋的10岁孩子在应对探索心理和知识本质的问题时更可能展示出元认知的意识。然而，早期被观察到的婴儿-母亲依恋模型的连续性能够持续到多久以后呢？

值得注意的是，2000年的3个追踪研究比较了12个月陌生情境中婴儿-母亲依恋的评估和大约20年后获得的成人依恋访谈评估（Waters et al., 2000；Hamilton, 2000；Weinfeld et al., 2000）。这3个研究结果发现，经历上的连续性能反映评估的连续性，有严重生活事件和困难的迹象的显示出明显的中断，而在干预期间有平常的家庭生活起伏的则显示出弱到中等强度的连续性。也许这结果并不让人惊讶。我们需要的是其他研究来揭露在最早经历中是什么会影响以后的生活，而什么最可能被后来的经历重新加工、更新或者被改变。显然，我们使用的语言，我们诉说的故事，和我们从生活中获得的意义在整个生命周期中必定是可修正的。同时，对世界的自发性反应模式以及情绪和社会刺激的自动解释可能仍然会残留，即使我们学着不去信任这些"第一印象"或者偏见。

当受访者展现出过去的创伤已经被解决时，这当然是一个充满希望和积极的迹象。的确，在非临床人群中，对于涉及创伤的童年经历，通常情况下受访者会传达出他们已克服了作为孩子时常常感到恐惧的感觉。另外，尽管不一定能够原谅，这些受访者却能够对小时候曾对他们施加虐待的依恋对象（们）表示理解。在这样的情况下，成人依恋访谈常常会揭示出一种强烈的自我意识、人际关系意识以及依恋价值，因此我们才能说这些被虐待的成人不大可能成为施虐者。当个体在虐待关系以外发现了一个或更多的安全基地或避难所，比如由一个大家庭成员、配偶或者治疗师所提供，在这种情况下个体才能产生这种复原力。在这方面，成人依恋访谈是一个独特而有力的临床工具和法律工具，因为它可以作为可靠的指示，以检查受过虐待的成人是否可能对他们的孩子重复虐待的养育模式。

在伦敦安娜·弗洛伊德中心，源于我们关于反思功能这一概念的工作，我们曾探索过成人依恋访谈研究和临床过程之间的重叠领域。引人注意的是，我们研究过的孕妇在成人依恋访谈中这项能力的评估（Steele et al., 1996）显示，反思功能比其他任何成人依恋访谈单项评估指标更能有力地预测婴儿–母亲依恋安全性（见 Fonagy et al., 1995）。在评估患者的"可治疗度"时，其反思内在世界和体会他人观点的能力便是临床工作者心中一个至关重要的问题。心理治疗的服务资源有限，通常只能提供给寻求其服务、并能从中获益的人。因此，不论是公立机构还是私人执业，如何评估个体是否可以从治疗中获益对临床工作者来说都十分关键。对反思功能这个概念的熟悉度也许能在临床实践这一挑战性领域中发挥非常重要的作用。一个到安娜·弗洛伊德中心来寻求帮助的青春期男孩的例子，正证明了反思痛苦情景的能力可以预测良好的治疗结果。史蒂夫，16岁，在学校遭受了同学严重的欺凌，包括被锁在学校的储物柜里整整1小时，以及把打火机放在他的脸上。他有一些自残行为，与父亲是施虐受虐的关系，每一天他都在与父亲斗争。然而，他也能够在潜在治疗的诊断阶段评论说，"我的父亲永远不会满足……即使我就是父亲认为的那类让他高兴的男孩，他仍然不会对我满意。"确实，在接下来的强化心理治疗过程中，史蒂夫能够探索自己在和父亲的困难关系中扮演的角色，也看到了父亲促成这种病态情景的作用。

在关于持续性、中断性以及能够反思自我和他人的重要性的文献中，对临床人群的研究出现了一些最具争议性的结果，也出现了一些违背直觉的结果。Marian Radke-Yarrow 针对患有心理疾病的主要照料者的家庭研究正与依恋中的连续性和中断性的讨论相关。Radke-Yarrow 开创性的研究是前景式追踪研究之一，她强调了发展过程以及亲子之间心理疾病和适应的传递（Radke-Yarrow，1998）。这个精心设计的研究针对在连续发展阶段中患有临床抑郁症的母亲、患有双相情感障碍的母亲以及没有任何精神疾病的母亲，比较了她们孩子的精神病和心理社会发展。这项研究有很多有趣的发现。然而，从依恋角度来理解发现，同样有精神病症状的母亲，安全型依恋的孩子比起不安全型依恋的孩子更容易在以后出现问题。这当然与依恋理论和研究所预测的结果背道而驰。但是，如果我们再考虑一下，和有精神疾病的母亲有安全型依恋关系对孩子来说意味着什么的话，这个结果可能也就不那么令人惊讶了。如果安全性与互动有关，互动的特征为同调以及反思对方的心理、思想、情感和意图，那么人们可以迅速发现孩子和精神紊乱的父母"太接近"的风险。如果父母的心智有时候是混乱无章或者无回应性的，即使时而与适当性交替，安全性也更可能成为风险因素而不是复原力因素。在由有精神障碍的父母照料的情况下，能够与父母保持距离的孩子，心理甚至身体上，也许能更自由地探索其他关系，也因此会显得更好。

另一组发现来自对选择收养严重残疾儿童的父母的相关研究，乍一看似乎也出现了反直觉的研究结果（Steele et al., 2000）。收养机构特别地将这些家庭挑选出来，作为成功安置的案例，所有相关人士都认为孩子们做得非常好。我们对30名这样的父母进行了成人依恋访谈，因为我们对他们的依恋历史以及他们如何理解依恋历史会如何预测成功的结果非常感兴趣。这项研究有趣的特点之一是96%的样本报告了曾经历过重要依恋对象丧失的严重逆境。这些家庭也报告，他们是有意寻找有残疾的孩子来收养，正如一名家长所说，"我想要的是终身都有个孩子。"令人惊讶的是，大多数访谈都被归类为不安全-淡漠型。一开始我们对这个结果非常困惑。不过，我们很快就开始明白，成人可能用了一种类似的策略来思考和感受他们的孩子。正如他们用理想化的方式来评估他们自己的依恋历史一样，其中负面或者有害的方面都以无法被回想起来的方式防御性地排除在意识之外，在思考他们和他们收养的残疾孩子的关系时，他们也许成功地使用了一种类似的策略。这些都是致力于照料和抚养孩子的父母，但他们对思考感情或者反思没有特别的兴趣。从孩子的角度来看，这可能正好也是他们所需要的，即能够将他们理想化并将每一个发展中的小小成长都当作巨大进步的父母。从某种程度上来说，似乎这些父母意识到自己的童年经历并不是能提供爱的关系的最佳选择，因此也许是作为一种平衡的方式，他们开始了一段新的关系。

这些研究（Radke-Yarrow，1998；Steele et al., 2000）突出了一些有趣的反直觉的发现，提醒人们要以开放的态度对待新证据，并时刻准备着完善和拓展我们的思维，这正是约翰·鲍尔比精神分析工作方法的一个核心、持久的特点。这种方法在发展研究和精神分析兴趣的十字路口上，以强有力的方法论方式致力于绘制和理解发展的轨迹。

结论

鲍尔比给自己设定了一条治疗的道路,这使得他在50多年里致力于理解依恋关系和促进研究、临床工作。具备精神分析核心的依恋理论,现今已然成了一个主导理论。但这是为什么呢?我认为主要有两个原因。首先,依恋关系的生物、社会和心理基础,以及违背和恢复依恋关系都已经被越来越有可用性、创造性、用户友好且科学可靠的方法广泛研究。第二,理论和研究实际上朴素、直接地说明了一些我们正面临的最突出的社会问题。这些越来越紧迫的社会议题包含了多种多样的紧急问题,包括:我们如何能最好地理解、测量以及最终改善亲子关系的质量?我们如何能提供成功且具有成本效益的亲子治疗和儿童心理治疗?我们如何才能提高儿童照料的质量和可用性?我们如何才能在收养和寄养领域中帮助其做出"正确"的选择?

我认为如果约翰·鲍尔比了解到他在差不多半个世纪前的理论著作如今使得依恋产业崛起,他会非常惊喜。事实上在他的可读性极高的著作《安全基地》(*A Secure Base*)(Bowlby,1988)(在20世纪70年代末和20世纪80年代初所做的一系列讲座)中,他曾表达了对临床工作者如此长期忽略他的工作感到十分惊愕。"我觉得有点出乎意料,尽管依恋理论是一位临床工作者为了用于诊断和治疗情绪紊乱的患者和家庭而创建的,但它的应用主要是为了促进发展心理学的研究"(Bowlby,1988:xii)。这段引言之所以有趣,有几个原因。一个原因是鲍尔比将自己定义为临床工作者,而不仅仅是一个研究者。他常说自己对依恋理论的兴趣是牢牢地基于治疗工作的。他不仅提到了"有精神障碍的患者",还指引我们去思考家庭,因此他也可以被认为是最早的家庭治疗师之一(见 Bowlby,1947)。当前对鲍尔比具有开创性贡献的应用,重新回应了他于1955年时表达的,并在他后来的著作中频繁出现的一个观点:"如果一个社会重视孩子,那这个社会也必定珍视他们的父母。"

(周游 译)

参考文献

Ainsworth, M. D. S. (1967). *Infancy in Uganda: Infant Care and the Growth of Love.* Baltimore, MD: Johns Hopkins University Press.

Ainsworth, M. D. S. and Bell, S. M. (1974). Mother-infant interaction and the development of competence. In Connolly, K. and Bruner, J. (eds) *The Growth of Competence,* 97-118. New York: Academic Press.

Ainsworth, M. D. S. and Marvin, R. S. (1995). On the shaping of attachment theory and research: an interview with Mary D. S. Ainsworth (Fall, 1994). In Waters, E., Vaughn, B. E., Posada, G. and Kondo-Ikemura, K. (eds), *Caregiving, Cultural, and Cognitive Perspectives on Secure-Base Behavior and Working Models: New Growing Points of Attachment Theory and Research.* Monographs of the Society for Research in Child Development, vol. 60, Serial No. 244 (2-3), 3-21.

Ainsworth, M. D. S., Blehar, M. C., Waters, E. and Wall, S. (1978). *Patterns of Attachment: A Psychological Study of the Strange Situation.* Hillsdale, NJ: Erlbaum.

Blehar, M., Lieberman, A. and Ainsworth, M. (1977). Early face-to-face interaction and its relation to later infant-mother attachment. *Child Development,* 48, 182-194.

Bowlby, J. (1944). Forty four juvenile thieves: Their characters and home life. *International Journal of Psychoanalysis* 25: 19-52.

Bowlby, J. (1949) The study of group tensions in the family. *Journal of Human Relations 2:* 123-128.

Bowlby, J. (1951*). Maternal Care and Mental Health.* Geneva: World Health Organization.

Bowlby, J. (1988). *A Secure Base. Clinical Application of Attachment Theory.* London: Routledge.

Cassidy, J. and Shaver, P. (eds) (1999). *Handbook of Attachment.* New York: Guilford Press.

Crockenberg, S. (1981). Infant irritability, mother responsiveness, and social support influences on the security of infant-mother attachment. *Child Development 52:* 857-965.

Eagle, M. (1995). The developmental perspectives of attachment theory and psychoanalytic theory. In Goldberg, S., Muir, R. and Kerr J. (eds), *Attachment Theory: Social, Developmental and Clinical Perspectives,* 123-150. New York: Analytic Press.

Fonagy, P., Moran, G. S., Steele, M., Steele, H., and Higgitt, A. C. (1991). The capacity for understanding mental states: the reflective self in parent and child and its significance for security of attachment. *Infant Mental Health Journal 13:* 200-216.

Fonagy, P., Steele, M., Steele, H., Leigh, T., Kennedy, R., Mattoon, G. and Target, M. (1995). Attachment, the reflective self, and borderline states: the predictive specificity of the Adult Attachment Interview and pathological emotional development. In Goldberg, S., Muir, R. and Kerr, J. (eds), *Attachment Theory: Social, Developmental and Clinical Perspectives,* 233-278. New York: Analytic Press.

George, C., Kaplan, N. and Main, M. (1985). *The Adult Attachment Interview.* Unpublished manuscript, Department of Psychology, University of California, Berkeley.

Grossmann, K. E., Grossmann, K. and Schwan, A. (1986). Capturing the wider view of attachment: A reanalysis of Ainsworth's Strange Situation. In Izard, C. E. and Read, P. (eds), *Measuring Emotions in Infants and Children,* Vol. 2, 124-171. Cambridge: Cambridge University Press.

Hamilton, C. (2000). Continuity and discontinuity of attachment from infancy through adolescence. *Child Development* 71: 690-693.

Hesse, E. (1999). The Adult Attachment Interview: historical and current perspectives. In Cassidy, J. and Shaver, P. (eds), *Handbook of Attachment,* 395-433. New York: Guilford Press.

Hopkins, J. (1996). The dangers and deprivations of too-good mothering. *Journal of Child Psychotherapy 22* (3): 407-422.

Kobak, R. R. and Sceery, A. (1988). Attachment in later adolescence: working models, affect regulation, and representations of self and others. *Child Development 59,* 135-146.

Jaffe, J., Beebe, B., Feldstein, S., Crown, C. and Jasnow, M. (2001). Rhythms of Dialogue in Infancy. *Monographs of the Society for Research in Child Development,* 265 (66) Serial No. 265.

Lyons-Ruth, K. and Jacobvitz, D. (1999). Attachment disorganization: unresolved loss, relational violence, and lapses in behavioural and attentional strategies. In Cassidy, J. and Shaver, P. (eds), *Handbook of Attachment,* 520-555. New York: Guilford Press.

Lyons-Ruth, K., Repacholi, B., McLeod, S. and Silva, E. (1991). Disorganized attachment behavior in infancy: short-term stability, maternal and infant correlates, and risk-related subtypes. *Development and Psychopathology 3:* 397-412.

Main, M. (1991). Metacognitive knowledge, metacognitive monitoring, and singular (coherent) vs. multiple (incoherent) models of attachment: findings and directions for future research. In Parkes, C. M., Stevenson-Hinde, J. and Marris, P. (eds), *Attachment Across the Lifecycle,* 127-159. New York: Routledge-Kegan Paul.

Main, M. and Goldwyn, R. (1998). Adult attachment scoring and classification system. Unpublished manuscript, University of California at Berkeley.

Main, M. and Hesse, E. (1990). Parents' unresolved traumatic experiences are related to infant disorganized attachment status: is frightened and/or frightening parental behaviour the linking mechanism? In Greenberg, M. T., Cicchetti, D. and Cummings, E. M. (eds), *Attachment in the Preschool Years: Theory, Research and Intervention,* 161-182.

Chicago: University of Chicago Press.
Main, M. and Hesse, E. (1995). Frightening, frightened, dissociated, or disorganized behavior on the part of the parent: a coding system for parent-infant interactions, 5th edn. Unpublished manuscript, University of California at Berkeley.
Main, M. and Solomon, J. (1990). Procedures for identifying infants as disorganized- disoriented during the Strange Situation. In Greenberg, M., Cicchetti, D. and Cummings, E. M. (eds), *Attachment in the Preschool Years: Theory, Research and Intervention,* 121-160. Chicago: University of Chicago Press.
Main, M. and Weston, D. (1981). The quality of the toddler's relationship to mother and to father: related to conflict behavior and the readiness to establish new relationships. *Child Development,* 52, 932-940.
Main, M., Kaplan, K. and Cassidy, J. (1985). Security in infancy, childhood and adulthood: a move to the level of representation. In Bretherton, I. and Waters, E. (eds), *Growing Points of Attachment Theory and Research. Monographs of the Society for Research in Child Development,* Vol. 50, Serial No. 209 (1-2), 66-104.
Radke-Yarrow, M. (1998). *Children of Depressed Mothers: From Early Childhood to Maturity.* Cambridge: Cambridge University Press.
Rutter, M., Quinton, D., and Hill, J. (1990). Adult outcome of institution-reared children: males and females compared. In Robbins, L. and Rutter, M. (eds), *Straight and Devious Pathways from Childhood to Adulthood,* 135-157. Cambridge: Cambridge University Press.
Sagi-Schwartz A., van IJzendoorn, M. H., Grossmann, K. E., Joels, T., Grossmann, K., Scharf, M., Koren-Karie, N. and Alkalay, S. (2003). Child survivors - but not their children - suffer from traumatic holocaust experiences. *The American Journal of Psychiatry* 160: 1086-1092.
Sandler, J. (1987). The concept of projective indentification. In Sandler, J. (ed.), *Projection, Identification, Projective Identification,* 13-26. London: Karnac.
Schore, A. N. (2000). Attachment and the regulation of the right brain. *Attachment and Human Development* 2 (1): 23-47.
Schuengel, C., Bakermans-Kranenburg, M. J. and van IJzendoorn, M. H. (1999). Attachment and loss: Frightening maternal behavior linking unresolved loss and disorganized infant attachment. *Journal of Consulting and Clinical Psychology 67:* 54-63.
Spangler, G. and Grossmann, K. E. (1993). Biobehavioural organization in securely and insecurely attached infants. *Child Development 64:* 1439-1450.
Steele, H., Steele, M. and Fonagy, P. (1996). Associations among attachment classifications of mothers, fathers and their infants. *Child Development 67:* 541-555.
Steele, H., Steele, M., Croft, C. and Fonagy, P. (1999). Infant-mother attachment at one- year predicts children's understanding of mixed-emotions at six years. *Social Development 8:* 161-178.
Steele, M., Steele, H. and Johansson, M. (2002). Maternal predictors of children's social cognition: an attachment perspective. *Journal of Child Psychology and Psychiatry*

43(7): 189-198.

Steele, M., Kaniuk, J., Hodges, J., Haworth C. and Huss, S. (2000). The use of the Adult Attachment Interview: implications of adoption and foster care. In *Assessment, Preparation and Support: Implications from Research.* London: British Agencies for Adoption and Fostering Press.

Stern, D. N. (1985). *The Interpersonal World of the Infant: A View from Psychoanalysis and Developmental Psychology.* New York: Basic Books.

Suomi, S. J. (1991). Early stress and adult emotional reactivity in rhesus monkeys. In Barker, D. (ed.), *The Childhood Environment and Adult Disease,* 171-188. Wiley: Chichester.

Suomi, S. J. (1995). Influence of attachment theory on ethological studies of biobehavioral development in nonhuman primates. In Goldberg, S., Muir, R. and Kerr J. (eds), *Attachment Theory: Social, Developmental and Clinical Perspectives,* 185-201. New York: Analytic Press.

Suomi, S. J. (1999). Attachment in rhesus monkeys. In Cassidy, J. and Shaver, P. (eds), *Handbook of Attachment,* 181-197. New York: Guilford Press.

van den Boom, D. C. (1994). The influence of temperament and mothering on attachment and exploration: an experimental manipulation of sensitive responsiveness among lower- class mothers with irritable infants. *Child Development 65:* 1457-1477.

Vaughn, B. E., Egeland, B., Sroufe, L. A. and Waters, E. (1979). Individual differences in infant- mother attachment at twelve and eighteen months: stability and change in families under stress. *Child Development 50:* 971-975.

van Ijzendoorn, M. (1995). Adult attachment representations, parental responsiveness, and infant attachment: a meta-analysis of the predictive validity of the Adult Attachment Interview. *Psychological Bulletin 117:* 387-403.

Waters, E. (1979). The reliability and stability of individual differences in infant-mother attachment. *Child Development 49:* 483-494.

Waters, E., Merrick, S., Treboux, D., Crowell, J. and Albersheim, L. (2000). Attachment security in infancy and early adulthood: a twenty-year longitudinal study. *Child Development 71:* 684-689.

Weinfeld, N., Sroufe, A. and Egeland, B. (2000). Attachment from infancy to early adult-hood in a high risk sample: continuity, discontinuity, and their correlates. *Child Development 71:* 695-702.

Werner, E. and Smith, R. (1982). Vulnerable but invincible: a longitudinal study of resilient children and youth. New York: McGraw-Hill.

第四章

人际理解机制：
交汇于发展中的遗传与依恋理论

彼得·福纳吉（Peter Fonagy）

社会化传承：养育还是遗传

当前，我们对遗传倾向、人生最初3年的体验以及后续发育过程中的心理困扰这三者间的内在关系的理解一直在变化。大家都被快速发展、有关遗传疾病的科学知识所迷惑，对于很多致命而又令人痛苦的疾病和残疾而言，这带来了广受欢迎的治愈可能性——基因疗法。"基因组学"是确定单个基因的特殊功能的过程，现已成为生物医学领域资金最充足、最富进取、最受追捧的主题。在行为与社会科学领域其影响力也渐为人知，不幸的是，这令资金从病因学模型的基础研究上转移开去。发现遗传的影响力似乎极大地削弱了人们对心理方面和社会方面的关注，强化了已然强势趋近生物还原主义的势头。这种或明或暗、偏好心理问题和心理特征的遗传决定论的科学认识的转变，已经开始影响到所有我们对于心理影响的关键诱因和通过某种程度的分析来理解心理障碍的态度。

这一转变对儿童心理障碍的社会决定因素领域的影响最为强烈（Rutter，2000）。自让·雅克·卢梭的启蒙思想以来，对早期社会化的角色，特别是父母在塑造孩子命运当中的角色，无论是好是坏，都从未有过如此多的怀疑。这是不证自明的，如果遗传对儿童的人格演化的影响非常大，那么之前有关父母的影响的结论就是基于情有可原的误解——混淆了相关性与因果关系。的确，携带着自身基因的父母有可能在受孕之际就已经表达了其对儿女的全部影响。在照料者的行为与儿童的性格之间，任何更加明确的相关性都可以被解释为是没有因果关系的，最好将之理解为错误归因。精神分析与学习理论，以及其他社会科学模式都有可能成为混淆相关性与因果关系的牺牲品。这些批评有一定道理，但是这个钟摆已经摇摆得过了头。

在这一章里我将试着阐述这样一个观点，即削弱养育的重要性，特别是削弱早期依恋关系的重要性，是建立在对行为的遗传数据的错误评价之上的。然而，我也将阐述另外一个观点，即过去我们对养育作用的强调过于天真了，仅仅以关系的质量、内化、内射、认同以及其他一些概念来展现父母的影响。特定的环境因素是否会激发一个基因的表达，可能不仅有赖于这些因素的本质，还有赖于婴儿或儿童体验到它们的方式，而这正是在诸多情境下依恋的功能，以及其他内在心理体验的功能。由依恋所提供的体验过滤器的质量，会反过来在遗传或环境的影响下，或者二者的交互作用下发挥作用（Kandel，1998）。因此，内在的心理表征过程不仅仅是环境与遗传因素带来的结果，还很有可能是重要的调节因素。我还将试着展示，依恋的基本进化功能也许是它对个体发展出心理机制所做的贡献，并可调节与基因表达相关的心理社会体验。

西方社会有3种基本的儿童社会化机构：家庭、同龄人群、日托中心或学校（Maccoby，2000）。在20世纪，无论从专业还是文化的角度来看，都强调家庭是社会化的主要场所。心理学理论（例如 Alexander & Parsons，1982；Bowlby，1958；Patterson，1976；Winnicott，1963）和大众的心理学观点（Leach，1997；Spock & Rotherberg，1985）都认为与父母在一起的经历对于塑造个体的价值、信念、性格,当然还有适应功能的失调至关重要。

在20世纪的最后25年里,认知心理学为个体发展提供了不同的视角(例如 Barasalou,1991;Johnson-Laird,1983)。认知社会学习理论提出的社会化观点强调,儿童自身在决定其社会化体验的过程中所扮演的角色。显而易见,养育一个高度情绪化的婴儿与养育一个友好的、非情绪化的婴儿相比,会引发一整套不同的母性行为。这一理念极大地减弱了早期心理病理学家们谴责父母的趋势。尽管这些儿童-父母交互影响的模型之后被用于支持复兴先天论的观点,但认知社会学习理论大体上还是维持了精神分析和学习理论的环境主义传统。

社会学习理论影响的部分结果,便是发展心理病理学的主要研究课题变为:随着个体的发展,个体与环境特征在心理困扰的产生过程中的相互影响。依恋理论成为这一方向的指导性框架之一(例如 Cicchetti & Cohen,1995;Sroufe & Rutter,1984),就一定程度而言,约翰·鲍尔比也在去世之后被很多人视为先驱之一(Sroufe,1986)。因而,尽管认知心理学和社会学习理论仍占优势,但发展心理病理学保留了多种心理动力学视角,特别关注早期关系(例如 Cicchetti,1987),关系的表征(例如 Dodge,1990),情感调节(例如 Sroufe,1996),认同的过程(例如 Crittenden,1994),内化的过程(例如 Fonagy et al.,1995),自我组织的过程(例如 Fischer & Ayoub,1994)。在20世纪的最后25年里,发展心理病理学最为关注的还是危险因素,即与家庭所扮演的最重要的角色有关的因素(例如 Masten & Garmezy,1985)。家庭的特质被看作儿童发展选择的关键,而家庭环境则被视为治疗和预防的重点。然而很不幸,这一切却难以为继了。

20世纪的最后10年中,一部分源于人类基因组工程的刺激,另一部分源于越来越复杂的统计学研究设计,早期发展研究中渗入了大量的行为遗传学成分，差一点夺去了强调养育的传统社会化理论的位置，例如依恋理论；并否认了所有主张早期家庭体验的重要性的理论（见 Scarr，1992）。例如 Rowe（1994）等行为遗传学家曾表达过这样的质疑，即儿童所表现出的任何不良品质是否能够因父母的行为而显著地改变。

20世纪90年代的遗传学运动强调了一系列早期预防主义者的重要议题：

1. 早期养育和社会化结果之间的整体相关性其实是很微弱的。很少有证据将早期关系的体验和人格发展、心理病理发展联系在一起。

2. 早期养育特质与之后儿童行为的相关性，可以解释为孩子的遗传特性**决定**了父母的反应，而非假定父母的养育影响了孩子（即所谓的孩子对父母的影响）。

3. 对双生子与领养的行为遗传模式的研究，将差异性划分为遗传与环境因素，追踪某一特定特质的差异度是百分之多少源于基因（h^2）的（$E = 100 - h^2$）。在大多数领域内 h^2 占到50%～60%，因而环境因素（E）不足一半。

4. 行为的遗传学研究揭示出，之前我们所认为的环境影响（例如，父母为他们读书的孩子比父母不为他们读书的孩子更早地学习阅读）事实上是受遗传因素调节的（Kendler et al., 1996）。受环境因素调节的家庭影响也可解释为相同的遗传倾向由照料者与其后代所共享，因而这种影响本身可能并不重要（Harris, 1998; Rowe, 1994）。为支持此论点，对科罗拉多收养计划的最新分析显示，被收养而离开了父母、其父母之后才离了婚的孩子，即使领养家庭没有离婚，也会出现适应问题（O'Connor et al., 2000）。

5. 行为遗传学的研究所揭示出的家庭环境的重要影响，是指在同一个家庭中对每一个孩子而言特定的环境（非共享的环境）（Plomin & Daniels, 1987）。环境可分为手足共享的以及非共享的、每个孩子所独有的成分。如果环境的共享成分（例如父母的养育）是关键的话，那么生活在同一个家庭中、被领养的兄弟姐妹就应该比不同家庭中的、无关的孩子显著地更为相像。然而，非共享的环境似乎在环境因素中更为重要，因为共享环境（例如父母的养育技能）几乎没有带来什么差异（Plomin，1994）。看上去领养的孩子与其领养的手足之间的相似度并不比在不同家庭中长大的、无关的孩子更高（Plomin & Bergeman，1991）。我们观察到的、相对较弱的共享环境的影响被解释为：总体而言，被认为是影响孩子的负面环境（例如父母的冲突、父母的精神状态不稳定或是相对不利的社会条件）没有我们之前所理解的那么重要，或者更有可能是由遗传因素调控的（Plomin *et al*.，1994）。

6. 甚至非共享的环境影响也可以被理解为是遗传性的。儿童行为当中受遗传影响的部分会引发父母及他人特定的、外显的反应。因而，儿童的非共享（特定的）环境可能被错误地归因于父母的行为、而非他的基因（O'Connor *et al*.，1998）。一些对领养儿童的研究显示，独裁式的养育方式并不一定源于儿童的对抗行为，而是由儿童的基因所决定的抵抗或不专心的行为引发出来的（Ge *et al*.，1996）。

因此，似乎过去10年间的基因-生物归因框架，往往首先排除了孩子-父母关系的因素，并取代了之前占主要地位的心理社会发展模式。在一个非正式的研究中，20位先后被转介到社区心理健康儿童门诊的父母，在被问及他们孩子出问题的可能原因时，全部视大脑的化学物质为原因之首，"不良的基因"占第2位，同龄人占第3位，早期生活经历仅占第5位。将心智还原为化学物质的诱惑，就是弗洛伊德本人也未曾幸免。尽管我们的意识、我们的自由意志和我们的心智毫无疑问是我们最宝贵的所有，但它也是我们的哀伤、冲突、痛苦、忍受和不幸的全部来源。将病理模型还原为主要归因于遗传的模式，对我们所有人而言无疑是相对更舒服的解决之道。然而就像所有的安慰一样，它也有代价。

对遗传学的审视

显而易见，遗传学发现的威力和影响因素的海量细分，无论某种特质的特殊性如何，都使得社会化和发展的神秘和不确定性没有立足之地。然而，遗传学发现真的像它看上去那么确定无疑吗？

行为遗传学的证据应当谨慎地加以解释，这有很多原因。我们可以质疑非共享环境的概念，因为它仅仅指手足之间的区别，而非他们的环境。事实上，共享环境也可以造成同一家庭中的孩子彼此之间的不同，正如它被用以增加家庭内部的相似性一样，因为两个孩子对同样的环境的体验可能非常不同。更进一步来讲，完全基于个体差异来预测遗传可能性，排除了诸如历史潮流这样的共享环境的影响。身高、智商以及多种心理疾病的流行（例如不良行为和进食障碍）在20世纪迅猛增长，无疑是环境变化的结果。然而，当前的行为遗传学方法对环境影响的预测排除了对这些因素的考量。

也有一些研究揭示了在去除遗传的影响之后，环境决定因素的实质性影响（Johnson *et al.*, 1999）。此外，父母到底是如何区别对待不同孩子的证据实际上也相当混杂不清。Judy Dunn 对手足之间的自然主义观察式研究显示，尽管从横向的角度来看，父母好像会区别对待不同的孩子，这很有可能表达了父母如何以特定方式对待特定年龄段的孩子；如果从纵向的角度来看，孩子在不同年龄段得到的对待方式其实很类似（Dunn & McGuire, 1994）。无论区别对待孩子的最终结论如何，对社会化发育的研究倾向于单方面关注孩子，这样的事实提示了，总体而言人们低估了养育和其他共享环境的影响。家庭系统内部也许存在着特定的压力，需要对不同的孩子做出不同的反应，这是系统内部的每一个人都要占据独特位置的那部分需求。有趣的是，也许在遗传差别最小的时候，对孩子做出不同反应的压力反而是最大的。

作为治疗和预防干预的一部分，对环境的实验性处理有时会产生相当大的影响。针对患有对立违抗性障碍的儿童的父母培训，其平均效应值大约为1（Serketich & Dumas，1996）。然而，对社会化过程中家庭的重要性的两个主要抨击（Harris，1998；Rowe，1994）都不涵盖父母培训。越来越多的证据支持对父母的实验干预是有用的，例如，家访（Olds et al.，1998）对于减少犯罪与不良行为的风险具有长期有益的影响。当然了，改变环境带来的影响往往并不如人们所期待的那么显著。现在很多预防项目没有实证基础，评价也不充分。此外，对预防研究的长期追踪还相对较少，以至实验干预带来的显著改变也烟消云散了（Fonagy et al.，2000）。

作为临床工作者，我们对行为遗传学数据的主要质疑在于，即使是某一环境危险中具有很高比重的遗传因素，也并不意味着与这个危险因素有关的结果就一定是由遗传、而非环境所调节的。例如，如果虐待儿童被发现具有很大的遗传成分，其毒害性影响也仍然有可能是因为摧毁了被虐待儿童对世界的信任感、而非纯粹是遗传过程。因而行为遗传学数据对预防干预的影响是非常有限的。

遗传在人格发展和心理病理中的作用被夸大了。很少有实例显示基因与行为的概念之旅是如此简单可溯的。行为遗传学有太多的假设，基因的交互作用、由遗传所决定的大多数属性的多基因本质，都令从基因组学到心理学的简单推断存在风险，也未必可信。

体验在基因表达中的作用

我们都知道发展包含了基因-环境的交互作用。一些行为遗传学的定量研究发现了环境因素触发遗传缺陷的强大交互过程。例如,经典的芬兰精神分裂症领养家庭的研究显示,亲生父母患有精神分裂症的儿童,在且仅在他们被不健全的家庭领养的情况下,才更有可能发展出精神病性问题(Tienari et al., 1994)。Bohman(1996)曾报告,亲生父母是罪犯的儿童仅在被不健全的家庭领养的情况下,其犯罪的危险性才似乎与遗传因素有关。遗传的危险性是否被表达有赖于孩子生活的家庭环境质量如何。然而,如果这是普遍现象,为何行为遗传学的基因-环境交互作用的定量证据如此稀少呢?

我认为答案显而易见:行为遗传学研究的是"错误"的环境。触发基因表达的环境并不是可观察的客观环境,儿童对环境的体验才是关键。正是环境被体验到的方式筛选了基因型所表达的表现型。在此,我们触及了遗传研究中养育的关键作用,特别是依恋的理论。依恋理论的核心关注点在于产生发展结果的多重表征的交互作用。遗传学数据恰恰需要精确理解个体基因是否表达的复杂机制。

从基因型到表现型的道路蜿蜒曲折,遗传与环境持续互动于途中(Ellman et al., 1996)。内部与外部刺激、大脑的发展步骤、激素、压力、学习和社会化的互动都在发挥作用(Kandel, 1998)。对压力与逆境等危险因素的反应存在着巨大的个体差异。这些差异大多被曲解了(Rutter, 1999),然而这些差异强调了潜在的内部心理变量的重要性。越来越多的遗传知识显示,体验往往成为决定一个基因是否被表达、基因型能否变为表现型的关键。对于人类、也许还有其他哺乳类而言,是主观体验决定了环境,而非真实的、物理的环境。例如社会支持,即使仅仅是主观层面的,

对自我平衡的调节也存在有益的影响。相信身边有朋友就可以降低心血管对压力的反应,即使朋友并不在身边,而仅仅个体认为如此。与此相类似,如果体验可以调节遗传倾向的表达,那么也将是被感受到的体验、主体性的体验可能与这种对人类的影响有关系,而非社会环境中客观的、可测量的那些部分。

这一点对预防实质上是非常重要的,因为儿童对环境的理解比环境本身或者与环境互动的基因更有可塑性(Emde,1988)。依恋理论从内在心灵的视角帮助我们思考是什么促成了心理疾病,还有哪些过程影响了疾病好转或恶化的进程。5年之前这还只是一种理论,但是分子遗传学与依恋理论的合作正在将之变为现实。对于这一强有力的变化,请允许我试举一例。

有非常好的证据显示,恒河猴(Suomi,2000)中携带某个(5-HTT)与受损的5-羟色胺功能有关的"短"等位基因的个体,比携带无此相关的"长"等位基因的个体,受母性剥夺的影响更为严重(Bennett et al., 2002)。但这绝非全部事实,过去10年间Suomi实验室的工作显示,携带"短"等位基因的个体只有在被剥夺了正常的母性照顾时,才会在长大后性格比较焦虑,应激性地发脾气(具有情绪唤起、攻击性、冲动和害怕的倾向),跌入统治阶层的最底部(Higley et al., 1996;Suomi,1997)。与5-羟色胺功能降低有关的基因表达,及其心理社会后果仅在早期环境不良、被同伴养育的个体身上触发。

由实验所操控的高应激性特种幼猴的寄养研究显示,遗传弱点并非无可逃避。分配给特别有抚养能力的寄养(超级)母亲的应激性幼猴,表现出行为的早熟和超常的安全感,被放入更大的社群之后,它们在招募和维持其他群体成员作为自己的同盟这方面特别擅长,地位会上升,在统治阶层中保持高位(Suomi,1991)。有抚养能力的母亲带大的高应激性母猴,其养育风格也反映出有抚养能力的寄养母亲的风格,而非它们自身的急躁气质。因而，有抚养能力的寄养母亲的好处可以明显地传给下一代，尽管这种传递模式在本质上为非遗传性的（Suomi & Levine，1998）。正如恒河猴的实例所展示的那样，由照料者带来的早期体验可以触发基因表达。由此，分子生物学数据也可以被早期家庭环境，特别是养育和依恋的研究所阐明。

评价机制的起源

我已力劝诸位，家庭环境的重要性在行为遗传学研究中可能被低估了。我还认为，儿童的表征系统有可能是决定基因型是否被表达为表现型的过滤器。如果对体验的心理加工在遗传物质的表达中至关重要，那么基因与环境的交互作用才是起本质作用的。在本文的结尾我想说服各位，人类的依恋是一切重要的表征机制起源的钥匙。并没有足够的证据显示早期关系的环境塑造了后续关系的质量，但是很多数据都提示，正是依恋使得个体配置了心理表征系统。这一系统的产生大概是依恋照料者的最重要的进化功能。

约翰·鲍尔比最初设想，诸如微笑或哭喊这样的依恋行为的进化功能，是建立和保持与照料者的亲近，这样才能使无助的婴儿更少地暴露在威胁其生存的环境危险之中。然而鲍尔比所描述的依恋行为中的另一部分，为人类的依恋提供了更好的进化依据，它超越了保护身体的范畴，而是关乎心理状态的表征系统的发展。

内部工作模型由4个表征系统组成：（1）由早期照料者在生命的第一年创造出来，并在其后精心维护的互动特质，形成对互动的期待；（2）对依恋相关体验的一般和特殊记忆的编码和提取，形成对事件的表征；（3）与持续的个人叙述和自我理解的发展有关的特殊事件被概念化地连接起来，形成自传性的记忆；（4）对他人心理特征的理解（推断和归因有因果关系的动机性心理状态,诸如欲望和情感;以及认知性心理状态,诸如意图和信念),并将它们与自己的心理状态区分开来。因此,内部工作模型的关键发展成就在于,它让儿童得以解释对自己与他人的体验,以一整套稳定和概括的方式对意图进行归因,以过去的互动经验中重复不变的模式对诸如欲望、情感、意图以及信念加以推断。儿童慢慢能够运用这一表征系统来预测他人或自己的行为,并与当下更为短暂的、从某种特定情境推断出来的意图状态相结合。

经典的依恋理论认为,认知的发展推进了依恋系统从行为到表征、从寻求亲近到诸如言语安慰的改变(Marvin & Britner, 1999)。我们的论点刚好相反:是依恋机制推进了认知的发展。我们认为,依恋赋予人类的主要选择优势就是它为社会智力的发展和意义的产生提供了可能。当他人想在"心理层面"上分享体验、信息和感受时(p.94),被 Bogdan(1997)定义为"有机体在具有生物学意义的情境下弄懂彼此的意思"(p.10)的"解释"能力,是人类所独有的。解释人类的行为、弄懂彼此的意思的能力需要意图性的立场:"以拥有信念和欲望的理性自主体,来看待你想要预测其行为的客体"(Dennett, 1987:15)。

以心理形式做出解释的能力——让我们称之为人际理解机制——不仅形成或调节了依恋的体验,而且是在婴儿期与另一个人,即依恋对象的亲近过程中所形成的复杂心理过程的产物。人际理解机制并不是个体与照料者邂逅的记忆库,而是加工崭新体验的机制。这又是如何产生的呢?

人际理解机制的个体发生

为了回答这个问题,我们来看看 George Gergely 和 John Watson 的模型(Gergely & Watson, 1996, 1999)。我们的核心观点是,依恋的情境通过 Gergely 所谓的"心理反馈",让婴儿发展出对自我状态的敏感性。儿童通过发展出对动机性的（欲望）和认知性的（信念）心理状态的象征性次级表征系统，而获得这种敏感性的能力。启动这种表征系统发展的，是婴儿对母亲镜映其痛苦反应的内化。母亲共情性的情绪为婴儿提供了自身情绪状态的反馈。因此，以母亲的共情面容为能指（signifier），而其自身情绪唤起为所指（signified），婴儿发展出对自身情绪状态的次级表征。母亲的表达调和了婴儿的情绪，使之与初级体验分离并加以区别，然而重要的是，这并不是在确认母亲的体验，而是在组织婴儿的自我状态。这种"主体间性"是依恋与自我调节之间紧密联系的基石。人类在此亲近程度上，他人的主体状态会自动地指向自我。因此，婴儿期依恋对象的持续回应远远超越了为保护性存在提供保证。它是我们理解自身内部状态的重要手段，也是理解作为心理实体的他人的中间步骤。

出生之后的第一年，婴儿只有特定的、内部情感状态的存在的初级意识。这种意识尚未被系统当作任何功能来使用。正是在心理反馈的过程中，这些内在体验被更密切地关注，赋予功能性的角色（信号意义），起到调节或抑制动作的作用。因此，正是依恋的过程带来了对内在状态从初级意识到功能性意识的转变。在功能性意识当中，愤怒的感觉也许可以被模仿，因而可以猜想他人相对应的心理状态，或者可作为信号意义来指导动作。下一层面的意识是自省意识，个体可以将由某种原因引起的心理状态作为关注对象。如果没有自省意识，个体必然会采取行动。功能性意识与动作结合，而自省意识却与之分离。自省意识有能力远离物理现实，被感知为非真实的。最后一个层面是自传性的，儿童能够将渗透着心理状态的体验的记忆排序，代表他作为个体的历史。

很多研究提供了与 Gergely 主体间性模型相一致的内在状态表征发展的证据。例如，我们的一项研究显示，可以通过测量在哄孩子的过程中母亲面部表情的情感含量，来预测6个月大的哭闹婴儿多快能被哄好。很快被哄好的孩子的母亲呈现出更多恐惧、更少欢乐，最具代表性的还是除了恐惧和悲伤之外的一系列其他情感。快速回应的母亲更有可能操控多种情绪状态（复杂情绪）。这些结果支持了 Gergely 和 Watson 的观点，母亲的面容是婴儿体验的次级表征——一样，但又不一样。这就是具有调节情绪状态的能力的功能性意识。

人际理解机制的证据

有证据表明人际理解机制是由依恋关系进化而来，其效率是受依恋安全感制约的吗？首先，历经20年的纵向研究，有明确证据显示，婴儿期的安全依恋与一系列有赖解释或象征性技巧的能力的早期发展之间存在很强的相关性，诸如探索与游戏、智力与语言能力、自我复原力与自我控制、耐受挫折、好奇、自我确认、社会认知能力及其他。依恋安全感预示了认知能力、探索技巧、情感调节、沟通风格及其他结果。依我之见，这一切并非源于依恋安全感对儿童自信心、首创精神、自我功能或其他更广泛的人格过程的总体影响，而是因为依恋过程为人际解释能力的发展提供了关键的进化之路。

因此，不是由最初的依恋所塑造，也不是由所谓的依恋安全感在令人眼花缭乱的测量数据中预测出好的结果，而是人际环境的特征在人生第一年带来了依恋安全感，也为快速、有竞争力的人际解释的个体发生（ontogenesis）进化奠定了基础。

其次，在文献中有很多特别的发现将依恋与人际理解机制的发展联系在一起。Laible 和 Thompson（1998）曾报告说，安全依恋的孩子在理解负面情绪方面展现出更强的能力。Jude Cassidy 等人（1996）的一项特殊研究发现，安全依恋的幼儿园小朋友对存在模糊内容的故事更少推断出敌意，这一倾向似乎中和了他们在社会经济地位上的优越感。在伦敦父母儿童项目中，Miriam、Howard Steele、Juliet Holder 和我曾报告了婴儿期有安全依恋史的5岁孩子在心智任务理论方面的早熟表现。自那以后，这一发现也被其他研究者所证实（Meins et al., 1998）。与此相反的是，我们知道严苛或虐待的养育方式在解释人类行为方面会造成长期的认知偏差；有这样的父母的孩子存在极大的社会问题解决缺陷，这终将导致行为方面严重的临床障碍（Dodge et al., 1994；Kazdin, 1996；Shure, 1993）。

第三，在一项相对全面的、将早期依恋与后续发展联系起来的研究中，Ross Thompson（1999）总结道："婴儿安全感与后续社会人格功能的关联强度适中"（p.280），其当下的关联性比预测性更强。在当前的理论背景下，不是内部工作模型的内容可能被早期体验所决定，而是模型的出现，或其质量，或其坚固性才是非常具有决定意义的。因而，依恋的分类可能或不能从婴儿期到儿童中期再到青春期一直保持稳定，这一点无关紧要，因为预测性来自人际理解机制，而非所谓的依恋安全感。

研究的焦点不应该在依恋安全感上，尽管这会得出显著性，因为它与人际理解机制相关，但是非常不稳定，可能预测性也很差；研究焦点应该在人际理解机制上，因为它是遗传所决定的能力，大约定位于前额叶皮质的中部，是具有显著预测性的机制。PET和fMRI研究都发现，当被试被要求推测他人的心理状态时，与心智化有关的前额叶皮质的中部活跃了起来。除此之外，也引发了颞顶交界区的活跃（Gallagher et al., 2000；Goel et al., 1995）。

我们认为，正是人际的体验产生了人际理解机制，对剥夺了人际体验的罗马尼亚被收养者的PET扫描研究，有独立的证据显示这一结构的发育不足。当然，除此之外，我们知道这些被收养者的依恋类型在3岁时仍然是混乱型，他们的社会行为在8岁时表现异常。我们还有证据显示，童年早期被虐待个体的心智化能力持续呈现出显著的局限。

第四，Myron Hofer对年幼的啮齿动物的研究证实，母婴关系中调节性的互动与这里提到的非常类似（Hofer, 1995；Polan & Hofer, 1999）。

Hofer 的工作持续了 30 年之久,揭示出待在母亲身边并与之互动的进化性生存意义,远远超出了保护的性质,或许扩展到了很多调节婴儿生理和行为系统的通路上。Hofer 的观点与我们的类似,他提出"依恋关系为母亲提供了这样一个机会,通过她与婴儿的模式化互动去塑造后代的生理发育和行为"(Polan & Hofer,1999:177)。依恋本身不是终结,而是一个适应进化的系统,以完成关键性的、个体发生层面的生理和心理任务。[1]

Hofer 对依恋的重构是在调节过程方面,它隐藏于父母-婴儿的互动之中,然而又是可以观察到的,这提供了一种非常不同的方式,去解释通常在依恋的主题下讨论的一系列现象。传统的依恋模型无疑是循环论证,对分离的反应被归因于社会联结被打破,而社会联结之所以被打破,是从出现分离反应推断出来的。在"丧失"中被丢掉的不是联结,而是产生更高水平调节机制的机会:评估和再组织心理内容的机制。我们将依恋定义为一个从复杂而又适应的行为系统产生出复杂心理生活的过程。这些心理功能的一部分(绝非全部)为人类所独有。产生这些依恋关系的机制在非人种属中具有进化的连续性。正如在大鼠幼崽个体发生层面上的生物调节发育非常依赖母婴配对一样,人类心理解释能力的发展也是在与母亲不断重复的互动情境中产生的。

第五,在 Menninger 治疗中心的系列研究中,我们探索了一系列成人依恋自评量表的因子结构。在此我不能详述这些研究,但从 3 次调查的社区和临床样本中我们都得出了非常相似的结果,我们发现了两个因子:安全-恐惧(secure-fearful)轴、淡漠-过分投入(dismissive-preoccupied)轴(Allen *et al.*,2000)。当我们在这两个主要成分上划分临床患者和社区控制组的样本被试时,很明显安全-恐惧轴非常好地区分了社区样本与患者组,然而淡漠-过分投入轴不能很好地区分两组。一个未曾预料到的因子得分之间的关系也非常显著,尽管两个量表的整体相关可以忽略不计,但就像你可能已经猜到的那样,过分投入与淡漠的区别比安全-恐惧轴的中间值更大。

解释这些数据的一个办法，是假设安全表征了对亲密关系的安全体验，而恐惧与依恋的破坏有关。恐惧似乎特指依恋关系，因为非依恋的关系很少在这个维度上得高分。淡漠型依恋风格似乎以隔离的方式为自我提供了保护，而陷入过分投入型的自我保护也许是经由夸大他人、否认或压制自我而实现的。

我们还认为，安全-恐惧维度与人际理解机制的功能质量相关。在安全的一端，个体能够很好地表征他人与自我复杂的内部状态。拥有建立良好的、区分他人与自我心理状态的更高级别的能力，他们不需要额外的策略来制造富有成效的人际关系。当起关键支撑作用的依恋心理机制相对更弱时（源于依恋史或生物性功能不良），维持清晰区分自我与他人的能力也变得更糟。在这种情况下，个体需要寻求特殊的策略来应对人际问题，两个典型的策略是回避和抵制策略。

然而这些策略为何必要？两种策略都是用来在紧张的人际关系情境下保护自我的。我们假设这些策略之所以必要，是因为自我一直处于社会影响的脆弱状态中，正如我们已经看到的那样，自我是他人的产物。为了避免这样的不稳定状态，对抗相对不安全的内部工作模型的大背景，个体或是有意撤退，从而相对于客体表征而言，加强了自我表征（淡漠），或是保护性地过度放大和夸大客体表征（过分投入）。就表征的策略而言，这两种情况都是在故意分离客体表征与自我表征。

这两种策略都不是遗传性的病理现象，尽管两者都提示一定程度的脆弱性。在安全与恐惧维度上，最极端的情况是完全无策略可言，因为依恋系统不足以支撑一套持久的防御。在这种情况下，维持社会关系功能的理解机制是如此匮乏，以至于极大损害了对独立于自我的、他人的动机性或认知性心理状态进行表征的能力。这就是依恋混乱，或曰维持依恋的心理功能的缺失。因此我们将依恋混乱视为依恋安全的对立面，并且是人际理解机制定期失效的指征。

总而言之，我们认为至少有5个证据汇聚在一起，表明依恋的主要选择优势或许是对内在状态的理解的发展：(1) 安全依恋与完成多种任务的良好表现有关；(2) 安全依恋预测了特别需要象征能力的任务的早熟表现；(3) 早期依恋类型的预测性不如是否拥有依恋体验的预测性强；(4) 已证明哺乳动物的依恋有其他个体发生的生物学功能，这些功能类似或平行于这里所谓的依恋的进化功能；(5) 对成人依恋量表的成分加以分析，结果表明依恋的类型（或许就是内部工作模型）与依恋的质量（或许就是人际理解机制）均为因素之一。

在临床工作中的应用

作为20世纪的文化现象，也许是人类历史上首次出现了这样一种职业，其独特的职责就是倾听或多或少有心理困扰的人，对他们的叙述加以反馈，指引他们走向更加和谐的叙述 (Holmes, 1998)。当然，这一职业并不新奇，或许它被发明出来仅仅源于人类社会日益增长的世俗性。然而，近来大多数情况是付钱给一个人，让他倾听另一个人对人生处境的理解，并对这种理解给予或积极、或不那么积极的反馈，其功能何在？人类的意识不可能在隔离的状态下演化 (Hegel, 1807)。很显然，跟语言一样，人际理解机制是一种进化带来，或曰"导入"(Waddington, 1966) 的能力。我们命中注定会在象征层面表征彼此的行动。如果缺少对周围团队成员行动的理解，不能做出讲得通的解释，我们不可能进行团队合作，或至少不能有效合作。这些可以被理解的意思构成了主体的状态，它们并不一定是我们能意识到的心理状态，它们也可能是无意识的，然而却是可以被体验到的，因为它们与意识层面的心理状态共享一种前置的结构。行为背后的信念和欲望一下子就会让行动本身具有意义，否则，行动就会被体验为任意的、随机的。确认这些信念的冲动是如此强烈，我们的头脑好像是被迫赋予动物以意义，甚至会用与人类行为相同的参照系去理解在地理位置上移动的目标，赋予它们以欲望和信念（Heider & Simmel，1944）。同样的探测系统（同样的理解机制）也可以放在一个人自身的行为上面，遗传的弱点与社会困境相遇，可以制造出足够的波动和困扰，导致非连贯性的主体体验。为了能够保持与另一个心灵的亲近，为了在自己的心灵被社会情境所接纳的体验中感受到被保护，人际理解机制必须在与一个人的主体体验相关的情况下有效地、有影响力地发挥作用。理解自己的心灵是成熟的社会互动的前提条件。不安全依恋的异常人际策略或许是保护自己的刻板方式，以免被他人对自己的观点所淹没。然而这些策略破坏了人际关系，成为深沉的不快和痛苦的失望的原因。这样一来，我们寻求"专职"出借其主体性以重启我们的理解能力这件事，就不足为奇了。他们就是所谓的专业工作者（牧师、顾问、心理治疗师），因为他们隐约地保证了，不以他们的主体性来淹没我们的主体性；不以创造不同于我们的内在体验的东西，来破坏我们对自身心理状态的感受。相反，他们珍视脆弱的、异常的或者有缺陷的理解能力，并保护其免遭自身的攻击，努力不再采取之前远离别人或先入为主这些不当策略。他们运用几乎无穷无尽的技术，从对无意识过程的深度解释到简单的情感共鸣，从沉默然而接纳的倾听到积极重构另一个人的思维方式，从几乎苦行式放弃的直接指导到对不合理行为的明确调整。所有这些干预都是为了在非常具有保护性的情境下重启人际理解机制，以促进对生命体验的心智化的发展。

　　对心理状态的理解，其原型来自最初关系当中的情感这口大锅，它常常作为组织者和保护者，并且很可能是我们归功于复原力与无懈可击这些含糊的范畴的最大因素。由于从基因型到表现型的艰辛之旅是建立在这一条件上的，因此人际理解机制是至关重要的功能。它的有效工作支撑了所有发展阶段的适应性。由于基因对大脑功能的影响活跃在人生的始终，包括老之将至、高龄衰老直至死亡,人际理解机制的角色始终相当重要,它是生物学命运、内外部环境与心理功能、心理内容之间的协调者。对个体生命体验的心理表征与遗传倾向的表达之间的交互作用的完整了解,是下一个10年中发展研究和心理治疗的任务之一。正如 Francios Jacob(1998,引自 Kandel,1999:508)在《关于苍蝇、老鼠与人》(*Of Flies, Mice and Men*)这篇文章中所说的:"这一个世纪结束于对核苷酸与蛋白质的关注,下一个世纪将聚焦于记忆与欲望。我们能够回答它们所提出的问题吗?"

致谢

本文作者在此感谢 Menninger Topeka 儿童与家庭治疗中心的同事们的贡献。这篇文章在很大程度上基于他们所收集到的数据。作者特别受惠于 Helen Stein 博士、Jon Allen 博士、Martin Maldonado 博士以及 Jim Fultz 博士。作者还想感谢 Anna Higgitt 博士对本文写作的指导。本章也是与 Mary Target 博士、George Gergely 博士以及 Eliot Jurist 博士正在合作的研究的其中一部分,另一部我们合著的有关这些议题的书将由其他出版社出版。

注释

1. 这些观点与 Edward Tronick 近期有关诱发及稳定情绪控制变化这样的自组织情感控制过程的观点有很多相似之处。Tronick 还假设了一种交互调节模型,以照料者的情绪为输入,加上内在的因素,可以作为主体间性过程的一部分,创造出婴儿的情绪(Tronick submitted,2001)。

(曾林 译)

参考文献

Alexander, J. F. and Parsons, B. V. (1982). *Functional Family Therapy.* Monterey, CA: Brooks/Cole.

Allen, J. G., Huntoon, J., Fultz, J., Stein, H. B., Fonagy, P. and Evans, R. B. (2000). *Adult Attachment Styles and Current Attachment Figures: Assessment of Women in Inpatient Treatment for Trauma Related Psychiatric Disorders.* Topeka, KS: Menninger Clinic.

Barasalou, L. W. (1991). *Cognitive Psychology: An Overview for Cognitive Scientists.* Hillsdale, NJ: Erlbaum.

Bennett, A. J., Lesch, K. P., Heils, A., Long, J. C., Lorenz, J. G., Shoaf, S. E., Champoux, M., Suomi, S. J., Linnoila, M. V. and Higley, J. D. (2002). Early experience and serotonin transporter gene variation interact to influence primate CNS function. *Molecular Psychiatry* 7(1): 118-122.

Bogdan, R. J. (1997). *Interpreting Minds.* Cambridge, MA: MIT Press.

Bohman, M. (1996). Predisposition to criminality: Swedish adoption studies in retrospect. In Rutter, M. (ed.), *Genetics of Criminal and Antisocial Behaviour.* Chichester: Wiley.

Bowlby, J. (1958). The nature of the child's tie to his mother. *International Journal of Psycho-Analysis 39:* 350-373.

Cassidy, J., Kirsh, S. J., Scolton, K. L. and Parke, R. D. (1996). Attachment and representa-tions of peer relationships. *Developmental Psychology 32:* 892-904.

Cicchetti, D. (1987). Developmental psychopathology in infancy: illustration from the study of maltreated youngsters. *Journal of Consulting and Clinical Psychology 55:* 837-845.

Cicchetti, D. and Cohen, D. J. (1995). Perspectives on developmental psychopathology. In Cicchetti, D. and Cohen, D. J. (eds), *Developmental Psychopathology, Vol. 1: Theory and Methods,* 3-23. New York: Wiley.

Crittenden, P. M. (1994). Peering into the black box: an exploratory treatise on the development of self in young children. In Cicchetti, D. and Toth, S. L. (eds), *Disorders and Dysfunctions of the Self: Rochester Symposium on Developmental Psychopathology, Vol. 5,* 79-148. Rochester, NY: University of Rochester Press.

Dennett, D. (1987). *The Intentional Stance.* Cambridge, MA: MIT Press.

Dodge, K. (1990). Developmental psychopathology in children of depressed mothers. *Developmental Psychology 26:* 3-6.

Dodge, K. A., Pettit, G. S., and Bates, J. E. (1994). Effects of physical maltreatment on the development of peer relations. *Development and Psychopathology 6:* 43-55.

Dunn, J. and McGuire, S. (1994). Young children's non-shared experiences: a summary of studies in Cambridge and Colorado. In Hetherington, E. M., Reiss, D. and Plomin, R. (eds), *Separate Social Worlds of Siblings.* Hillsdale, NJ: Erlbaum.

Elman, J. L., Bates, A. E., Johnson, M. H., Karmiloff-Smith, A., Parisi, D. and Plunkett, K. (1996). *Rethinking Innateness: A Connectionist Perspective on Development.* Cambridge, MA: MIT Press.

Emde, R. N. (1988). Development terminable and interminable. I. Innate and motivational factors from infancy. *International Journal of Psycho-Analysis 69:* 23-42.

Fischer, K. W. and Ayoub, C. (1994). Affective splitting and dissociation in normal and maltreated children: developmental pathways for self in relationships. In Cicchetti, D. and Toth, S. L. (eds), *Rochester Symposium on Developmental Psychopathology: Vol. 5. Disorders and Dysfunctions of the Self,* 149-222. Rochester, NY: University of Rochester Press.

Fonagy, P., Leigh, T., Kennedy, R., Mattoon, G., Steele, H., Target, M., Steele, M. and Higgitt, A. (1995). Attachment, borderline states and the representation of emotions and cognitions in self and other. In Cicchetti, D. and Toth, S. S. (eds), *Rochester Symposium on Developmental Psychopathology: Cognition and Emotion, Vol. 6,* 371-414. Rochester, NY: University of Rochester Press.

Fonagy, P., Target, M., Cottrell, D., Phillips, J. and Kurtz, Z. (2000). *A review of the Outcomes of all Treatments of Psychiatric Disorder in Childhood* (MCH 17-33). London: National Health Service Executive.

Gallagher, H. L., Happe, F., Brunswick, N., Fletcher, P. C., Frith, U. and Frith, C. D. (2000). Reading the mind in cartoons and stories: an fMRI study of 'theory of mind' in verbal and nonverbal tasks. *Neuropsychologia* 38(l): 11-21.

Ge, X., Conger, R. D., Cadoret, R., Neiderhiser, J. and Yates, W. (1996). The developmen-tal interface between nature and nurture: a mutual influence model of child antisocial behavior and parent behavior. *Developmental Psychology 32:* 574-589.

Gergely, G. and Watson, J. (1996). The social biofeedback model of parental affect- mirroring. *International Journal of Psycho-Analysis 77:* 1181-1212.

Gergely, G. and Watson, J. (1999). Early social-emotional development: contingency perception and the social biofeedback model. In Rochat, P. (ed.), *Early Social Cognition: Understanding Others in the First Months of Life,* 101-137. Hillsdale, NJ: Erlbaum.

Goel, V., Grafman, N., Sadato, M. and Hallett, M. (1995). Modeling other minds. *Neuroreport 6:* 1741-1746.

Harris, J. R. (1998). *The Nurture Assumption: Why Children Turn Out the Way They Do. Parents Matter Less than you Think and Peers Matter More.* New York: Free Press.

Hegel, G. (1807). *The Phenomenology of Spirit.* Oxford: Oxford University Press.

Heider, F. and Simmel, M. (1944). An experimental study of apparent behavior. *American Journal of Psychology 57:* 243-259.

Higley, J. D., King, S. T., Hasert, M. F., Champoux, M., Suomi, S. J. and Linnoila, M. (1996). Stability of individual differences in serotonin function and its relationship to severe aggression and competent social behavior in rhesus macaque females. *Neuropsychopharmacology 14:* 67-76.

Hofer, M. A. (1995). Hidden regulators: implications for a new understanding of attach-ment, separation and loss. In Goldberg, S., Muir, R. and Kerr J. (eds), *Attachment Theory: Social, Developmental, and Clinical Perspectives,* 203-230. Hillsdale, NJ: Analytic Press.

Holmes, J. (1998). Defensive and creative uses of narrative in psychotherapy: an attachment perspective. In Roberts, G. and Holmes, J. (eds), *Narrative and Psychotherapy and Psychiatry,* 49-68. Oxford: Oxford University Press.

Johnson, J. G., Cohen, P., Brown, J., Smailes, E. M. and Bernstein, D. P. (1999). Childhood maltreatment increases risk for personality disorders during early adulthood. *Archives of General Psychiatry 56:* 600-605.

Johnson-Laird, P. N. (1983). *Mental Models: Towards a Cognitive Science of Language, Inference and Consciousness.* Cambridge: Cambridge University Press.

Kandel, E. R. (1998). A new intellectual framework for psychiatry. *American Journal of Psychiatry 155:* 457-469.

Kandel, E. R. (1999). Biology and the future of psychoanalysis: a new intellectual frame-work for psychiatry revisited. *American Journal of Psychiatry 156:* 505-524.

Kazdin, A. E. (1996). Problem solving and parent management in treating aggressive and antisocial behaviour. In Hibbs, E. S. and Jensen, P. S. (eds), *Psychosocial Treatments for Child and Adolescent Disorders: Empirically Based Strategies for Clinical Practice,* 377-408. Washington, DC: American Psychological Association.

Kendler, K. S., Neale, M. C., Prescott, C. A., Kessler, R. C., Heath, A. C., Corey, L. A. and Eaves, L. J. (1996). Childhood parental loss and alcoholism in women: a causal analysis using a twin-family design. *Psychological Medicine 26:* 79-95.

Laible, D. J. and Thompson, R. A. (1998). Attachment and emotional understanding in pre-school children. *Developmental Psychology 34:* 1038-1045.

Leach, P. (1997). *Your Baby and Child: New Version for a New Generation.* London: Penguin.

Maccoby, E. E. (2000). Parenting and its effects on children: on reading and misreading behaviour genetics. *Annual Review of Psychology 51:* 1-27.

Marvin, R. S. and Britner, P. A. (1999). Normative development: the ontogeny of attachment. In Cassidy, J. and Shaver, P. R. (eds), *Handbook of Attachment: Theory, Research and Clinical Applications,* 44-67. New York: Guilford.

Masten, A. S. and Garmezy, M. (1985). Risk, vulnerability and protective factors in developmental psychopathology. In Lahey, B. B. and Kazdin, A. E. (eds), *Advances in Clinical Child Psychology,* 1-52. New York: Plenum.

Meins, E., Fernyhough, C., Russel, J. and Clark-Carter, D. (1998). Security of attachment as a predictor of symbolic and mentalising abilities: a longitudinal study. *Social Development 7:* 1-24.

O'Connor, T. G., Caspi, A., DeFries, J. C. and Plomin, R. (2000). Are associations between parental divorce and children's adjustment genetically mediated? An adoption study. *Developmental Psychology 36:* 419-428.

O'Connor, T. G., Deater-Deckard, K., Fulker, D., Rutter, M. and Plomin, R. (1998). Genotype-environment correlations in late childhood and early adolescence: antisocial behavioral problems and coercive parenting. *Developmental Psychology 34:* 970-981.

Olds, D., Henderson Jr, C. R., Cole, R., Eckenrode, J., Kitzman, H., Luckey, D., Pettitt, L., Sidora, K., Morris, P. and Powers, J. (1998). Long-term effects of nurse home visitation on children's criminal and antisocial behaviour: 15 year follow-up of a randomized controlled trial. *Journal of the American Medical Association 280:* 1238-1244.

Patterson, G. R. (1976). *Living with Children: New Methods for Parents and Teachers,* rev. edn. Champaign, IL: Research Press.

Plomin, R. (1994). *Genetics and Experience: The Interplay Between Nature and Nurture.* Thousand Oaks, CA: Sage.

Plomin, R. and Bergeman, C. S. (1991). The nature of nurture: genetic influences on 'environmental' measures. *Behavior and Brain Sciences 14:* 373-386.

Plomin, R., Chipuer, H. M. and Neiderhiser, J. M. (1994). Behavioral genetic evidence for the importance of non-shared environment. In Hetherington, E. M., Reiss, D. and Plomin, R. (eds), *Separate Social Worlds of Siblings,* 1-31. Hillsdale, NJ: Erlbaum.

Plomin, R. and Daniels, D. (1987). Why are children in the same family so different from one another? *Behavioral and Brain Sciences 10:* 1-16.

Polan, H. J. and Hofer, M. (1999). Psychobiological origins of infant attachment and separation responses. In Cassidy, J. and Shaver, P. R. (eds), *Handbook of Attachment: Theory, Research and Clinical Applications,* 162-180. New York: Guilford.

Rowe, D. (1994). *The Limits of Family Influence: Genes, Experience and Behaviour.* New York: Guilford Press.

Rutter, M. (1999). Psychosocial adversity and child psychopathology. *British Journal of Psychiatry 174:* 480-493.

Rutter, M. (2000). Psychosocial influences: critiques, findings and research needs. *Development and Psychopathology 12:* 375-405.

Scarr, S. (1992). Developmental theories for the 1990s: development and individual differences. *Child Development 63:* 1-19.

Serketich, W. J. and Dumas, J. E. (1996). The effectiveness of behavioural parent training to modify antisocial behaviour in children: a meta-analysis. *Behaviour Therapy 27:* 171-186.

Shure, M. B. (1993). *Interpersonal Problem Solving and Prevention: A Comprehensive Report of Research and Training* (#MH-40801). Washington, DC: National Institute of Mental Health.

Spock, B. and Rothenberg, M. B. (1985). *Dr. Spock's Baby and Child Care,* 5th edn. London: W. H. Allen.

Sroufe, L. A. (1986). Bowlby's contribution to psychoanalytic theory and developmental psychopathology. *Journal of Child Psychology and Psychiatry 27:* 841-849.

Sroufe, L. A. (1996). *Emotional Development: The Organization of Emotional Life in the Early Years.* New York: Cambridge University Press.

Sroufe, L. A. and Rutter, M. (1984). The domain of developmental psychopathology. *Child Development 83:* 173-189.

Suomi, S. J. (1991). Up-tight and laid-back monkeys: individual differences in the response to social challenges. In Brauth, S., Hall, W. and Dooling, R. (eds), *Plasticity of Development,* 27-56. Cambridge, MA: MIT Press.

Suomi, S. J. (1997). Early determinants of behaviour: evidence from primate studies. *British Medical Bulletin 53:* 170-184.

Suomi, S. J. (2000). A biobehavioral perspective on developmental psychopathology: excessive aggression and serotonergic dysfunction in monkeys. In Sameroff, A. J., Lewis, M. and Miller, S. (eds), *Handbook of Developmental Psychopathology,* 237-256. New York: Plenum Press.

Suomi, S. J. and Levine, S. (1998). Psychobiology of intergenerational effects of trauma. In Danieli, Y. (ed.), *International Handbook of Multigenerational Legacies of Trauma,* 623-637. New York: Plenum Press.

Thompson, R. A. (1999). Early attachment and later development. In Cassidy, J. and Shaver, P. R. (eds), *Handbook of Attachment: Theory, Research and Clinical Applications,* 265-286. New York: Guilford.

Tienari, P., Wynne, L. C., Moring, J., Lahti, I. and Naarala, M. (1994). The Finnish adoptive family study of schizophrenia: implications for family research. *British Journal of Psychiatry* 23 (Suppl. 164): 20-26.

Tronick, E. (submitted). 'Of course all relationships are unique': how co-creative processes generate unique mother-infant and patient-therapist relationships and change other relationships. *Psychoanalytic Inquiry.*

Tronick, E. Z. (2001). Emotional connection and dyadic consciousness in infant-mother and patient-therapist interactions: commentary on paper by Frank M. Lachman. *Psychoanalytic Dialogue 11:* 187-195.

Waddington, C. H. (1966). *Principles of Development and Differentiation.* New York: Macmillan.

Winnicott, D. W. (1963). Morals and education. In *The Maturational Processes and the Facilitating Environment,* 93-105. London: Hogarth Press.

第二部分

第五章

与父母和婴儿的心理治疗工作*

特莎·巴拉顿（Tessa Baradon）

本章讨论的是与父母和婴儿进行的精神分析心理治疗的过程。父母-婴儿心理治疗基于父母（或主要照料者）和他／她的婴儿之间的关系来工作；这种关系可能存在正常情感纽带进程的中断或扭曲。

治疗进程中的合作者是父母（一方或双方）、婴儿和治疗师。在这种心理治疗合作关系的持续可预期的"设置"[1]中，一种三向关系被创建。母亲将一系列的想法和感受带到这里。这些源自她自己作为孩子的体验、她当前的关系，以及她对孩子和作为孩子母亲的自己的期待。在与孩子相关的互动中的任何给定时刻，这些想法感受转化成行为。母亲对她过去和当前关系的表达也类似地塑造母亲指向治疗师的感受和行为。婴儿带着他一系列的依恋需要和发展潜力——他兴起的感受和思维构建，遇见他的母亲和治疗师。这些也被转化成行为，这些行为既是对母亲行为的呈现，也是对母亲行为的回应。因此，在会谈的此时此地，母亲和婴儿既重复过去

---

* 本文首次发表在《依恋和人类发展杂志》（*Journal of Attachment and Human Development*）2002年第4卷第1期上，经许可收录在本书中。为了阅读的便利，本文假定治疗师为女性，婴儿为男性。在临床实践中，可能的话会让父亲也参与治疗。不论家庭中父亲是否在场，"父亲"这个概念都是治疗的一部分。

关系的部分，又在构建新的关系体验。

治疗师对亲子关系来说，是一个很独特的角色。一方面，当父/母和婴儿在一起的时候，治疗师是一名临床"观察者"（Rustin, 1989）。亲子之间微妙地共同建构着彼此之间的互动，你来我往，相互适应彼此的反应（Tronick, 1997），治疗师通过这些互动，来推演他们之间所展现出来的心理模型。另一方面，亲子互动是在治疗师面前展开的，治疗师也裹挟在其中，被亲子之间的真实情感所包围。对治疗师来说，婴儿的存在，更加强了反移情的问题。治疗师面对的是不断变化的认同，并且往往是相互矛盾的。一方面，成人的叙事是引人入胜的，治疗师会被这些叙事吸引。另一方面，婴儿的脆弱和依赖又制造出一种急切地需要为这个婴儿负责任的紧迫感。治疗师的独特作用就在于他不断尝试去理解父/母和婴儿双方，并以象征化的形式帮助他们表达和对方在一起的体验。

通常而言，婴儿依赖成人从而得以在身体和情感上存活并发展是成人的核心"贯注（preoccupation）"。"贯注"这个词借用自温尼科特（1965），用来描述父/母在与孩子的最开始阶段的关系中排除其他一切兴趣的心理状态。尽管随着婴儿发展逐渐脱离完全依赖状态，父/母的这种心理状态也会解除，但儿童依然是父/母首要的持续贯注对象。在依恋的术语中，这可以描述为"当人际间的和心灵内部的依恋问题出现时，（父/母）直接地、灵活地、创造性地、积极主动地寻求解决方法的能力"（Bretherton & Munholland, 1999: 99）。尽管父/母有这样的愿望和意图，然而他/她可能仍然会发现自己无法在心理上接纳婴儿。此时父/母的心灵被对他们自己的心理状态（如抑郁、恐惧、妄想）的贯注所支配，他/她的心灵中不再有安全的港湾来接纳婴儿脆弱和依赖的一般状态。

依恋关系的破坏以对婴儿的基本天性的否认为特征，这些天性包括不成熟性、原始情绪和依赖性，而这种否认往往是无意识的。对父/母来说，对于婴儿化状态的否定发生在他们与自己婴儿的关系中，因而基本的婴儿化的需要，如安全、舒适、抚慰都不被承认。父/母还经常否认他们自己的这类需要，因为这些需要会威胁到他们已经发展出来的处理过去和当前心理痛苦的应对方式，打破已有的平衡。

下面的例子对此做了具体说明：

> 治疗在地板上进行。爸爸仰面躺着，腿向外伸着。他正在向他的伴侣和治疗师抱怨他对乔夜里起床这件事感到多么筋疲力尽，真的已经到了极限。乔现在7个月大，他爬到爸爸身边，爬过他的膝盖，显然朝着爸爸旁边的玩具爬去。爸爸抬起了腿，乔就那样摇摇晃晃地挂着。妈妈喊道"倒立"，声音听起来欢快但又焦虑，爸爸抓住乔的衣服来扶住他。爸爸把腿放下，乔的身体姿态放松下来。爸爸又不断抬起腿，同时抓着乔的衣服。在爸爸把腿放下来的过程中，乔突然滑了下来，头碰到了地上。乔一下子僵住了——在那短暂的一刻他的身体非常僵硬，处在完全安静的状态。爸爸和妈妈看着他。几秒钟后乔放声哭起来，妈妈很快过来把乔抱起来。她安抚他："哦，你摔倒了吗？那可不好。"乔停止了哭泣。妈妈说："现在好点了吗？"乔留在妈妈的大腿上，脸转向旁边。

在这个互动中，父亲自动地进入到以"嬉戏打闹（rough and tumble）"的方式对待儿子的状态中。母亲通过把它维持在一个游戏（"倒立"）框架中的方式缓和了竞争的意味。她还赋予了这个游戏象征化的表征。她有点儿焦虑的语调可能给了父亲一些提示，让父亲抓得更紧一些，于是父亲拽着孩子的衣服。当乔摔倒后，父亲和母亲都等待着——他们的反应取决于儿子（尽管母亲的反应也受她的伴侣的影响）。当婴儿哭的时候，母亲马上把他抱起来，尽管此时婴儿还在父亲这儿。

治疗师问父亲当乔摔倒时他跟儿子的交流是什么。他回答道："我是一个残忍的父亲。"（治疗师明白，基于在互动过程中所揭示和目睹的东西，这讽刺是指向治疗师的，可能这种东西是他由对自己孩子的愤怒而引起的内疚感，孩子让他觉得很耗竭。）在进一步的讨论中，父亲流露出那不是一次严重的摔倒的看法，他觉得就算把儿子丢在一边不管，他也会"让自己振作起来"，继续玩他的玩具。父亲以前曾经描述过他自己的父亲是"冷漠的、爱吓唬人的，我总是觉得自己让他失望"。不知不觉中，他重复了一个具有这种内部工作模型（Bowlby, 1973）的父亲，既不能容忍自己孩子的依赖性和脆弱性，也不能容忍"筋疲力尽的"自己身上的这些部分。

婴儿可能也会表现出否认自己婴儿化依赖性的行为。举个例子，小婴儿摔倒以后忍住不哭而不召唤安抚，而这是我们所期待的。Spit（1961）和 Fraiberg（1982）做的精神分析研究对只有3个月大的婴儿的防御进行了观察，这些小婴儿都从他们的照料者那儿体验到了极端的危险和剥夺。他们观察到了像"闭上眼皮"这种行为——这是一种退缩和回避的早期自我调节形式，一种对正常寻求与母亲进行视觉、听觉和触觉联系的彻底反转，僵在那里，彻底动弹不得。Schore（2002）进一步揭示了在面对持续的（累积性的）关系创伤时婴儿可能采用的解离（disassociation）的防御机制，这些关系创伤包括父母可怕的情绪波动以及父母对于婴儿失调状态的情感忽视。当前的依恋和神经心理学对防御性的自我调节机制的研究强调了这一机制：婴儿会配合父母共同建立应急的系列防御以对抗他们的依恋需要（例如 Beebe, 2000）。

在父母-婴儿心理治疗中，治疗师关注的是在咨询室中他们之间行为和情感的互动。这些既包括陈述性的（对养育和被养育的体验进行叙述，象征化的表征）形式，也包括程序性的（可以活现的）形式，他们的关系体验通过这些形式表现出来。源自父母在自己婴儿期时被养育的体验所形成的最早的关系过程，通常才是他们对待自己孩子的自发态度和行为（适应的或是相反）的基础。由于这些记忆是程序性编码的，即这种编码过程发生在象征化表征之前，所以这些是在父母的意识层面之外的［程序性无意识（procedural unconscious）］。例如，在上文的临床案例中，当婴儿哭的时候母亲一把把孩子抱在怀里，这个过程是来不及进行思考的——即对孩子摔倒和安抚他的回应方式进行象征化表征。

那些（在父母那里）无法容忍被意识到或被体验到的对婴儿的感受、态度和行为会被更主动地排除到意识［动力性无意识（dynamic unconscious）］之外，但却可能会在行动上表现出来。在对情感的防御性回避中，例如在压抑中，通过无意识行为而表达的程序性知识得以保持，但与之相联系的陈述性知识，即对这些行为的理解，却丢失了。因此，前文案例中的父亲并不清楚他不安抚自己儿子的欺凌性元素，其实是他自己的父亲与他之间曾经痛苦的、甚至令人震惊的相似性体验的继承。

那些童年期时经历过极端剥夺的父母会对自己的孩子重复同样的照料模式，Fraiberg 等人（1975）检视了这种机制，他们强调压抑的机制，在这种机制中，害怕和（或）痛苦的感受不再能够被回忆起，而通过向攻击者认同，无助的感受被迁移到了自己的欺凌性部分上，从而获得了掌控。她不断重复的概念"育婴室里的幽灵（ghosts in the nursery）"指的是过去的经验在当下的无意识重复，那些压抑的来自父/母过去的痛苦和施虐侵占当下父/母与婴儿的关系。父/母这方被压抑的情感无法在婴儿这儿获得共情性的确认。因此摇篮中哭泣的婴儿（在无意识中）代表的不是他们自己的幼小的感到饥饿、寒冷或者孤独的新生儿状态，而是父/母小小的、无助的自己被忽视的哭泣的心灵。摇篮中的婴儿代表了过去的发展性依赖需要被忽视的婴儿，他成为父/母内在欺凌力量的受害者。在这些案例中,"父/母似乎注定要在自己孩子身上重复自己还是婴儿时体验过的可怕和苛刻的照料细节"(Fraiberg et al., 1975: 165)。

在放弃婴儿式自我并向攻击者认同的过程中,从成年人这儿真正传递给孩子的其实是这样一种观念:感受与思考的世界是不安全的,应该从成人和孩子之间的情感对话中剔除出去。于是父/母与婴儿之间可观察到的交流充满了沟壑,在这种交流中原本可以发现特定的情感,而现在却朝着情绪伪饰的方向扭曲(Winnicott, 1960)。

案例材料

格雷丝是一名患有学习障碍的青少年的母亲,她似乎无法阻止小儿子赛博遭受多种事故的伤害:他老是摔跤,把自己弄伤,还老是把很沉的东西放到自己身上。后来,在他10个月大的时候,他遭遇严重烫伤,被登记到了儿童保护名册(Child Protection Register)里的"忽视(neglect)"这一分类下。母亲和儿子一起被推荐来做父母–婴儿治疗。

第一次会谈

格雷丝和赛博迟到了。当他们进入咨询室的时候,两个人看上去都非常焦虑。格雷丝和治疗师坐到了地板上,赛博马上就开始探索玩具,用手抓玩具,还把玩具往嘴里塞。他和妈妈之间没有交流。(治疗师因此马上对赛博的这种防御性的独立警惕起来。正常情况下这个年龄的孩子会靠向妈妈来帮他度过这种因为见陌生人或进入陌生环境而产生的焦虑。为什么赛博不这样做?他的内部工作模型似乎已经形成了一个无法利用的客体。)

进入会谈大约10分钟时,格雷丝和治疗师正在谈他们是怎么转介到这里的。赛博在一段距离之外玩玩具。

格雷丝：他们（专家）就是觉得我对儿子反应有点过度了。连我自己也承认我确实是这样。我跟其他人有不同的价值观……我是那种相信自由，相信言论自由、人格自由的人，我的儿子真的是一个非常聪明的人，非常聪明，当他更小的时候我教他（原文如此）的那些东西，我妈跟我说那有点太早了。

（治疗师感到在这一节点上，她很难理解格雷丝的表达。然后她想知道她是否正在体验那种格雷丝体验过多次的困惑，尤其是在这第一次会谈中。）

治疗师：什么东西？

格雷丝：哦，基本上就是把他的个性引导出来，你懂的，给他自由给他信仰，让他做他自己想做的事情，做真正属于他的事情。我的意思是，确实，他只是一个小宝宝，我确实明白，但以他是唯一的方式对待他和以他只是婴儿的方式对待他是两码事。你不能……这个年龄的婴儿懂得很多，你不能不把他们当成年人，因为如果你像对待婴儿那样对待他们，那你还怎么指望他们学到更多？

（治疗师明白格雷丝并不清楚自己在治疗中会被怎样对待。）

治疗师：我猜，自由和被别人像能理解很多事情的成人一样对待，是你一直以来希望在自己身上拥有的东西，你也可能曾被别人这样要求过。

格雷丝沉默片刻，用低沉、悲伤的声音继续说，声音小到几乎听不到。

格雷丝：我的那个社工，她不认为我是个大人，她觉得我是个蠢货。（治疗师几乎在物理层面体验到了格雷丝的这种痛苦感受，就像被打了一拳一样。）这是我能想到的唯一的解释。她真的认为我很愚蠢，因为我没怎么去过学校。当我确实打算去上学的时候，我被评估为需要接受特殊教育。

（治疗师认为格雷丝正在开始把她的体验转变成语言，但这种感受的强度仍然无法以象征化的形式表达，仍然在用身体承载。)

在这次会谈中，片刻之后发生了下面的事。赛博手里抓着玩具汽车向桌子那边爬。他在椅子那儿停下来，用空着的那只手撑着自己想站起来，面对着桌子。然后他转向他的母亲和治疗师，试着朝他们走过来。在这个过程中他失去平衡摔倒了，脸部着地。那应该摔得很疼，但他没有哭。他的母亲喊出来："赛博，别这样！"她捂住了自己的肚子——仿佛她自己挨了一拳一样。她没靠近赛博。他以摔倒的姿势又躺了几秒钟。然后他坐起来继续玩玩具，脸上面无表情。

在首次会谈中，格雷丝描述了她对孩子的热切期望——他应该自由地成为他自己，成为她所希望他成为的角色——把他的个性引导出来。治疗师形成了一个试探性的观点：格雷丝是在谈她自己——作为一个挣扎着的、负担沉重的青少年——她自己的愿望是从她的"愚蠢"（脆弱、有需要）的自体里面"挣脱"出来。这部分被否认的自体被投射到了严苛的成年人身上，因此她对自己在治疗中会被如何对待也有隐含的疑问。治疗师还识别出格雷丝希望治疗师能承认格雷丝是独特的，帮她发现这种独特性，并帮她克服学习障碍的缺陷。

与此同时，格雷丝在与她儿子的关系中是"漠不关心的"，在一个陌生的房间与一个不熟悉的成人在一起时，她既没有从情绪上也没有从身体上保护她的儿子。她还把愚蠢和不成熟混淆在一起，从而无法接受她儿子与年龄相符的依赖需要。他表现出在摔跤时不被保护的感觉，没有哭出来。这里存在片刻的僵住和与跌倒联系在一起的情感解离。治疗师通过她自己的震惊与沮丧的感受识别出了这种强烈痛苦的心理操作，这种震惊与沮丧既与格雷丝的痛苦（"她认为自己很愚蠢"）有关，也与赛博未被安抚的跌倒有关。在这一节点上，治疗所面临的任务是把这些已经丢弃的痛苦、羞耻以及暴怒的感受整合进母亲与孩子之间表达情感的话语中来。人与人之间的对话会把内化的、内部结构的心理冲突外化并具体化。

第二次会谈

格雷丝和赛博表现得更加舒适了。赛博在这次会谈比较早的时候就开始接近治疗师，且研究了一下她的首饰，格雷丝看上去也很渴望交谈。（治疗师感觉到治疗关系开始浮现了。）会谈开始的前10分钟，格雷丝都在谈她在出生时的恐惧感与孤独感。在她说话的时候，赛博爬向了格雷丝的帆布包，从里面拽出一个塑料袋，抓着这个袋子朝他母亲爬来。格雷丝没让这件事打断她投入的谈话，而是接过了袋子之后放在一边。赛博呆坐了一小会儿，之后开始啜泣，他又开始努力地爬向这个袋子，又拿着它去找妈妈。

治疗师：（打断了格雷丝）让我们看看发生了什么吧，赛博给了你一个袋子，他想要表达什么呢？

格雷丝：他想要它。

治疗师：他想要它？

格雷丝：他想要这里面的东西。

治疗师：他想要里面的东西？（暂停）但你把袋子放一边了。（治疗师不太确定——格雷丝的表现暗示着她没有注意到赛博的失落，这意味着什么呢？）

格雷丝：对，因为这里面没有任何能给他的东西。

（治疗师很好奇格雷丝有没有设想过赛博曾揣测母亲的想法，即他母亲是否意识到了他拥有一颗不同的、独立的、小男孩的心灵。）

治疗师：他知道这里面没有给他的东西吗？

格雷丝：他以为这里有薯片。

治疗师：他亲口说了吗，"妈，我想要我的薯片？"

格雷丝：是啊，但是他已经把薯片吃了。

格雷丝转向了仍坐在她身边的赛博。她打开了包，拿出了装薯片的空包装，把这个空袋子拿给赛博看，并说："这里什么都没有了。看看，看见了吗？什么都没有了，看……不见了，都不见了。"这样持续了一小会儿，格雷丝的声音听起来很气愤，赛博看着空包装，但没看他母亲，他的身体像泄了气。

（治疗师认为格雷丝感到被咨询师和赛博发现了她没有能力关照到儿子的需求/愿望，并有一种被控诉的感觉。）

治：你想让他想起这里面没东西是因为他吃完了。这是他的过错，而不是你的？

格雷丝：正是这样，我又没吃。

格雷丝期待赛博"了解"超越他年龄的事物。当他坚持想要薯片而没有理解它们"全部消失了"是因为他已经都吃掉了时，格雷丝的态度变得很严苛。也许是因为格雷丝把赛博这种普通的需求体会为攻击，当时她需要面对自己的空洞感以及因此而带来的羞愧。尤其是，格雷丝坚信赛博已经知道了怎样保护自己，而一旦他伤到了自己就是他没有好好运用智力的结果。咨询师形成了这样一个假设，即婴儿无知、脆弱、依赖的情感状态由于再现了格雷丝过往被像"蠢货"一样对待的经历，而令她觉得难以忍受。一旦格雷丝将自己的愚蠢自恋式地扩张到了赛博身上，他就无法被当成一个什么都不知道的小男孩一样来对待了。

这种表达对治疗师形成了暗示，当格雷丝望着治疗师的双眼[温尼科特（1967）提出在此处找到自体表征]揣度治疗师内心的时候，她会看到什么样的自体表征？关键是治疗师并未发现格雷丝的迟钝，实际上她对格雷丝逐渐展露的心理思绪有深刻的印象。

在第二次会谈快结束的时候，治疗师问格雷丝有关她父亲的事。她聊到了童年早期父亲的缺失，当被问到她感觉如何的时候，格雷丝说"从未有人问过我！"在这之后，闸门就打开了。她专注于自己的感受，很明显，格雷丝不能长久地维系她与赛博之间的连接。她描述了在家中的"切断"，进入了她心灵中一个非常昏暗的地方。除非治疗师提起赛博，否则格雷丝似乎会不时地"忘记"赛博相当长一段时间（比如20分钟）。在这期间，面对母亲想消灭这个孩子的需要，治疗师感到自己一直在抱持这个孩子，因为这个孩子代表了格雷丝内在那个痛苦的小孩，那个她想毁掉的小孩。然而治疗师发现赛博是个被动而退缩的小孩，有时很难抱持他。这就像在"分析情境"中（McLaughlin，1991），母亲与治疗师之间形成了一种无意识的情绪共谋，这个小孩无法被爱了。这时治疗师的反应可以被看作工作中对于投射的动力的一种测量。格雷丝把自我拒绝的部分——那部分"愚蠢"的自我——放在赛博身上。赛博木然的表现似乎让他带上了某种属性——即与世界相处得愚蠢。确实，他早年缺乏安全感与照料的经历很难处理，这会让他陷入困惑，且有时会被压垮。因此，来自外在的忽略与源自内在的投射性认同（Silverman & Lieberman，1999）汇聚在了一起。面对婴儿的不可理解性，治疗师发现她与一种对他缺乏兴趣的无精打采产生了共鸣，她不得不鼓动自己考虑赛博以在空洞中激活复杂性。尽管赛博有在人际空隙中消逝的倾向，然而治疗师持续地在内心当中对赛博的抱持，是将他拉回与活的客体的关系的第一步。

与此同时，治疗师注意到了格雷丝对待赛博的微小变化——例如，她自发地走向了赛博并拥抱了他，或他们共同开心地玩了起来。这看起来似乎是曾被Fraiberg及其同事（1980）所观察到的某种过程的展开，凭借聆听父母的无声的哭泣可以帮助他们照顾自己的小孩，因为认同从欺凌者转移到了他们内在受伤的小孩上。

从如下第5次会谈开始的观察起，母亲、赛博与治疗师开始共同工作了。赛博从他们进入咨询室之后就一直坐在他母亲旁边。母亲与赛博玩要，按下玩具车的按钮，给他时间来探索玩具车，模仿母亲的动作。赛博的喘气声很大，但他没弄出其他声响。就这样持续了3～4分钟，赛博开始在母亲的怀抱中用眼睛来探索房间，格雷丝问治疗师自己表现得怎么样，赛博生气地把玩具车扔在地板上，治疗师开玩笑似的提高了自己的声音来镜映赛博的行为（捕捉到了赛博的愤怒但以幽默应对），并说赛博不想与人分享妈妈的注意力。赛博又扔了一次玩具，格雷丝笑了，拥抱了赛博，他开心地笑了。在这之前，治疗师从未听过他的笑声。

两个月之后，当格雷丝的母亲黛娜开始与格雷丝一起照顾赛博时，她也参与了治疗。格雷丝将母亲的帮助体验为支持性的，这也加强了她自己是个不够格、不称职的母亲的看法。由于她的父母在过去，以及在赛博出生时没有表现得更好一些，这也激起了她对母亲的强烈的怨恨之情。

第12次会谈

赛博正在玩格雷丝身后的茶具，黛娜和格雷丝面对治疗师并排坐着。黛娜对于格雷丝没有帮着做家务而非常生气。

黛娜：格雷丝，如果我不告诉你做什么，你就什么都不做。你这样我理解不了。

格雷丝：我很抑郁。我——很——抑——郁。

格雷丝和黛娜看不到的赛博，正看着治疗师挥动一个茶托，治疗师朝他点了点头，他立刻发现了她的眼光，重新开始玩了起来。

格雷丝：这就是你要说的？你从来不想想我为什么觉得抑郁，我有什么想法？

黛娜：你为什么抑郁根本就不重要。

格雷丝：重要，这很重要。

黛娜：抑郁就是抑郁而已。

格雷丝：妈妈，这很重要。如果一个人抑郁了，他为什么抑郁很重要。否则，如果他不知道为什么抑郁的话，他就永远不会不抑郁。

赛博朝治疗师的方向看了看，但并没有看治疗师的眼睛。（治疗师有些为赛博担心，因为她想与赛博保持接触）。

黛娜：好吧，你知道你为什么抑郁的。

格雷丝：对，但是你不知道。

黛娜：格雷丝，无论我怎样做，你都不会告诉我的。

赛博开始轻轻敲一个杯子里的勺子。黛娜向后靠了靠看着他。她保持这个姿势待了几分钟，但赛博继续他的游戏，没有抬眼。（治疗师反思了赛博沮丧的退缩。她的外婆无法理解他，他也感觉到外婆并没有足够努力地理解他。）黛娜重新跟格雷丝坐到了一起，格雷丝和她的母亲越来越生气，说话越来越大声。（治疗师认为格雷丝希望她母亲承认对她的抑郁负有一些责任，而黛娜则无法忍受来自她女儿的潜在的埋怨。）

黛娜：你一直都是这个样子。你很抑郁，你也知道你为什么抑郁，你就是不想谈这个问题，我也帮不上忙。

格雷丝的嗓门提得很高——她的声音听起来绝望而刺耳。

格雷丝：不不不。拜托，你没有听我说什么。你没有听我说什么！

还在敲勺子的赛博抬头了。（治疗师注意到他是多么地关心。）

格雷丝继续说道：如果你不知道我为什么抑郁，那你怎么知道你什么都做不了？

黛娜：好吧，你没说，如果你说……

格雷丝：我应该知道，妈妈？我是不是应该走近你说，"哦，妈妈，我抑郁是因为这个原因、那个原因还有别的什么原因？"不，事情不是那样的。

赛博扔掉了杯子。拿着勺子爬到了格雷丝和黛娜之间，他将一只手放在妈妈的膝盖上，同时转向外婆露出欢迎她的脸。黛娜和赛博一起玩耍——赛博将勺子伸进黛娜的嘴里，她假装被喂。格雷丝愤怒的语气缓和了下来。

赛博面对着一排他爱的人。他最开始似乎成功地"抹掉"了强烈的情感，集中注意力在玩具上。他曾成功地保持按原来那样玩着游戏。当黛娜和格雷丝开始变得更加紧张，赛博试图通过反映两个人之间言语交流的敲击来控制情感的基调。当争吵升级时，他变得更加紧张焦虑。他刚开始将治疗师作为他的支持，但后来他放弃了。治疗师为他担心。最终他无法忍受这种孤单，转而寻求他的照料者，通过与外婆之间的喂养游戏表达了他想被安慰的愿望。然而最终，他的脆弱性被否认了，因为是他来喂食，而非从成人那里获得食物。

然而对于格雷丝和黛娜来说，这是一次破天荒的讨论，他们都被要求"倾听"对方。这里的"倾听"是指即使当他们遭受着自身痛苦的挑战时，仍敞开心扉，与他人交流。格雷丝面质她母亲无法直面自己女儿的抑郁。从这个意义上讲，这是黛娜的"愚蠢之处"——一种防御性的情绪愚蠢——这正是焦点，格雷丝继续说道："如果一个人抑郁了，他为什么抑郁很重要……如果他们不知道为什么抑郁的话，他就永远不会不抑郁"。格雷丝在了解内心上有了飞跃式的进步——最初是她自己的内心，之后是别人的，比如认识到她母亲对于自己抑郁的恐惧。治疗师涵容情绪而非转向快速地修正它们，借此传递出的意思是：理解别人的心理是安全的。也许正因如此，赛博朝他们过来并不仅仅是被他的紧张焦虑所驱动，也许是一种新的、情绪上更加生动的与他人相处的方式正在浮现。

在治疗的最后阶段，格雷丝和黛娜允许对方各自与治疗师偶尔单独工作。格雷丝运用这些机会来探讨她当下的心理状态，并为未来做计划，黛娜则想要更多思考她的过去。她用一种愉快的声音，露齿而笑地告诉治疗师，当她还是个孩子的时候没有人——她的父母、兄弟姐妹、同学们——曾喜欢过她。当黛娜说这些话的时候，治疗师感到一种难以抑制的悲伤，他们可以一起探索黛娜怎样让治疗师感受到她避免感受到的悲伤。他们之后将黛娜难于感受到自己的感觉，与对于他人的负面情感的感受力缺失的结果联系在一起。比如，黛娜没有意识到赛博在母亲格雷丝离开几天之后会思念她，否认一致性的线索，比如他夜晚不能平静以及门每次开了他都会跑过去。

"切断"（解离），作为一种对抗痛苦以及由不同、不被爱/不可爱带来的羞耻的防御机制，也进入了黛娜和格雷丝之间的舞台。

第27次会谈

赛博不能出席这次治疗，因为他不舒服。格雷丝开始讨论她的恐惧，她担心赛博的感冒会伤害他。当治疗师将格雷丝童年时期父亲的突然丧失——一个从未在母女间讨论过的事件与今天的事相联系的时候，格雷丝和黛娜被吓了一跳。黛娜对治疗师的想法持否认的态度，尽管这件事可能对格雷丝从童年期到成年期的发展造成了影响。

治疗师：你认为格雷丝对此事没有任何反应吗？
黛娜：好吧，是我没做任何反应。
治疗师：为什么呢？
黛娜：我从来不做反应。
治疗师：你当作什么事都没发生过？
黛娜：对。
治疗师：你觉得你童年时期有类似的经历吗？
黛娜：当坏事发生的时候（用手做出一个轻蔑的姿态）……
格雷丝：（幽默地）所以这就是为什么我的生活中有些事情会被抹掉！

（治疗师注意到了，并对格雷丝对于她和母亲共同的经历予以承认表示欢迎。）

黛娜：我没忘记，我只是抹掉了。（黛娜此时用了格雷丝的词。）

格雷丝：你不会想知道的……

治疗师：因为太痛苦了吗？

黛娜：所有坏的事情……我都清空了。

治疗师：也许你用这种特定的，而不是其他方式来处理痛苦的或让人害怕的事情是有原因的。

黛娜：我认为这是我能够处理事情的唯一办法，因为任何坏事都没有被谈论过。

治疗师：所以你独自面对这些坏事。

黛娜：你老是想着它……（她做了一个手势，就好像这些想法会让人疯掉。）但是，如果一些创伤性的事情发生了，你就不会忘记。

格雷丝：你只是把它放在了心里，然后关上了心门，但是门时常会被吹开。

治疗师：我刚刚是建议，我们可以将对于赛博的担忧，追溯到你心里关着的门后那些对你父亲的感情上。

格雷丝：实际上从赛博出生起（她的声音降到了耳语大小），我就担心他会死去。

如果你害怕失去一个孩子，你如何能够爱他呢？如果童年时期幻想自己没有能力留住父亲的爱/生命，你如何信任自己能够养活一个孩子呢？赛博的脆弱与依赖唤起了格雷丝惊恐的记忆——镜映着她面对母亲的抑郁及之后父亲去世时被丢弃的自我。在格雷丝心里，赛博很有可能保不住。这种熟悉的感觉和想法与她父亲的死有关，那时没人能够陪伴她，支持她说出当她还是孩子时无法用言语表达的话语。Sinason（1992）将创伤与愚蠢联系起来："我们知道'愚蠢（stupid）'这个词实际上是指'伴

随着悲伤的麻木'。我们都知道'使惊呆（stupefy）'这个词的含义……"（p.30）

讨论

在这个家庭中，代际的幽灵是像婴儿一样的孤独恐怖的体验，这个婴儿的妈妈无法忍受他的哭泣。跨越代际的婴儿们不得不自己照顾自己。在对他们发展中根植的婴儿式需要的否认中，他们变得"愚蠢"。因此，他们被认为是对父母的攻击和羞辱，并且激发了父母的愤怒和忽视。

赛博的出生将格雷丝扔回了情绪的纠结之中，这种情绪的纠结是她本来试图以一种伪青少年叛逆的方式来遏制的。她自己的与她母亲的婴儿体验，此时的抑郁的青少年自我，在她与赛博互动中表现出的枯燥无味、忽视和削减中重现了。重现是指我如何与我的孩子相处，和我认为我的父母如何与我相处是相关的；在这正在上演的未消化的感受的程序性层面，重现发生了。正如Raphael-Leff（2000）写道："我们看到一位母亲照顾她的婴儿，但是内在的她被内心中封闭的东西吞没，这些东西和她自己有问题的早期照料者相关，现在在婴儿照顾的需求舞台上重新被激活……通过运动感知前语言节律管道传导，激发成人初始的记忆"（p.60）。然而对格雷丝而言，这些复杂的感受没有出口。黛娜从自己童年带入养育中的方式是阻止对不安情绪的谈论。格雷丝哭道"你从来不问我为什么抑郁"，她的妈妈回应道"抑郁就是抑郁"，这一信息不是询问他人思维的状态，因为对其内容的共鸣可能是压倒性的。面对这种情况，思考过程会受到抑制。对赛博而言，因为他妈妈所持有的负面归因，猜测妈妈的想法是危险的。因此思考最重要的成分——好奇、询问、建立连接——被放弃了（Fonagy et al., 1993）。从这种意义上来讲，赛博防御性地变得愚蠢。

在我们的临床工作中，我们发现情感对话对治疗师而言是重要的"港口"（Stern，1995）。情感对话包含所有形式的人际交流——言语，触觉，动作，表情。如 Lyons Ruth（1999）所说，发展对话的特点是真实的合作对话，它与安全依恋和孩子后续发展中的复原力有关。类似地，通过参与到更连贯和合作的对话中，改变就会发生在生成过程中。"合作性对话……是关于了解他人的想法，并在构建和调节互动时将其考虑在内。如不能识别交流是一个人内在自发的，还是来自他人的，主体间性或者二联调节就不可能"（p.583）。格雷丝和黛娜关于"削减"的讨论正展示了一些相互识别对方想法的成就，在转介时她们的对话是破碎的和压倒性的。这是很多因为关系困扰进入治疗的父母/婴儿二联体和三联体的特征。

干预的焦点是这个对话，治疗师给它带来"心智化、阐释性的立场"（Fonagy，1999），持续努力去理解和表征母亲和婴儿的体验，同时使得自己的想法可以被她们探索。结合对过去的叙述，当下婴儿、父母与治疗师共同构建了对话。"当分析师试着构想患者的信念与渴望，（移情）使患者聚焦到分析师的心理状态，不断地在分析师的头脑中发现自己的重复性体验，不仅能提高自体表征，也能移除患者对看见的恐惧"（Fonagy，1999：10）。

识别出格雷丝希望被当成一个有能力的成人对待的愿望，使得格雷丝从关于她儿子的智力的自大陈述（这掩饰了她对他的愚蠢的恐惧）中撤回，并识别出与他年龄相适应的与她相关的婴儿式需要。治疗工作也将赛博视为一个直接主动的参与者。治疗师观察到了他发展所需的促动力，他所浮现出的与他人在一起以满足或防御那些需要的生成程序，以及他作为他母亲的"移情性客体"（投映她过去的人物以及对他们的情感的屏幕）的历史。这些可以被直接处理，如治疗师对赛博说"你跌倒而无人安抚你的时候（他是过去的重现的受害者），这可怕又孤单（他的心理状态在治疗师头脑中的表征），你不知道做什么，是否能召唤妈妈？（他与他人在一起时的程序）"，治疗师主动搭建婴儿的情感体验，并通过示范的方式，期望他的母亲能够对她的孩子做这些。

实际上,赛博的改变明显和他母亲日积月累的改变有关,这两者和她为自己构建连贯的叙事能力相关,也和她对赛博的回应性相关。我们也知道他的特定年龄(12—24月)和他心理神经的发展使得他对他与母亲之间的依恋交流以及所发生的变化尤为敏感(Schore,2001)。

这种负面母性属性的撤回,以及格雷丝在心理上更多的可接近性使得赛博更自由地和母亲以及其他成人体验更广阔的感受和行为。伴随着母亲对他心理状态的持续关注,赛博似乎从他的空洞中走了出来,逐渐表达出与客体互动的渴望,而非和玩具互动。他爬到争吵的母亲和外婆之间,发起与黛娜的游戏,都表明他与他人相处时的依靠排除痛苦情感的早期图式不再是单一的交互模式。这种关系焦点的早期治疗性干预,与大脑中基于经历的重要发展阶段是相匹配的(Schore,2002),会促进一种情绪上更灵活、更包容的图式的出现。当作为心理结构的早期图式持续存在(Sandler & Joffe,1967),赛博就越来越能应用发展上更具适应性的图式来满足他的依恋需要。

注释

1. 亲子心理治疗通常在临床设置下开展,但是也可以创造性地开展,比如在患者家里厨房的水槽边(Fraiberg et al., 1980),或者在南非小镇粗糙棚屋的角落里(Berg,2000),因此设置本质上是由有边界的治疗性合作关系建立起来的。

(李明珠 译)

参考文献

Alvarez, A. (1992). *Live Company.* London: Routledge.

Beebe, B. (2000). Coconstructing mother-infant distress: the microsynchrony of maternal impingement and infant avoidance in the face-to-face encounter. *Psychoanalytic Enquiry* 20(3): 421-440.

Berg, A. (2000). Beyond the dyad: parent-infant psychotherapy in a multi-cultural society - reflections from a South African perspective. Presented at the *7th Congress of the World Association of Infant Mental Health,* Montreal.

Bowlby, J. (1973). *Attachment and Loss: Vol. 2, Separation.* New York: Basic Books.

Bretherton, I. and Munholland, K. A. (1999) Internal working models in attachment relationships: A construct revisited. In J. Cassidy and P. R. Shaver (eds), *Handbook of Attachment: Theory, Research and Clinical Applications.* New York: Guilford Press.

Clyman, R.B. (1991). The procedural organisation of emotions: a contribution from cognitive science to the psychoanalytic theory of therapeutic action. *Journal of the American Psychoanalytic Association 39:* 349-383.

Fonagy, P. (1999). The process of change and the change of process: what can change in a 'good' analysis. Keynote Address to the Spring meeting of Division 39 of the American Psychological Association.

Fonagy, P., Moran, G. and Target, M. (1993). Aggression and the psychological self. *International Journal of Psycho-Analysis 74:* 471-485.

Fraiberg, S. (ed.) (1980). *Clinical Studies in Infant Mental Health.* London: Tavistock.

Fraiberg, S. (1982). Pathological defences in infancy. *Psychoanalytic Quarterly* 7(1): 612-635.

Fraiberg, S., Adelson, E. and Shapiro, V. (1975). Ghosts in the nursery: a psychoanalytic approach to the problems of impaired infant-mother relationships. *Journal of the American Academy of Child Psychiatry 14:* 387-421.

Fraiberg, S., Shapiro, V. and Spitz Cherniss, D. (1980). Treatment modalities. In S. Fraiberg (ed.), *Clinical Studies in Infant Mental Health* London: Tavistock.

Lyons-Ruth, K. (1999). The two-person unconscious: intersubjective dialogue, enactive relational representation, and the emergence of new forms of relational organization. *Psychoanalytic Inquiry* 79(4): 576-617.

McLaughlin, J. T. (1991). Clinical and theoretical aspects of enactment. *Journal of the American Psychoanalytic Association 39:* 595-614.

Raphael-Leff, J. (2000). Climbing the walls: therapeutic intervention for post-partum disturbance. In Raphael-Leff, J. (ed.), *Spilt Milk.* London: Institute of Psychoanalysis.

Rustin, M. (1989). Observing infants: reflections on methods. In Miller, L., Rustin, M., Rustin, M.

and Shuttleworth J. (eds), *Closely Observed Infants*. London: Duckworth.

Sandler, J. and Joffe, W. G. (1967). The tendency to persistence in psychological function and development, with special reference to fixation and regression. *Bulletin of the Menninger Clinic 31:* 257-271.

Schore, A. N. (2001). The effects of early relational trauma on right brain development, affect regulation, and infant mental health. *Infant Mental Health Journal* 22(1-2): 201-269.

Schore, A. N. (2002). Dysregulation of the right brain: a fundamental mechanism of traumatic attachment and the psychopathogenesis of posttraumatic stress disorder. *Australian and New Zealand Journal of Psychiatry 36:* 9-30.

Silverman, R. C. and Lieberman, A. F. (1999). Negative maternal attributions, projective identification, and the intergenerational transmission of violent relational patterns. *Psychoanalytic Dialogues* 9(2): 161-186.

Sinason, V. (1992). *Mental Handicap and the Human Condition*. London: Free Association Books.

Spitz, R. (1961). Some early prototypes of ego defences. *Journal of the American Psychoanalytic Association 9:* 626-651.

Stem, D. N. (1995). *The Motherhood Constellation*. New York: Basic Books.

Tronick, E. Z. and Weinberg, M. K. (1997) Depressed mothers and infants: failure to form dyadic states of consciousness. In Murray, L. and Cooper, P. J. (eds), *Post Partum Depression and Child Development*. New York: Guilford Press.

Winnicott, D. W. (1956). Primary maternal preoccupation. In *Collected Papers: Through paediatrics to psychoanalysis* (1958). London: Tavistock.

Winnicott, D. W. (1960). Ego distortion in terms of true and false self. In *The Maturational Process and the Facilitating Environment* (1965). London: Hogarth Press.

Winnicott, D. W. (1967). Mirror role of mother and family in child development. In Lomas, P. (ed.), *The Predicament of the Family: A Psychoanalytical Symposium*. London: Hogarth Press and The Institute of Psycho-Analysis.

第六章

幻想作为创伤体验的心理组织者

玛尔塔·尼尔（Marta Neil）

在本章中我会讲述一名叫基兰的来访者，他是一个从小就被诊断出患有脑瘤的孩子。他因为脑瘤而接受治疗，这对他来说是创伤性的侵入，治疗引发了他极为强烈的情绪，因而威胁到了他心理自体的完整性。

本章中我会聚焦讨论他使用幻想来象征化地表征这些创伤性经历，从而获得某程度的控制感，并且对这些经历赋予意义。我希望展示的是在不同治疗阶段中，他的几个核心幻想如何让他理解与他的疾病、治疗相关的复杂情绪层。

在某种程度上，这些幻想让他可以组织自己的体验，并作为一种情绪调节的手段。但是，因为偶然的创伤线索可能引发淹没性的焦虑和恐惧，而这些过强的情绪会导致创伤性记忆和与之相关的情绪并没有被完全整合。为了应对这种由创伤线索引发的内部崩溃感，基兰需要使用僵化和（有时）攻击性的控制。

虽然基兰想要得到帮助，但是让他在治疗中一起反思非常困难。他对于干预的愤怒和恐惧的反应表明，对他来说这些干预和脑瘤治疗一样都是侵入性的。他倾向于把治疗师感觉成一个创伤性他人，这强烈影响了移情。但是随着他可以开始去思考他的经历，他也开始更能够使用治疗关系帮助自己调节情绪，整合创伤性经历和情绪的过程就开始了。这个过程使他内部的自体和客体表征也发生了变化，这些微妙的变化给他对于外部世界和与其他人的关系的看法带来了正面影响。

转介

基兰是在7岁的时候由他的神经科医生转介来心理医学部的，当时转介的原因是"针头恐怖症和焦虑"。虽然医生医术很好，对治疗也很认真投入，但基兰对于治疗的反应还是很大，他会尖叫、扭动，想要挣脱试图按住他的医护人员（有时他们不得不按住他以实施治疗）。因为他的反应如此之大，所以他的父母把他带去医院时都只能用毯子遮住他的头。

评估他的临床治疗师认为，他受到了严重创伤反应的困扰。因为持续的高唤起导致他很难调节自己的情绪，因而一些轻微的压力也会引发强烈的焦虑和痛苦。他经常会无助地哭很长时间，表达想死的愿望。他因为无法和母亲分离所以没法上学。此外，他还有睡眠和进食的问题。

最初的神经心理评估发现基兰还有一些认知问题，这些问题会影响他的一般性功能，包括短时记忆、视觉记忆、抽象语言推理、延时回忆方面的问题。但是当时无法判断这些问题是否和他的心理状态有关，抑或是受放射治疗的影响。但是这些症状对基兰的影响很明显。觉得自己无法记得最简单的事，用言语表达自己也很困难，基兰对此感到非常挫败和绝望。有一名心理学家推荐基兰接受脱敏治疗来克服他对于针头的恐惧。但是这个治疗无法进行下去，因为基兰无法忍受别人提及他的疾病或治疗，一听到他就会掩住耳朵，尖叫哭喊或者跑出房间。在这种情况下，那名心理学家就转介基兰来接受个体治疗。虽然他需要更高强度的治疗，但这对这家人来说并不可行。所以我们决定我每周见他一次。当我们开始治疗的时候，基兰7岁9个月，现在他已经12岁了。我们的治疗还在继续，但频率有所下降。

个人史

基兰和他的父母以及两个姐妹一起住。姐姐萨拉比基兰大2岁，妹妹塔拉比基兰小3岁。还有很多大家族成员住在他们家附近，大家族对他们也非常支持。抑郁的家族史来自基兰爸爸这边。

基兰的父母在20岁出头就结婚了，婚后不久基兰妈妈就怀孕了。基兰爸爸是个技工，在基兰生病之前，基兰爸爸做了一些小生意，妈妈是爸爸的助手。基兰6个月大时，妈妈又开始兼职工作。当基兰被诊断出来患有良性的脑瘤时他妈妈正怀着妹妹塔拉。基兰接受了手术然后开始局部放射治疗，但是他的脑瘤并没有被完全治好，两年后又复发了，因此他需要接受进一步的手术和放射治疗。基兰现在要接受常规的大脑扫描来监察残留脑瘤的长势。基兰的手术本身导致了一系列的问题，包括右侧皮质盲和大动作的问题。放射治疗也影响了他的认知功能，并且导致了生长激素不足（这让他在成年前需要一直接受治疗）。这些问题都交织在基兰对于自己疾病和治疗的幻想里，就像脑瘤本身反映了深层的自恋伤害。

在基兰被诊断患有脑瘤之后，基兰妈妈就没去上班了，专心照顾基兰。基兰爸爸不支持这个决定，这也使夫妻二人的关系变得紧张。在基兰第一次住院期间，夫妻关系破裂了。基兰爸爸搬回了自己父母家，他负责照顾两个女儿，而基兰妈妈则待在医院照顾了基兰好几个月。

开始治疗几个月后，我了解到基兰的妈妈觉得没得到丈夫的支持，而目睹基兰的治疗让她感到相当痛苦，这让她无法帮助基兰去应对。她因此感到内疚，觉得自己的痛苦对基兰来说是一个额外的负担。随着基兰治疗的进展，他的预后改善了，父母关系和家庭生活也稳定了。但是这对夫妻都难以接受疾病和治疗对于儿子的生理和心理影响。他们分别都表达了一种丧失感，他们觉得曾经的孩子基兰已经永远地离开了。尤其是爸爸，在他看来基兰永远也不会长成他希望的有男子气概、有能力的男孩，他对此很失望。虽然这对父母都投入在基兰的治疗中，但是他们很难参与支持性的工作，他们很难更深入思考这些议题和基兰疾病对家庭整体的影响。直到最近，这对父母（尤其是妈妈）才开始谈到可能影响这些状况的自身童年经历。

治疗

在基兰的治疗过程中，一直充斥着关于脑瘤已经影响了他的关键性问题。它是什么？它怎么会长在那里？为什么要摘掉它？它会再长出来吗？这些问题反复出现，虽然基兰已经用很多不同的方式问过这些问题，这些提问也反映了他不同水平的理解能力。这些材料也反映了基兰在努力理解（医学）治疗，虽然这是救命的治疗，但是对于基兰来说治疗是创伤性的侵入，也影响了他的生理和心理自体。我接下来报告的幻想会在治疗的不同阶段出现。随着时间的推移，每个幻想都得到了详尽的阐述，并成为治疗工作的焦点，这个阶段持续了好几个月。这些幻想为基兰的体验提供了叙述，包裹着复杂情绪的细节，它们和一些可预期的冲突和焦虑交织，为疾病和治疗带来特殊的意义。这些意义帮助基兰塑造他内部的自体和客体表征，也影响了基兰对于外部世界的看法和互动。

海豚王子和肿瘤宝宝

在我们的第一次会谈中，基兰听着妈妈讲述他们一家在他生病之前的生活，他用橡皮泥捏了漂亮的海豚一家。基兰介绍：这个"皇室"家庭有国王、皇后、王子和两位公主，他们一家住在"魔法海底宫殿"。这也许表达了他妈妈理想化的病前家庭生活的回忆，基兰的游戏中一家人幸福地住在一起，父母关系好，亲子关系佳。在第一次会谈中，基兰说他不想谈任何关于他的疾病或治疗的东西，因为这会让他感觉"太难受"，说到这里他就哭了。他躺在地板上，把自己埋在抱枕中哭了起来，他妈妈告诉我："我曾经拥有过的那个儿子不在了——他死了。"

在下一次会谈中，基兰同意让妈妈在咨询室外等他，他关上了门然后开始静静地和海豚一家玩游戏，不时点头或摇头回应我的话。他对我充满了不信任，他反复安慰自己说我没有穿"白大褂"，所以我不是"他们其中一个"。我小心地不让他被感受淹没，我简单地说出他对于我和在这所医院的陌生房间的不确定感。还需要一些时间，他才会允许我明确地表达他对我的恐惧和我可能会对他做什么的幻想。

在一次会谈中，基兰让我注意他的海豚王子的表情，并问我觉得他是否开心。我回答说他看起来并不开心，并让基兰多说一些。基兰说海豚王子的嘴是"大张"的，眼睛是"紧闭"的。我说他的海豚王子是害怕了。基兰点了点头，但当我问他为什么的时候，基兰就摇摇头不回答。我说这也许是因为有些可怕的事情发生了，而这些事情难以启齿。基兰再次点点头，然后说他不想谈这些事情。我指出也许他担心谈这些可怕的事情会让它们好像又发生了一遍。基兰同意我的说法，并要求我们停下来。在治疗的早期，基兰需要严格把控可能会淹没他的情感，这也成了他和我互动的特征。但是正如上述例子所展现的，当他发现很难将情感直接言语化时，他能够象征化地表征他们。尽管该阶段他还处于试探状态，但基兰已经能够允许我把他在游戏中的情绪揭露出来，这显示了他使用治疗关系来帮助他调节淹没性情感的潜在可能。

渐渐地，当基兰允许自己更相信我一些，材料就开始转变了。他开始袒露皇后和王子之间的"秘密"关系，他描述了刺激又禁忌的幽会。在某次幽会中，他讲述了皇后把宝宝给了王子，因为王子是皇后的"最爱"。基兰继续讲述了海豚宝宝住在王子的脑部，因为王子要把他们藏在那里不被国王发现。他没有理会我的关于国王如果发现了宝宝会做什么的提问，而是继续吹嘘海豚王子会"给皇后生好几百万个宝宝"。他用橡皮泥捏了大海花园，让皇后和王子一起和宝宝住，他们会"一直幸福地生活"，基兰这么描述。我说这个男孩似乎相信，如果他一直和妈妈单独住在这个魔法之地，那么所有事情都会变好。基兰说所有的事情都会是"完美"的。

但是，可怕的焦虑开始浮现，打破了这个无忧无虑的俄狄浦斯花园。在一次会谈中，当我好奇地问这些宝宝是怎么进入海豚王子的脑袋里面的时候，基兰解释说皇后给他喂"特别的食物，这些食物变成宝宝长在他的脑袋里面"。但是，当我问他脑袋里面长东西是什么感觉时，他很焦虑地说："这些贪婪的宝宝长得又肥又大，王子觉得他的整个头都要爆炸了。"我问之后会发生什么。基兰害怕地呢喃，他会"死"。这时他疯狂地把橡皮泥放到容器中。

如果我继续在故事的领域内提问，基兰就会允许我言语化这些在幻想中得到表达的愿望和恐惧，例如渴望母亲和她儿子之间特别的爱的愿望，以及害怕他可能被其他宝宝取代的恐惧。在一次会谈中，基兰哭着说皇后可能并没有王子以为的那么爱他。他继续说皇后可能希望有"坏事"发生在他身上：也许她喂的食物是有毒的，也许她盼着他死？我注意着不让这些淹没他，我专注于帮助基兰找到一种方式来表达这些恐惧的想法，尽量在这种置换之内来容纳他的焦虑。

在几次会谈之后，我尝试用一种更直接的方式来谈论基兰的焦虑，我说到了他的那些记忆：当他第一次生病时，他的头一跳一跳地疼，好像要爆炸似的，而且他一吃东西就会吐。或者我用语言表达出他对于吃得太多会得脑瘤的恐惧。当我这么做之后，基兰似乎崩溃了。他捂住耳朵尖叫"不要说这些可怕的东西"，他放声大哭起来，瘫在地板上。正如这个例子所示，我推进得太快了，这让基兰受不了。这么做的时候我就变成了另一个强迫他、让他受到创伤的人，我重述了他早期的经历，让他再次体验了这些可怕的事情。虽然我将这些用语言说出来的时候他冷静下来了，但在接下来的一次会谈中，基兰宣布他不想继续讲这个故事了。

之后的好几周他都没有谈到这个主题，但是这个主题又慢慢出现了。在一次会谈中，基兰讲到他做过的一个梦——"妈妈毒害儿子"。他拿出了橡皮泥玩偶，告诉我海豚皇后密谋杀害她儿子，她故意把儿子的头作为"贪婪的海豚宝宝"的储藏所，而海豚宝宝会取代海豚王子的地位。面对这些可怕的想法，为了保护他所渴望的无忧无虑的母子关系的幻想，基兰重新创作了橡皮泥公园，这是他之前做给海豚王子和妈妈的。基兰很难回避这个可怕的母性表征，他变得焦虑了。他谈到想要饿死王子脑袋里面的宝宝，或者把他们吐出来以拯救王子。在另一次会谈中，他想象他们会"变小而不是长大，他们能够通过他的身体从底部排出来……然后王子就不会死了"，基兰这样安抚我。

最终，基兰终于允许我言语化他部分对于脑瘤的恐惧，关于脑瘤是怎么跑到那里去的以及它是什么的疑问。我们一起弄明白了，有时他会想象脑瘤是他妈妈送给他的特殊礼物，这是一个他们之间特别的爱的象征，有时他会想象脑瘤是一个要用其他宝宝来取代他的阴谋。这种对脑瘤浓缩的象征既让人满足又让人恐惧，它强调了这种藏在基兰核心自体和客体表征中不可解决的混乱。他是妈妈特别的孩子（她独爱的人），同时又是被替代的孩子（她恨和拒绝的对象）。我们对这些想法和感受进行了工作，基兰允许我说出他害怕脑瘤会重新长出来，而这混杂了他对于死亡的恐惧。我把这些恐惧与他体验到的无助感相联系。在一次会谈中，他递给我玩具刀和剪子，教我怎么剪开王子的头把宝宝挖出来。我讲出了基兰的愿望：希望我是魔法医生，能够做手术拯救他的生命。他坚持说我和他在这所医院里面认识的医生不同，基兰说他相信我，并且补充说他自己还不能用刀或剪子。当我提及他对于自己和我（治疗师）的攻击性的恐惧时，我也说到了他想让我帮他处理愤怒、竞争和谋杀的愿望和感受，而这些欲望和感受似乎在他的内部扩大，就像脑瘤的扩大一样。基兰认同我所说的，这些感觉是极端危险的，并且他尝试跟它们保持距离，在他的游戏中王子对皇后非常热心，这也反映了他的移情行为。我指出他想要把这些想法和感受藏起来，以保护我们双方的安全，也指出了他尝试和我一起重建一种无忧的关系，这种关系是他想象中的在病前他和妈妈之间的关系。

随着基兰变得越来越能使用移情聚焦的诠释，一些以前让他觉得受不了的感受现在似乎更可控了。最终，之前受到严格防御的俄狄浦斯情境的其他方面开始浮现。例如，他一直回避谈论自己的爸爸以及游戏中的爸爸形象，基兰收回了他在第一次会谈中做的国王海豚，国王海豚之后就一直被放在箱子里。随着在他的游戏中开始出现父亲作为攻击者、儿子作为被动受害者的暴力场景，我们越来越认识到基兰将因脑瘤接受的医学治疗体验成了对他的愿望和感受的惩罚，而这些愿望和感受与他的情绪生活发展相一致。在更理想的情况中，这些愿望和感受可能会促使一种可预期的自体和客体表征的重组。但是对于基兰来说，这些幻想是由创伤性事件带来的，而且超出了他的控制，上述这种好的结果是不可能发生的。这些创伤性事件和由事件导致的淹没性的情感，意味着基兰的内部表征吸取了可怕的方面，这些是基兰觉得自己无法摆脱的。他觉得自己无法处理这些埋得很深的、由这些内部意象激发的恐惧，基兰似乎觉得他失去了一切。

某次会谈特别突显了这种痛苦的内部情境。游戏中基兰让海豚王子和妈妈睡在一起，基兰又讲了国王派出"邪恶的鲨鱼"来攻击海豚王子。然后游戏的情感基调变了，他讲到这些鲨鱼剪开了王子的头把里面的宝宝扯了出来。王子尝试拯救这些宝宝，鲨鱼用它们的矛和箭去刺王子的眼睛。王子尖叫着、挣扎着，但是都没用。这些宝宝被杀死了，王子被扔下了。我看到基兰在发抖，我就讲出了这些暴力的场面对他来说有多可怕。基兰这次的反应和以前不同，他指了指自己失明的眼睛，然后说这些就是发生在他身上的事情，"那些穿着白大褂的人干的"。我说出了他曾经受到了很多攻击和伤害，就像这个海豚王子一样，以及他认为这是因为内部令人困惑的想法和感受，我这么说的时候基兰一直在静静地听。基兰点点头，然后告诉我海豚王子在号啕大哭，并且补充说皇后并不爱王子，因为王子是"残缺的"。然后他引用了他的妈妈在第一次会谈中说的话，王子"对于皇后来说已经死了"。这表达了他强烈的丧失和绝望的感觉，基兰补充道："活着没有什么值得留恋了。"

蛇的故事

几个月后，关于基兰的疾病和治疗的其他方面开始显现。在一次会谈中，基兰给我讲了"小蛇"的故事，小蛇经历了所有类型的灾难。基兰的游戏中上演了暴力场景，小蛇被一些动物袭击，直到蛇的整个身体都被摧毁了。而这一次，基兰还放了一个布娃娃妈妈，在小蛇被攻击时，布娃娃妈妈一直在旁边被动地看着，她没有办法（或者像基兰想的，她不愿意）去保护他。有时候，基兰又会在游戏中让妈妈和小蛇一样大声尖叫，正如我对他说的，几乎就像可怕的事情发生在她身上一样。在基兰的游戏中，小蛇呼喊妈妈寻求帮助，但是妈妈太难受了所以没能帮小蛇，小蛇只能独自承受痛苦。这些材料让我们可以谈论基兰对于妈妈的痛苦的记忆；妈妈无法保护基兰免受可怕的事情的伤害，以及妈妈似乎站在伤害基兰的医生那边。在一次会谈中，基兰沉默地坐着，他愤怒地踢我的桌子。我言语化了基兰当时感受到的失望和愤怒。基兰否认了愤怒的感受，但是继续踢我的桌子并问我："她怎么能……她爱我吗？"在接下来的会谈中，基兰把我放到一个被动的旁观者的位置，他希望我看那些暴力的场景，他和我一起再体验了他自身体验的一部分。与此同时，他又有强烈的需要去修复受破坏的信任，以及渴望有一个强有力的保护性的内在父母，而他正因为缺失这么一个内在父母而痛苦。例如，他常常命令我陪他去做3个月一次的脑部扫描，而当我没有依照他的命令陪他去时，他也表达了强烈的愤怒和失望。我识别出他希望我保护他的愿望，并且言语化了他的幻想：我有力量来阻止发生在他身上的坏事情。他同时也需要我能做一个镇定、容纳性的客体，能够在可怕的时刻支持他，而这是他妈妈因为太害怕、无法承受而做不到的。

随着我们越来越能讨论这些回忆，矛盾的感觉也开始浮现。在一次会谈中，基兰说小蛇的妈妈"变邪恶了"，他给我演示了她用藤条狠狠地打小蛇。这个鞭打和基兰感受到的兴奋感有关，这种兴奋感是由母亲和儿子共同体验到的，他们是攻击者和被动的受害者。当我问妈妈为什么打他时，基兰说"邪恶的妈妈"生气了，因为小蛇大小便失禁了。基兰的讲述非常详细，他说有天醒来，小蛇发现"到处都是尿和便便……衣服、床和地上都是"。他补充说小蛇"感到脸红"。为了让这种潜在的感受更清楚，我说小蛇一定感到很尴尬也很担心。基兰同意了我的说法，说他会被妈妈"惩罚"。这个材料让基兰想起他曾经在手术后无法控制自己的膀胱和肠道，也想起了和这种情况相关的压力。我们在谈论这些的时候，基兰捂住了耳朵开始落泪。我说出了失控是多么难受和困惑的事情，我也回应了基兰治疗当时体验到的痛苦，我说那些感受强烈到就像（失控）正在发生一样。他点点头然后沉默了。这个例子似乎表明治疗产生了重大进展。除了这些创伤回忆带来的痛苦之外，基兰也开始表现出能够利用他人来帮助管理自己（过强的）情绪的能力，这些过强的杂乱感受和创伤性记忆有关，也和他内部的崩溃感有关。与此同时，基兰也终于能够开始整合这些记忆和情绪，而这使得基兰的自体和客体表征也开始发生改变。这时我和基兰开始致力于理解这些创伤性体验是如何塑造他的内部表征的，以及这些内部表征如何影响了他现在对自己的看法以及他与他人的关系。在这些工作促进改变的希望之前，还需要一些时间。

几周后，基兰回到这个主题。在一次会谈中，他告诉我，小蛇因为"把每个地方都弄脏了"所以被打得很重，小蛇的"皮都破了"。基兰说这个"邪恶的母亲"（和其他残酷的、具有强大力量的女性形象一起）拉开小蛇的皮肤，把它扯破。基兰说"到处都是血"，小蛇痛苦地尖叫。当我说这一定非常痛苦且让人害怕时，基兰说起了他在4岁的时候要插导尿管。他记得当时妈妈和几个护士按住了他。他还记得当时的血和痛楚。基兰以一种极度痛苦的状态对我说，他很害怕这个经历"已经从内部把他变成了女孩"。

当基兰痛苦地和这些可怕的回忆做斗争时，一些强烈的报复幻想开始浮现，而这些幻想并不会缓和他的焦虑，因为基兰很努力地想要保持他对妈妈和移情中的我的好的、有爱的表征部分。在这之后的几个星期里，为了照顾、保护他的"善良、仁慈的妈妈"，小蛇报复了"邪恶的妈妈"。他设了陷阱，让这个邪恶的妈妈掉到他的尿和粪便中，他做了一个藤条来打她。我们继续待在这种置换中，我说出了小蛇想要伤害和羞辱妈妈的愿望，因为她允许别人来伤害和羞辱他。基兰继续打布娃娃妈妈，当布娃娃妈妈的衣服都被打掉的时候，基兰残酷地笑了，并开始打她裸露出来的生殖器。不久，这对妈妈和儿子的形象开始进行强烈的、施虐受虐的打斗，这种打斗带着明显的痛苦、恐惧和兴奋。

有意思的是，基兰越能够在治疗中承认这些感受，他似乎在外部生活中就越以一种被动的、女性化认同的方式来回避它们。在家里，他的父母担心基兰对姐妹的游戏更感兴趣，并且在和家人的幻想游戏中热衷于扮演女性的角色。在学校，他回避了游乐场上的争夺推搡，而更喜欢和女生一起玩。我也注意到有时基兰的态度和手势有点女子气。这是不是他用来保护自己的男性自体免受幻想中的危险的、前俄狄浦斯期的妈妈的伤害的一种方式？或者是为了不让（在之前的材料中有出现过的）报复性的、俄狄浦斯期的爸爸伤害男性自体？还是他活现了他深度的恐惧（怕自己变成了女生）？又或者，他痛苦地发现妈妈认为她曾经的儿子已经死了，他也极度妒忌父母对他的男生气妹妹的喜欢？基兰可能觉得唯一赢回父母的爱的方法是变成一个女生。无论是哪种情况，他对于自己的男性自体受损的恐惧激发了严重的焦虑和暴怒。

天才男孩和邪恶的科学家

接受了两年治疗后，基兰越来越意识到放射治疗对于他的认知功能的影响。这影响了他的自体感，也让他开始出现羞耻、丧失、愤怒这些强烈的情感。可以理解，他尝试用全能力量的一厢情愿的幻想来代偿。这期间基兰讲到了"天才男孩"的幻想，这个天才男孩拥有一部"超级电脑"，里面有"秘密资讯"（他的力量之源）。在这个故事中，一个妒忌男孩的邪恶科学家"弄乱了电脑里面的线路"，所以电脑无法正常工作。因为天才男孩的超能力被夺走了，他变得残破和无助。在一次会谈中，基兰眼含泪水向我解释，这个天才男孩被夺走超能力后并不是变成了一个普通的男孩，而是一个"残破的男孩"。基兰想象每个人都会看到这个损伤并拒绝他。我指出基兰似乎理解这种感受。基兰同意我的说法，并补充说天才男孩经历的事情让他想起了他在医院的时候——"但是想到这件事就很难受，它太可怕了"。我承认了基兰的这些感受，并且指出想这些事情和真的发生这些事情是不同的。基兰似乎在思考我说的话。慢慢地，他开始揭露他的恐惧，他害怕他的大脑已经被"邪恶的医生侵入"。他想象医生已经对他的大脑做了"实验"并且"偷了（他的）聪明的想法"。当我好奇为什么医生会这么做时，基兰回答说医生一直"嫉妒"他"聪明的脑袋"。另一次会谈中，我们开始探索这个幻想的另一面。如果医生看见了他想象中的他的聪明想法，他们是否也会看见他的愤怒和复仇的想法？基兰深信他们看见了，并且推论这就是为什么他们用"有毒的放射治疗"来"攻击"他的脑袋。当我对他说的话表示疑问时，基兰以一种傲慢的态度说："也许你不知道，放射治疗是有毒的（toxic），有毒是荼毒（poison）的另一种说法，他们想要荼毒我的脑袋。"

虽然在这之后基兰能够从这个偏执的立场中继续前进，但是当时对于他的治疗的现实解释并不能缓解他的焦虑。唯一一个解决方法是慢慢地解开这些缠绕在一起的记忆、幻想和感受，这些部分一直让基兰感到无法承受，希望可以开始整合记忆和情感的过程。

基兰的天才男孩幻想使得我们可以去探索基兰的创伤——从麻醉中醒过来但是无法说话也无法协调自己的动作。在一次会谈中，他画了一张天才男孩"大脑的所有线路被毁坏"后的图画。基兰把这幅图上的人物剪出来，然后摆着纸人一步一步向我走来，他指出天才男孩的手和脚都是"摇摇晃晃的……像果冻一样"。我说这是基兰在手术后的感受。他认同了，回忆起他尝试动四肢，但是就像这个天才男孩，四肢无法正常地动。治疗救了他的命，但是让他的脑子"毁了"或者"疯了"，基兰在另一次会谈中也说了这些。慢慢地，另一个问题浮上水面。如果放射治疗让他的脑瘤缩小了，那么会不会也让他的脑缩小了呢？如果医生已经把脑瘤割除了，他们会不会也把他的脑切除了？切了记忆的部分、聪明的部分，还有那些让他能骑自行车或踢球的部分？随着这些令人害怕的想法的浮现，基兰的愤怒增加了，他在移情中活现了这些，他把咨询室的椅子砸向（别的）家具，或者在咨询室里扔东西。我说出了这些想法有多让人害怕，以及基兰对我有多生气，因为我帮他把这些说出来了。我也说出了他的恐惧，他害怕我会像他想象的医生一样，能够看见他的思维，能够读出他的想法。有时，基兰回避我说的话，拒绝思考。另一些时候，他似乎觉得松了一口气，能够从折磨他的想法中逃出来。

渐渐地，我们能够整合基兰的感觉，他觉得自己和病前完全不同了。他常常回忆起病前他曾是一个"正常的男孩"——骑自行车、和爸爸踢足球。现在什么都改变了。基兰对自己的缺陷感到羞耻，也害怕失败。基兰拒绝尝试哪怕是最简单的挑战。例如，他会命令我帮他把画剪出来，或者命令我把他的故事写下来。如果我对此有所质疑，他会用一种暴君式的样子吼叫说他不想犯错。当我鼓励他自己做而我会帮他时，他会立刻大哭或者误解我的话，并变得暴怒。错误和内在崩塌的感觉相关，验证了他对自己的看法——我是一个残疾、无望的人。

当对自己特殊性的全能幻想暂时弥补了他的经历导致的自恋受损时，这种对自己的无望感会激发一种强烈的丧失感、哀伤和绝望。基兰努力去理解这些感受，他会在游戏中演示葬礼的场面，这似乎反映了基兰努力去命名不同部分的自己的丧失。与此同时，他似乎很努力想要管理对自己可能死亡的焦虑。例如，在一次会谈中，基兰提到他是一个"非常虔诚的人"，以及他想象自己死后会去天堂，他极度恐惧会和家人失联。在另一次会谈中，他活现了一个英雄男孩的死亡，而该男孩的家人痛苦地哀悼他们的丧失，并且发誓会"永远记得他"。对于基兰来说，反复回到抑郁状态以命名他失去的，这对他来说是很有必要的。但是，他意识到自己的父母难以命名他们的丧失，他们失去了他们希望（基兰会成为）的男孩，这种觉察使他的痛苦挣扎雪上加霜。对于基兰来说，这是一个复杂且未解决的哀悼过程，它需要在不同的表征层面发生——他对自己的表征以及他知觉到的父母对他的表征。

几个月后，基兰接受了大约3年的治疗，基兰被确诊患有生长激素缺乏症，这是放射治疗的副作用，这使基兰需要每天通过注射的方式接受激素治疗。这个消息重新激活了恐惧的偏执的焦虑，基兰表达了他的想法，他相信注射的药有毒，这会让他无法成为爸爸那样的男人。他的游戏中重新出现了未解决的俄狄浦斯冲突，"邪恶"的科学家父亲管控了注射，这会让已经受损的天才男孩一直保持在小的、脆弱的孩子状态。当我问基兰父亲为什么想要这么做的时候，基兰回答说因为爸爸"害怕他的儿子比他更有力量"。当我说可能这个儿子很担心自己强烈的感觉时，基兰坚持说"不会发生坏的事情"，因为他"一直是个男孩"。这个幻想除了会激起焦虑，很明显还让基兰松了一口气，因为内部攻击的感受因他永远是个男孩而得到牵制。基兰之前也用同样的方式来逃离施虐寻求庇护，早期材料显示，基兰以一种被动的、女性化的认同来获得庇护。他现在通过幻想自己是一个无望的、残疾的男孩来躲避可能的危险的攻击。

无论如何，基兰希望成为一个有力量的、有能力的男人，这个愿望很强烈。情欲感觉开始在移情中显现，这种感觉也非常强烈。当基兰在一次会谈中带来了鲜花（一份送给我的情人节礼物）时，我们谈到了基兰的"长大的感觉"，以及移情中令人兴奋的"情人的感觉"。之后的会谈中，基兰表达了希望这些鲜花能在我的咨询室"一直存活"的愿望。但是他很沮丧地发现，花在接下来的一周就已经枯萎了——"它们死了"。基兰陷入了暴怒，在咨询室内扔东西。当我说出了他对我的愤怒和失望，因为我没有保护花朵让它们不死后，基兰哭了。他给花朵举办了一场严肃的葬礼，他把用枯萎的花瓣拼成的情人节字母埋在沙里。我说，他似乎感受到了他的"长大"和"情人的感觉"必须逝去。他点头承认。在随后的会谈中我们谈论了基兰的恐惧，他害怕如果他表达了这些感受，一些很糟糕的事情会发生。在一次会谈中，基兰告诉我"很糟糕的事情"已经发生了，当我问他这是什么意思时，他转过身去，默默流泪。之后他问我是否记得花朵变得"垂垂的"那天，然后他就说不下去了。我说我在想他是否觉得一些事情发生在他的某个特殊部位？他点点头。我说也许他觉得发生的事情永远摧毁了他的某个部位。他再次点点头，然后说他觉得自己不像其他男孩，他的阴茎的形状不对，它是"垂垂的、不硬"。基兰觉得这意味着他是"一半男孩，一半女孩"。他害怕他的同辈会这么想，因为他们说他是"同性恋"。在之后的一次会谈中，我们了解到，基兰确信放射治疗已经伤害了他的身体，而这是对他的"长大"和"情人的感觉"的惩罚，他之前对妈妈有"情人的感觉"，而现在这些感觉又在移情中出现。

基兰似乎对这种重构有反应，这是我们那几周反复工作的焦点，并且这进一步推进了记忆和情感的整合过程。基兰对激素治疗不再那么焦虑，也开始适应这个现实。之前基兰一直难以理解医务人员给出的关于激素缺损、需要接受的治疗的解释，现在他能够理解放射治疗影响了他的成长，而激素治疗能够帮助补救。基兰的护士报告说他现在能很好地应对治疗前期的准备。但是，虽然大家鼓励他自己进行注射，但是他拒绝这么做而选择让爸爸来帮他注射。他解释说他希望爸爸来帮他注射是因为他害怕自己注射会"割伤"自己。因为注射的部位是大腿或屁股，在基兰看来，这些部位离他的生殖器太近了。当基兰似乎找到了对自己攻击性的恐惧的暂时解决方案时，这个方案带有对于父亲的攻击性的焦虑和恐惧。但是，攻击（以攻击躯体的形式）变得性化了，因此和兴奋、恐惧的感觉联系起来，这开始变得越来越清楚。基兰的应对方式是把自己放到一个对作为攻击者的父亲被动、臣服的位置上，该策略是为了牵制基兰自己的攻击性。

例如，在一次会谈中，基兰用动物木偶来演示父亲和儿子之间的一个场景。他演示了父亲是如何照料儿子，帮他洗澡和穿衣服的。最终这些照料变得越来越具攻击性和性化。在某一时刻，基兰用我的订书机演示父亲非常暴力地戳儿子的屁股和阴茎。基兰解释说父亲必须这么做，"儿子才知道他是不是男孩"。我言语化了他的困惑，他不知道父亲是否是有意伤害他还是在帮他。基兰同意了我的解释，"因为爸爸不会性侵他们儿子的屁股，是吧？"当我把这个他对激素治疗感到困惑的材料与他对父亲管控注射的担忧联系起来时，基兰用木偶打我的胸部。我说出了他想要攻击我的特殊部位的愿望，就像他的特殊部位受到了攻击一样，通过讲述和打我的胸，他希望我知道这对他来说是什么样的感觉。这种从被动受害者向危险攻击者的转变是移情关系的特征，也反映了创伤性经历向创伤性行为的转化（Lanyado, 1999）。很明显这些行为会在基兰觉得特别无助和难以承受的时候出现。正如上述例子演示的，对攻击者的认同作为一种防御，用于抵抗因为创伤引发的焦虑，这是对于被动受害者的位置的必要替代。

几个月后，基兰11岁生日后不久，常规脑部扫描发现他的脑瘤开始重新生长，这导致了肿瘤附近的液体增多。基兰对这个消息感到很绝望，他的反应是在家里出现愤怒、攻击的行为，而在我这里显得很抑郁、退缩。在这次扫描后紧接的一次会谈中，他做了一个纸板潜水艇，讲述了几个月前在巴伦支海沉没的潜艇上，俄罗斯士兵"缓慢、痛苦地死去"，基兰说这场灾难最可怕的地方是这些士兵"知道自己会死，但是什么都做不了"。事实上基兰的预后良好，但是生活在可能会死，或可能要接受更多痛苦治疗的压力下是非常沉重的负担，这引发了无助感、丧失感和绝望感。与此同时，基兰发现生长激素引发了早期青春期的到来，这意味着他要适应这个变化带来的相关改变，还要处理脑瘤带来的焦虑。于是正常的发展焦虑再一次被赋予了意义，基兰正和他的恐惧搏斗，他恐惧治疗伤害了他的身体，同时他还要面对在那个年龄段里对于身体的探索。这种自恋的影响是巨大的。

通过治疗关系从情绪调节到整合创伤经历

如同基兰的案例材料呈现的，受创伤的孩子体验到巨大的心理痛苦和功能异常，这会严重影响他们的发展和未来的适应。最近的神经生理学研究已经指明了创伤、大脑功能和生理之间的关系，这些影响可能在最初的创伤事件或者创伤系列事件结束后很长的一段时间里仍然持续存在（Perry，1993；Perry *et al*., 1995）。即使没有外在的危险，受创伤的孩子也倾向于表现出一种警觉状态，以及对于可能存在的危险的过度警觉反应。他们往往容易受到偶然的创伤线索的伤害，因此导致高水平的焦虑，进而诱发原始的求生反应。在治疗的开始阶段，即使非常小的压力都会引发基兰非常强烈的反应，他会面临一种瓦解的恐怖感觉。这些早期创伤性体验结合一系列后续的创伤事件所带来的累积效应，让基兰无法习得必要的适应能力——使他可以有效应对的能力。

在基兰的案例中，不同的发展性和环境因素可能增加了创伤的影响。

关于创伤影响的研究表明，儿童对于创伤的反应会受创伤发生时所处的发展阶段的影响（Lanyado，1999）。对于基兰来说，最初疾病、手术和放射治疗的创伤发生在他3岁时，这让他特别容易受伤，当时他的认知、语言能力还是非常有限的。基兰缺乏成熟的认知能力，去区分因疾病导致的体内的痛苦和外界施加给他的痛苦，疾病和治疗都会被体验成无法逃避的恐怖，他只能被动、无助地承受（A. Freud，1952）。此外，疾病和治疗又和伴随他的情绪生活的发展而出现的愿望、恐惧和感受重合，这意味着他内部的幻想世界被戏剧化地带到了生活中，而当时基兰缺乏区分幻想和现实的认知成熟度。另外，他有限的语言能力（尤其是在疾病和治疗早期）加深了这些困难，让基兰难以表达自己的需要、感受和恐惧。这些因素结合在一起，加剧了这些经历的创伤性影响，因此基兰对这些由创伤事件导致的淹没性情绪几乎不可能进行自我调节。

　　这些创伤体验也影响了基兰对于父母的依恋，这在不同的方面得以体现，他们无法成为被依赖的、提供安全感的对象（Briere，1992）。例如，他的父母（尤其是妈妈）要把基兰带到医院，并且在治疗的时候把他按住。他因此把他们体验成是非保护性的、和医务人员共谋的人。这带来了一种恐怖的、被背叛的感觉，再加上危险的感觉，让基兰感到被他最信任的成人抛弃，被扔到恐怖的体验中，而基兰又无法保护自己。此外，他的父母无法以一种能帮基兰容纳焦虑的方式跟他讨论他的疾病或治疗（当然，这是可以理解的）。尤其是因为基兰妈妈自己的痛苦，她无法帮助基兰调节这些淹没他的情绪。结果导致基兰既要独自面对他自己的各种情绪，又缺乏父母的支持，还需要应对目睹妈妈的痛苦而带来的额外负担。这些经历和情感导致基兰的内部表征呈现出了他感到无法逃避的恐怖的一面。基兰的这种危险的感觉，与可怕的内部位置一起塑造了基兰对外部世界的预期，这些都对他和他人的互动有负面的影响。

　　对于受创伤儿童的治疗往往是长程、痛苦的过程，进展可能很缓慢。

帮助这些受创伤儿童过程的一部分就是帮助他们面对和修通恐怖的体验和感受，在这些压倒性的恐惧和它的原因之间建立联系，这其中存在一个问题，治疗要在多大程度上触及这个实际创伤，而又不让孩子暴露在反复回忆创伤性事件的再次创伤中，并且能在移情关系中重现这个过程（Lanyado, 1999）？正如 Lanyado 建议的，治疗师需要对创伤的回忆保持敏感，当它们在治疗中出现时要能识别出来，并且要经受住在治疗中主动寻找这些议题的诱惑，也不要在孩子准备好之前就触碰这些议题。虽然基兰回避直接谈论他的创伤经历，并且很容易被焦虑和恐惧所淹没，但无论如何，他来治疗就抱着想要理解这些感受和体验的愿望。

但是，当基兰的核心幻想在治疗过程中出现时，这给他提供了一个方法来象征化地表征这些体验，给予记忆、感受和想法一种有意义的叙事方式，这使得一些对于记忆、感受和想法的思考得以发生，他为这些体验赋予意义本身就是导致他焦虑的原因，并且加剧了创伤的影响。

很明显，虽然以事实为基础的对疾病和治疗的解释能够降低他的焦虑，但基兰非常抵触我或其他医务人员对疾病和治疗做出澄清，他更倾向于依赖自己（无论这些事引发了多大的焦虑），从情感上理解这些事。同时，随着焦虑的减少，他越来越能够吸收关于疾病和治疗的信息，随着认知、语言和情感能力的发展，他能够更多地使用基于现实的解释。他现在越来越能够区分他过去对于创伤的理解以及他现在的理解，这使得他能越来越好地应对这些医学程序。例如，基兰现在能够处理日常的激素注射了。有意思的是，在接受18个月的治疗后进行的神经生理学测量中，他出现了一系列明显的改变。整体来说，他的言语 IQ 提高了，他从"受损"进入了"正常"的范畴。具体来说，他的抽象言语推理得到改善，短时和言语记忆得到了显著改善。尽管加工信息还是很慢，但最近的追踪测量显示，他在言语和行为表现量表上出现了稳定的改善。他的教育素养是自尊的一个重要来源。整体来说，他的认知功能改善会导致焦虑的降低，并且减轻抑郁情绪。

　　某种程度上,基兰对于自己的疾病和治疗的幻想包裹了他的创伤记忆以及强烈的情感体验。这些幻想是一种尝试的方法,以帮助基兰组织他的体验以及调节情绪。但是这些创伤的记忆和情绪并没有完全整合,而当这些记忆和情绪被激发时,它们会被知觉成是极度可怕的。只要这些感受在基兰构建的游戏范畴以内,最初这些强烈的感受被认为是可控的。在这个范畴以外,这些情绪诱发了淹没性的焦虑和恐惧。为了促进从创伤中充分恢复,以推进发展和适应,治疗师需要帮助儿童把创伤性情绪整合进自体表征中(Schore,2000)。但这是一个缓慢、痛苦的过程。Schore(2000)强调了帮助儿童以一种"情感上可忍受的强度"来重新经历创伤及其意义的重要性,如此整合才可以发生。他强调了治疗师为孩子创造安全感的重要性,如此孩子才能去分享这些可怕的感受,修正它们并将其和经历联系起来。但是对于像基兰一样受创伤的孩子来说,他们某种程度上会持续把外界和他人知觉为危险的来源,要在治疗中建立安全感并不容易。虽然他很早就与我建立了良好的关系,但就像很多受创伤的孩子一样,基兰把我努力促进整合过程的尝试感觉成是侵入性的、创伤性的,就像他接受的医学治疗一样。他一方面把我感知成一个安全的好人,另一方面把我感知成一个残酷的施虐者,这两个部分的紧张关系成了移情的主题,它引发了一系列病理性的反应,包括需要攻击性地控制我,以及想要被动臣服于我这个攻击者的愿望。在移情中理解并修通这些过程是整合过程中的重要部分。

　　其他因素也在这个过程中起作用。例如,这个过程中的一个重要部分是帮助基兰区分思考不开心的事和这些事真实发生这两者的区别,换言之,就是帮助基兰区分幻想和现实。之前,简单地思考他曾经经历的事会激发发生这件事情同等程度的焦虑。缺乏必要的适应能力去调节自己的情绪,基兰就会被情绪所淹没。由于这个原因,游戏治疗师提供的策略或者心理治疗师提供的脱敏项目均无法用在基兰身上。

另外一个关键方面是在帮助基兰明确游戏或行为中隐含的情感时，我所发挥的作用。有意思的是，基兰很少直接说出他的情绪，即使在置换中，这些情绪还是太危险。例如，尽管基兰可以告诉我游戏中的蛇"脸红了"，但是基兰无法命名这种羞耻或尴尬的情绪。基兰也指出了海豚王子有一个"张得很大的嘴巴"和"紧闭的双眼"，但是他无法说出他感到害怕。而我就需要说出这些情绪是什么。其他时候，他会在行为中表现出他的情绪，例如生气时踢桌子而不是用语言告诉我他生气了。慢慢地，这些感受变得越来越可控，他也慢慢能够自己处理这些情绪了。

也许在整合过程中，最重要的是他愿意并且能够把我作为一个容纳性的他人（可以与他共享和诉说自己这些让人害怕的情感状态）来使用。对他来说，把我感知成一个能够耐受这些极端情绪的人，而这些极端情绪是他的父母因为自身痛苦无法忍耐的，这一点至关重要。

无论何时我都希望基兰能够完全内化这些主体间的体验，并且发展出必要的适应能力，以便更有效地应对未来的新体验。

致 谢

我衷心感谢 Viviane Green，她对这个案例进行了非常启迪思考的督导。我感谢 Jill Hodges 博士充满智慧的建议。此外，我想感谢 Deborah Christie 博士（临床心理顾问），感谢她对这对父母所做的父母工作。我也要衷心感谢 Gwyneth Down（家庭治疗顾问）和 Hilary Davis（家庭治疗师），感谢他们对于这个案例的建议。

（王觅　译）

参考文献

Briere, J. N. (1992). *Child Abuse Trauma: Theory and Treatment of the Lasting Effects.* London: Sage.

Freud, A. (1952). The role of bodily illness in the mental life of children. In *The writings of Anna Freud,* Vol. 4, 260-279. New York: International Universities Press (1968).

Lanyado, M. (1999). Traumatisation in children. In Lanyado, M. and Home, A. (eds), *The Flandbook of Child and Adolescent Psychotherapy,* 275-291. London: Routledge.

Perry, B. D. (1993). Medicine and psychotherapy: neuro-development and the neuro-psychology of trauma 11: Clinical work along the alarm-fear-terror continuum. *The Advisor, American Professional Society on the Abuse of Children 16 (4):* 15-18.

Perry, B. D., Pollard, R., Blakeley, T., Baker, W. and Vigilant, D. (1995). Childhood trauma, the neurobiology of adaptation and user-dependent development of the brain: how states become 'traits'. *Infant Mental Health Journal 16(4):* 271-91.

Schore, A. N. (2000). Relational trauma of the developing right brain and the origin of severe disorders of the self. Paper presented at the Anna Freud Centre, March 2000. Department of Psychiatry and Biobehavioural Sciences, University of California at Los Angeles School of Medicine.

第七章

反移情、性虐待以及作为一个新的发展性客体的治疗师*

因吉·拉尔夫（Inji Ralph）

在本章中，我描述了我与一名受性虐待的潜伏期女孩的治疗关系的发展，这名女孩接受了每周4次、持续两年的心理治疗，这期间她经历了两个不同的寄养家庭。一开始这个孩子与她的治疗师之间是引诱性的关系，后来她使用治疗师作为一个新的发展性客体，来建立最基本的安全感。随着这一转变的发生，孩子思考以及容忍情绪状态的能力也开始发展。治疗师对强烈的反移情感受的使用，被视为治疗中主要的治疗工具。

弗洛拉

在弗洛拉8岁的时候，她的恋童癖父亲被捕，她才得到了帮助。医疗检验证明弗洛拉遭受长期的肛门和阴道虐待，但她本人并没有讲述任何父母的虐待。她立刻被带到一个年轻但很有经验的（短期）收养人玛丽身

---

* 本文首次发表在《儿童心理治疗杂志》（*Journal of Child Psychotherapy*）2001年第27卷第3期上，名为"反移情，活现和性虐待"。经许可收录在本书中。

边。玛丽是一名单身女性，独自一人居住。弗洛拉的父亲被判刑入狱，她的母亲虽然没有被起诉，但也不能再接近弗洛拉。弗洛拉接受了精神病学评估，评估建议对她进行全面的照料，即一个永久的寄养家庭，使她能在学校获得特别的教育支持，以及高频的心理治疗。每个月弗洛拉可以在监督下保持与亲属的联系。当弗洛拉开始一周4次的心理治疗时，她的母亲申请与弗洛拉联系，并获得定期在监督下的探访机会。然而，弗洛拉的母亲是否以及如何得知施加于女儿的虐待罪行，以及她是否参与其中，目前尚不清楚。

个人史和功能

即便还未被社会服务机构发现，弗洛拉从很小的年纪开始就引起了很多专业人士的担忧。她是一个很难安抚的婴儿，在很早的时候就产生了喂养问题。她晚上很难平静下来，拒绝离开母亲自己入睡。当她3岁时在当地幼儿园登记入园，弗洛拉拒绝让母亲离开。她在3—5岁时有如厕问题，总是因为尿路感染频繁地看医生。5岁左右的时候她开始拒绝去上学，同时出现了进食问题。在父亲被捕的一年前，弗洛拉在学校的行为变得极度混乱和令人担忧。学校指出弗洛拉的父母拒绝合作，而且对医生非常警觉。

当弗洛拉8岁时，她与玛丽住到了一起，她只能吃半片面包，想要别人拿勺子喂她。然而，不久后她就变成一个更平静，更快乐的孩子，能够在学校集中注意力。她人生中第一次获得了学业进步，并学会了如何玩耍。她也试着交朋友。她和成人的关系也变得更适当了。她的睡眠模式变得更加规律和固定。她睡在自己的床上，不再像那个拒绝和母亲分开睡的孩子。因此，当被给予一个安全的保护性环境时，弗洛拉能够感觉到被容纳，并开始发展。然而，在焦虑的时刻，她经常在公众面前手淫，行为有的时候很具性诱惑性。这总是让她的照料者玛丽震惊和生气，并在想要保护她和不想再照顾她这两种感受中挣扎。在她的治疗中，要让弗洛拉在一种非虐待性的关系中重新信任成年人，显然还需要一些时间。

弗洛拉在9岁时开始接受心理治疗，玛丽也每周定期和个案管理者布朗医生会面。这么做的额外好处在于，被指派的社工可以直接和布朗医生交流，而不是和治疗师沟通；这种形式实际上保护了弗洛拉、治疗师以及治疗本身。社工和弗洛拉的妈妈也会定期地联系。当孩子的需要和成人的需要变得迷惑不清的时候，社工会得到布朗医生的支持。同时也会定期与社会服务机构进行会谈，这对于评估弗洛拉的进展和澄清她的外部现实都是至关重要的。对治疗师而言，找一个稳定的场所来谈论治疗以及虐待对治疗和联合工作的影响都是必要的。

幸存的受虐儿童

Bion 在1990年写道"每个咨询室都有两个被吓坏的人：患者和分析师"（p.5）。在我的咨询室中确实有两个被吓坏的人，但我不能预期这会持续多久，以及我还要体验多少被投射的恐惧感——我不得不在弗洛拉能够体验这些感受之前"容纳"它们。在治疗的头6个月里，弗洛拉仍然对我以及诊所的任何成年人保持警觉。她持续地检查我是否是一个安全的成年人，以及诊所是否是一个安全的地方。她需要测验边界，证明我是否也是一个施虐者，这是前几个月的主题。

第一次会谈是接下来几周的会谈的典型代表。

当我们爬楼梯去顶楼的咨询室时，弗洛拉坚持让我走在前面。然后她问是不是"其他孩子"已经在那儿了。我很困惑，想知道她是否认为我也在见其他孩子。她不知道。在反移情的感受里，我觉得不舒服，我突然记起虐待就发生在她家的阁楼里，我在重复这一场景。我感觉内疚、糟糕和具有虐待性。在进入咨询室的时候，弗洛拉很紧张，犹豫不决。我猜，当她发现屋子是空的时会放松，但是又意识到她会将她现在身处的这种"特别的"位置体验为更加危险的。弗洛拉穿着她的衣服，不肯坐下，在几乎整个第一次会谈中都站在离门很近的地方。当她看我的时候，她显得疑心很重。

她一进房间，就抓起了地上的软球，扔了几秒。然后她又看了看我之前放在桌子上的玩具箱，她似乎对橡皮泥很感兴趣，于是用棕色橡皮泥做了一个"面具"。她把桌子上的一块椭圆形橡皮泥压平，用手指捏出了眼睛、鼻子和嘴。接下来她又用白色胶水、纸巾和白纸条遮住它。面具被弄得一团糟，她手上黏着的白色胶水似乎让她很困扰，她很快地说她不想再玩这个面具了。在反移情中，这种混乱让我觉得有点恶心，我感到说不出话来。胶水以及和它的接触是关于精液的记忆吗？

她问床是用来做什么的，她认为它是当自己觉得不舒服或者累的时候使用的。然后，她爬上去，问我是否想看她做侧手翻和倒立。她跳上床，趴平，屁股朝向我扭动着，发出呻吟声。她的呼吸很重，看起来被高度唤起。在反移情中，我觉得震惊、生气、麻木、麻痹、无法思考。我保持沉默，她跑出房间去找她的寄养人。

弗洛拉将她不被允许表达甚至感受的震惊和暴怒推给了我（Alvarez 1992）。

在接下来的几周里，她持续表现出性欲化和诱惑性的行为，要么是重现她的过往经历，要么是故意地撩起裙子，把她的屁股给我看。我对此的解释是她很难期待我不会像其他人那样伤害她，她的反应是跑出房间。对她来说，挑逗虐待者似乎比焦虑地等待它发生要更安全。这变成了一个常见模式：像一个前语言期的孩子，她没有词汇表达她的感受或理解它们。在第一次会谈中，她已经向我展现了她与她曾信赖的人的关系。

不久，弗洛拉展现了其他测试边界的方法。她说的脏话越来越多，而我是这些可怕的言语虐待的接受者。当我告诉她，她在向我展现被发号施令和被咒骂的感觉时，她会大声说话盖过我的声音。在其他时候，她会命令我做一些事，如果我没有回应她的要求，她就威胁说要"扇你的屁股扇你的屁眼"。当我天真地说在这里我们不做这种事，因为我们不触碰"隐私"部位，我意识到她已经长久地失去了隐私感，对她来说我的干预毫无意义。

实际上，在最初的几个月里，我开始意识到我需要改变我的很多词汇来找到我和她的共同语言。我说的所有事情感觉都是虐待性的，甚至连解释、谈论保密条款也意味着我们将要保守"秘密"：过去这些年弗洛拉很可能被要求保持沉默且保守秘密。房门紧闭地进行工作也是可怕的，弗洛拉总是让门开着，总是坚持在走廊里玩耍。其他医生有的时候会路过。尽管她对大楼里的其他成人感到焦虑，但当她能通过尖叫咒骂向他们展现我有多么恐怖时，还是能让她得到安慰。

当接待员问我，我到底做了什么使得这个孩子总是在诊所大楼里乱跑时，我内心中被看成或被当成一名施虐者的焦虑越积越多。已经出现了针对诊所的移情：我是施虐者，而我的同事是拯救者。弗洛拉需要检验谁在这栋楼里，当她从我们的屋子跑出去时，她把别人的东西扔到地上，在大部分房间里留下了自己的痕迹。她不仅在检验我会如何反应，也在检验整个诊所会如何回应她的出现。治疗师和管理者们慢慢地开始害怕她的到来。

弗洛拉是控制者，而这在开始的几个月里是最重要的部分。她需要用控制来作为感受安全的方式，这表现在她希望在每一次会谈中以完全一致的顺序玩同样的游戏——似乎这能使她安心，能让我在每一次会谈中对她表现一致。我们经常玩不同的球类游戏，而她总是扮演老板、老师或者发号施令的人。另外，她玩球时也会和我保持一个安全的距离。在反移情中，我感到无聊、烦躁，越来越无法思考。

她需要控制，控制之下的焦虑也表现在她的强迫性思维和行为中，例如她会重复同样的步骤或动作。观看这些很痛苦，这让我感到耗竭。我开始害怕每一次会谈，这可能是我自己对于不得不在弗洛拉恐怖的体验和投射中存活下来的防御。作为她的治疗师，我似乎陷入了她的两难困境——"思考"，还是"不思考"她的经历——好像我的头脑镜映了她的想法。通常，在这样的时刻中，我希望我能熟视无睹，而非不得不面对弗洛拉的痛苦。Hopkins 清晰地描述了这个过程，她写道：

> 帮助一个孩子从创伤中恢复，可能不仅需要治疗师分享痛苦，还要经受沉痛的怀疑——以如此显现的方式面对痛苦是否有必要，出于自我保护的需要视而不见是否会更好。
>
> （Hopkins, 1986: 63）

然而，她补充道：

> 意识到纠结于这种怀疑是创伤性儿童治疗工作的特征，有助于更好地忍受这种工作。

尽管如此，我们还是以这样或那样的方式继续我们的工作。弗洛拉定期接受咨询，她的寄养照料者玛丽欢迎、并接受布朗医生的支持。我们希望设置一个安全的环境，弗洛拉能在其中开始探索她的感受和过往经验。在开始的几个月里，她让我准备好面对每次在她高度焦虑的时候会出现的情况——通常是在当她接触她妈妈或亲属,或者在她的日程有一点点改变的时候。随着时间的流逝,但愿她能够用言语表达她自己,而非持续通过活动外化她的感受——象征化而非行动。然而,距弗洛拉将我体验成一个可信赖的、安全的、保护性的客体,一个能够为她言语化她的体验的客体,还有很长的路要走。

基本信任和亲密的开始

弗洛拉仍是满屋子、满大楼跑,不允许我们中的任何一个人去思考。这种对思考的攻击让我无法回忆她的会谈——她的游戏是重复性的,而且变化很快,我不得不找到自己的空间来思考,以便在她的投射中继续存活下来,来"涵容"(Bion, 1962)她的感受并提供一种"抱持"的环境(Winnicott, 1960)。温尼科特(1949)写道:"分析师必须准备好承受这种压力,不能期待患者知道他所做的事情,也许这会持续很长的时间。"然而,在同事的帮助下,弗洛拉开始对边界做出回应。每当她进入另一个医生的房间时,她会马上被告知她应该回到自己的房间,她打断了别人的工作,这是他人的隐私。我也开始变得能够越来越舒适地设定边界,以及说"不"。她身处更多的安全感中,成人开始获得控制权,能保护她——这提供了一个安全的基地,基于此,她的焦虑可以被探索。

接近第一次休假时,弗洛拉被拒绝的感觉和关于家庭接触的焦虑开始浮现。她的反应是回到诱惑性的行为,变得具有攻击性,她告诉我,她有个男朋友,所以她不需要我了。她不仅在对抗她对我的依恋,她还在对抗依恋的含义——变得依恋意味着接受依赖和亲密。这是难以容忍的。她否认是因为被留下而生气,而是急切地问:"休假后我会再次看到你,对吗?"

弗洛拉试图通过玩藏猫猫的游戏解决第一次分离。当我能找到她的时候她很开心,但她怕我找不到她的恐惧也很强:她"藏"起来的时候,其实就直接站在我面前。在休假前最后几次会谈中，我经常被锁在房间外。让我留在房间外可以理解为针对她的攻击性感受的防御——如果我们都待在房间里，她就会对我发号施令、对我生气。对我来说更安全的是待在外面，一种对客体关心的迹象。

这让弗洛拉开始体验亲密感，以及检验在身体上接近我是否是安全的。当我们在玩耍的过程中靠近彼此的时候，比如画画，如果我不小心碰到她的胳膊，她就会跑出房间——好像是被亲密威胁到了。触碰带回了可怕的记忆，弗洛拉再一次无法觉得被涵容。就像她在第一次会谈中接触白色胶水，弗洛拉会被那些有似乎不能用语言表达的体验的记忆所压倒。

随着亲密感的议题在她的治疗中越来越重要，弗洛拉似乎开始关心什么是真实的、什么不是。如果我不能给她简单的是或否的答案时，她会变得非常易激惹。也许弗洛拉开始记起一些虐待，不能确定什么是真实的、什么不是。如果我们谈论一些可能发生的事，她看起来非常恐惧——也许她害怕，如果她告诉我虐待的事情，它就会真的再次发生。

处理这些焦虑的方法之一，就是引入一个想象中的双胞胎妹妹克莱尔，将克莱尔作为一种安全的方式来处理弗洛拉觉得处理起来太危险的部分。克莱尔长得丑，只有一个男朋友，而弗洛拉是漂亮的，有好几个男朋友。双胞胎妹妹的想象似乎在不同的层面运作。首先，在空间的具体的层面上，这个双胞胎妹妹有时好像是真实的。例如，我不能坐在某把椅子上，因为弗洛拉会宣称"快点起来，克莱尔坐在那儿呢"。这个双胞胎妹妹代表一个想象中的同伴，我们一般期待这种形象是更年幼的孩子。第二，克莱尔开始呈现她的内在家庭——她正在以一种在她心中占据重要位置的双胞胎的形式，构建一个小的家庭单元。第三，这个双胞胎具身化了弗洛拉的负面自恋——她很丑，只有"一个"男朋友喜欢她。第四，克莱尔和过度兴奋型的父亲联系在一起，那个部分的她秘密地享受这种虐待。下面的节选表现出了克莱尔是虐待性的家庭成员。

弗洛拉想玩"上床时间"。她关上灯,假装在床上被克莱尔搔痒。她歇斯底里地笑,动来动去和克莱尔抗争。她喊道:"停下来,克莱尔,停下来!"然后她坐在地上说:"克莱尔,别碰我。"然后她生气地将上半身转到一边,试着远离克莱尔。接着弗洛拉又跳上床,将她的腿靠向墙,变得非常兴奋,然后又变得十分安静。她看向她的两腿之间,等了一会,好像等着什么东西出现,然后又紧张地略咯笑。她起身,很快速地说:"让我们玩球吧。"我告诉弗洛拉我感到所有这些游戏让她感觉很兴奋,以及感觉自己的身体可能会失控是多么让人恐惧。她看向别处,然后决定假装她是只狗,结果我不得不一直面对她的屁股,当我说:"你真的认为我想看你屁股?"她停下来安静地说:"不,我不这么认为。"她又回去玩球,但看起来更加平静。

通过克莱尔,她想告诉我关于虐待、性游戏和随之的兴奋和羞辱。另外,在那时,我被安排为一个在移情中观看的、无力的母亲角色,而她是我的女儿。在这些时刻,弗洛拉看起来不能加工她的体验,她被淹没了。她的情感调节能力受到了妨碍,对于情感和体验的连续表达的能力也受到了妨碍。

然而,这是我记忆中治疗里的一个重要时刻,因为,这是我第一次发觉弗洛拉是有吸引力的。在那之前,我觉得她不吸引人;她现在成了一个娇小的,看起来脆弱的,有着玫瑰色脸颊、长长的卷曲的黑发、善良的淡褐色眼睛的漂亮姑娘。看到弗洛拉不同的方面意味着我从她的投射中存活下来了。除此之外,她的性化的行为又出现了,但是充满着不同的性质。在随后一次会谈中,她害怕因她所做的性化的事会被人讨厌,她到达时带着一个"新宝宝"。"塔玛拉,"她向宝宝介绍,"这是因吉·布朗,来吧,下楼吧"。有意思的是,布朗实际上是她的个案管理者的姓。在她的头脑中，她把我和布朗医生的名字合并在一起了，我们因失误而变得有联系。布朗医生变成了我的"妈妈"，弗洛拉开始探索良性的母女关系领域。很多关于婴儿和婴儿早期的材料开始出现。

塔玛拉是弗洛拉想象中的女儿，她在这几次会谈中尤为重要。弗洛拉反复地告诉我她的女儿生病了，在流鼻血。她把她扔到地板上，拿她的头撞墙，然后这个婴儿哮喘发作了，之后又吐了。当我观察到，她在向我展现在照顾婴儿的时候，父母的角色有多么危险时，她同时也把她交到我手里。我在移情中解释，传递我的理解，即弗洛拉的行为是一种尝试，为了看我会怎么回应，以及我是否会是一个安全的母亲。反之，弗洛拉想假装她是一个在非虐待的关系中被我照料的婴儿。弗洛拉不仅在检验我是否有能力照顾她的安全，她似乎也试着活在她过去没有体验过的时刻中，满足过去没有被满足的需要，但现在是和一个新的客体在一起。正是这种和新客体的关系，使得她在治疗后期呈现出她自己的母性能力。

伴随着第二次休假的临近，弗洛拉又一次不得不处理和她的家庭以及母亲联系的事。这种对联系的预期让她出现了退行。在会谈中，她变得黏人，又害怕我因此而拒绝她。她再一次把我设定边界的尝试体验为具有虐待性的，思考开始被攻击。她开始攻击我，而我是所有抛弃她的成人的代表，她攻击的方式不再是跑出房间，而是踢我打我，想毁掉亲密感以及对亲密的希望。在这些愤怒、黏人的时刻中，我觉得完全无能为力，没法为她把事情做好。在她的治疗中，玛丽也表达了她对照料弗洛拉的绝望，和希望弗洛拉被送走的愿望。

思考以及容忍情感状态的能力

弗洛拉已经接受了一年的治疗，接受玛丽的照料已经有21个月了。玛丽持续地觉得被社会服务系统"虐待"，因为他们一直没有听到她的要求——将弗洛拉从她的"短期照顾"中送走。她也直接跟弗洛拉讲，她希望弗洛拉被送走。所以弗洛拉的处境一直有一种不确定性。出于对分离和离开故所的恐惧，她触摸房间里的每一样东西：家具、墙和我——像一个年幼的孩子，需要去触摸基地，以让她确信一切都是真的，确信她还是保有"连接"的。她退行到更早的关系模式，用行为替代想法。大约在同样的时间，她的母亲被赋予了每月在监督下探视的权利。她现在不得不处理因与母亲更多地联系而带来的焦虑，以及越来越强烈的要失去玛丽的感觉。

  她引入了一个新的游戏，在游戏中我们不得不一直咯咯笑。当我问这是否是一种确保我们不流泪的方式，她安静地坐在我的面前，解释说玛丽告诉她，她的一条鞋带没有系对。她焦虑地系上又解开她的鞋带，但是拒绝我的帮助，她只能自己处理。弗洛拉满含泪水，这个时候我安慰她说"玛丽会理解的"，结果她扇了我一巴掌。我震惊了，我告诉弗洛拉，她正在向我展示当把事情搞砸了，并且受到羞辱时是多么痛苦。她哭喊道："我为什么不能像别的孩子一样，为什么？……不公平，其他孩子都和他们的妈妈爸爸在一起，但我没有，这不公平。"当我补充到，同样不公平的是她不能跟玛丽待着，而我也无法让一切变得更好时，她继续哭喊，但是随后拥抱我说："对不起，我打了你。"

弗洛拉开始能够更多地谈论她的原生家庭。承认现实的情景，使得她可以修通哀伤、愤怒和绝望的感觉。这使得她可以展现在失去玛丽和遭受虐待两个事件中，关于自己的角色和责任的观点。在反移情的感受中，我觉得很哀伤，弗洛拉看起来很耗竭。

  然而，不久弗洛拉在治疗中和治疗外都开始展现出进步。伴随着她生活中的这些改变，我成为一个提供某种稳定性的持续的客体。她开始能够控制她的攻击性，她告诉我："我今天不会骂你，也不会打你，因为你照顾了我的笔。"这支笔是指前一天她落下的笔。她开始展现出幽默的能力，而且她开始接受对我生气并不意味着我们不能待在同一间屋子里。弗洛拉开始更多地思考，而非不加倾听、不加思索地横冲直撞。她也为她的成就感到自豪，点评道"我之前可不能这么做呢"，然后寻求我的赞同。她开始变得更迷人，而非充满性诱惑性，她希望变得更正常。弗洛拉开始发展出一个被人喜爱的孩子的表现，更多地对她的外表和身体进行积极投资。在这些时刻，我感到对她充满了母性。她似乎已经在内部构建了一个由母亲女儿二联体组成的家庭结构。通过将治疗师体验为一个新的可信赖的客体，以及移情中的工作，这得以实现。玛丽提供的外部家庭结构的贡献也不应该被低估。

伴随着这些发展，弗洛拉对想象中的双胞胎妹妹的需要开始削减。某次会谈时，她告诉我，克莱尔不再和我们在一起了。"她不是我真的妹妹"。她也解释说，她的女儿塔玛拉已经长大了，长到了和她一般的年纪。她不再需要克莱尔了，她现在创造了她自己的家庭，她自己成了一个母亲。

弗洛拉继续试图理解过去在她身上到底发生了什么。在一次会谈中，她用一个洋娃娃告诉我，这个洋娃娃被收养了，因为她的父母"做了一些他们本不应该做的事情"。当我试图发掘更多的时候，她发出嘘声试图让我安静。她的洋娃娃也等了7年才再次和她的父母团聚，因为在那时"和她妈妈在一起并不安全"。很重要的一点是我没有打断她的游戏，在游戏中她的记忆突然涌涌而出，而我的回应可能会"擦除"这些记忆。相反，我倾听，并在她的故事背后暗含的痛苦和哀伤中存活下来。在那次会谈的结束时，她告诉我，她"需要回到治疗中来见你，这样她就能讲讲她过去的感受"。

伴随着谈论她经历的能力逐渐增强，弗洛拉第一次向玛丽透露她的父亲曾性侵她。随着这个揭露，她的焦虑增强，而玛丽无法涵容。她愤怒绝望地打电话来说弗洛拉已经无法管教了。然而，弗洛拉虽焦虑又犹豫，仍继续带来关于她父亲的直接的材料。在我的反移情中，目睹她的游戏会感到难以承受的痛苦，我觉得很难过。当我解释说她试图告诉我被很糟糕地对待时的感受，她喊道"我爸爸对我做过"，她很焦虑，告诉我说她不想谈论它，因为"它会让我生气"。

关于她父亲的记忆和她受伤的身体是相关的。我们重复地在游戏中展现她伤害自己，感觉到恶心和哮喘发作等。当我把她的受伤和她的父亲联系在一起时，她向我喊道我什么也不知道。当我说我并不知道每件事，她尖叫："我跟你说过他碰过我吗？不，我不想说这些。"在接下来几分钟里，她很焦虑，在房间里快速地走动，用腿夹着她的手，不知道该打我还是该抱我。然而当她在会谈结束时还是抱了我，并告诉我"对不起，我吼你了"，我还是感到了解脱。

在休假前的最后几周里，弗洛拉看起来很疲惫、不被关照，而且又变丑了。主要因为在反移情中我觉得非常哀伤，我都有些怕她的咨询。当我因病取消了一周的会谈时，弗洛拉安静地跟我说："你不应该许下你做不到的承诺，因为那样小姑娘们内心就会很难过，也很担心。"当我道歉并指出她对我的愤怒时，她说："我不愤怒，我是担忧。"也许她害怕是她导致我生病的，但也许她正在向我展现，她已经发展出一种关心客体的能力。在休假前的最后一周里，她问我在休假的时候我会做什么，希望"你会想着我吧？"除却她被抛弃和被拒绝的感觉，她还是能够觉得她自己是可爱的和"可被惦念的"。

获得客体，失去客体

弗洛拉在和玛丽相处两年且接受治疗15个月后，在暑期长假期间被移交到新的收养者雷德先生和夫人那儿。尽管她知道她要离开玛丽，但结束还是很突然，是和母亲突然分离的再现。雷德先生和夫人还收养了另一个孩子，一个叫桑德拉的女婴。开始时，弗洛拉的治疗再次变得混乱了。她开始退行，性化的材料和强迫性行为再次出现了。和雷德先生和夫人共同生活激活了和一对危险的、施虐和嫌弃她的夫妇一起生活的记忆，这在移情中也有所表现。

另外，当她试图弄清楚为什么她不再跟玛丽一起住的时候，弗洛拉被她自己的攻击性所淹没，她害怕她会杀死自己，或者其他人会来杀死她或绑架她。在她的会谈中，我不得不重复地给她的胳膊或腿绑上绷带，来作为唯一可以照顾她的方式。然而，她很快更好地安顿下来了，这主要源自雷德先生和夫人设定了清晰有效的边界。弗洛拉更多地融入这个家庭，（在雷德夫人的帮助下）参与到每天的家务劳动中。她也跟桑德拉建立了很强的依恋。她非常关注和照顾她，经常在来参加会谈的时候还带着自己的洋娃娃。她会花时间，用非常适当的方式给她的"孩子"换尿布，喂养和照顾她。通常，在这些会谈时段，弗洛拉也寻求对她自己的照顾，假装自己是我不得不保护和照顾的婴儿。通过我这个新的客体，她似乎在试着理解自己是否是可被养育的。有一次，我指出她把她的婴儿照顾得多么好，她告诉我："我照顾她，而你照顾我。"在休假或周末前，弗洛拉坚持要从这个房间里给她的婴儿带点什么。她拿了一些沙子和橡皮泥，并称之为"治疗出品食物"。她对连续性的需要非常重要。

弗洛拉变得以一种和她年龄相称的方式，对她自己、她的身体和她的外表都愈加感兴趣。通过洋娃娃，她可以开始思考自己的身体。给娃娃洗澡时，她把一个托盘装满水，把手腕放到水里，向我展示如何检查水温。她解释说，雷德夫人就是这样为桑德拉做的，她开始能认同一个女性角色。然后她非常自然地说她也想要洗个澡。她脱掉所有的衣服，在托盘里坐了几秒钟。像一个学步儿一样，她看起来没有隐私感地在展现非性（欲）化的身体。在那些时刻，我感到我能承受看到她的身体，这一点对弗洛拉非常重要,因为她自己也会因此接受它。不一会儿她就穿上了衣服,骄傲地向我展示她在早晨如何收拾自己——先把内裤穿上,然后是裤袜,然后是裙子……我感到她以一种非性化的方式向我展示她的能力。

然而,她担心身体被伤害的焦虑不久后又出现了。她现在快11岁了,雷德夫人坦诚地跟弗洛拉讲性的发展阶段;而弗洛拉变得困惑、好奇和焦虑,这是可以理解的。她好像也在解决发展过程中不同阶段的虐待。她在一次会谈中宣布:"我来月经了。"然后又焦虑地补充道:"如果我没有月经,我就不会有孩子?"当我指出她对于她和别的女孩不一样的焦虑,她的泪水汹涌而出,跑到了卫生间。当我讲到她关于长大和身体变化的焦虑时,弗洛拉小声地说:"那又怎样?"弗洛拉以沉默回应了我的解释——想到她的身体失去控制,对她来说显然是不安全的。当我指出她关于不知道她会长成一个什么样的大姑娘的焦虑和她内部破碎的恐惧时,她打开门,问我:"因吉,你能抱着我吗?"我向她指出,通过希望被抱着的愿望,她在告诉我即使她的身体在变化和长大,她还是可以成为一个婴儿,这缓解了焦虑,弗洛拉略略地笑了。

弗洛拉跟她的收养人逐步安定下来,他们很喜欢她,愿意长期收养她;自她和玛丽在一起以来这是一个很大的转变。弗洛拉逐步向他们透露虐待——她清晰地感受到和他们在一起是安全的,而他们也感觉能够保护她。然而令人悲伤的是,在她跟雷德先生和夫人一起住6个月后,因为不可控的原因,我不得不离开诊所。虽然弗洛拉的治疗不得不提前结束,但并不仓促,结案花了几周的时间。

一个艰难的结束

告诉弗洛拉我要离开了，这对她和我来说都很艰难。正如我需要在治疗中首先识别出我对于虐待的感受然后再去工作一样，在弗洛拉开始感到能够安全地表达她自己的感觉之前，我首先要识别出我自己关于离别的感受。然而，在告诉她我要离开之前，弗洛拉已经感觉到有事情要发生了。也许是看出我的内疚和哀伤，她经常在会谈中问我："你为什么这么看着我？"她也非常努力地让我参与到她的游戏中。我决定告诉她我要离开的那天，她到来时看起来很哀伤。会谈一开始的沉默对她来说很不常见，对我来说也难以承受。

我告诉弗洛拉我在诊所的工作就要结束了，她的反应是轻蔑的："哦！没治疗啦，终于不用再看你的饭桶脸了。"这个投射是很痛苦的，她被拒绝的感觉很明显。不久她又开始表达她的暴怒。当我把她的重复性的游戏解释为一种阻止我们思考的方式时，她"爆炸了"。她勃然大怒，尖声喊叫。在移情中，我是她的虐待性的父亲，她终于可以表达她的暴怒。她把手放在两腿之间，不断重复道："你是混蛋，你伤害了我，你已经拥有了我，都是你的错，我恨你，你这个混蛋。"然后她继续哭泣尖叫。她咳嗽着尖声道："你让我恶心，我的喉咙好疼。"在反移情中，我觉得糟糕和无助，为了回应这些强有力的感受，我试着抓住她的手，她用尽全力扇我，而我哭着停了下来。我对她的触摸，带回了虐待的记忆，这与治疗早期任何亲密的时刻等同于性虐待是一致的。然而我的泪水似乎让她平静了一点——也许她能感到我能感觉到她的痛苦，她不是独自一人？当到了结束的时间，她让我下楼等着她,直到她准备好,她给了我们双方都需要的空间。

在接下来的几次会谈中,弗洛拉尽力控制她的感受。强迫性行为和重复的无聊的游戏再次出现。我解释说,她很难相信,即便我离开了但我还是关心她的;这个解释带来了一个新的游戏。每次会谈开始的时候她都开玩笑地和我互相拍打。当我解释说,这个游戏是一种针对我离开她的复仇时,她咯咯地笑。解释她对于我的两难感受,使得她能够问我问题——我还会继续当治疗师吗?我也把其他孩子丢下了吗?我到底为什么要走?她可以给我打电话吗?

当最后几周到来的时候,弗洛拉的焦虑增强。她不时会退行,想把她的"婴儿的自我"带到会谈中。在最后几周的会谈中,她还缺席了几次治疗,要么是因为她病了,要么是因为她想参加学校活动,她之前从来没有这样过。然而更常见的是,她的社工忘记安排交通工具了,或者她的护送者没有被告知要带她来。好像整个网络都在反应。管理者和其他医生都因弗洛拉不能继续来治疗而难过。很明显,弗洛拉现在是一个受人喜爱的孩子。诊所的人从害怕她出现,到深切地想念她,这一改变也是令人印象深刻的。

治疗的收获

弗洛拉用最后几周向我传递了她认为的治疗的收获、希望感以及持续的担忧。会谈一开始她就跳上床,握住我的手。她似乎希望不论何时都可以触碰我的身体部位,像小孩一样。我们重复地玩这个游戏:我不得不假装扭了脚,而弗洛拉是老师,要来照顾我。她非常体贴,她现在可以是一个体贴的人,一个保护性的母亲。然后,转换角色,她会让我抱着她,她会像小孩一样嗅我的脖子,寻求安慰,会在我的臂弯里睡着。

弗洛拉用各种方式确保我会想着她。比如，她说喜欢学校里的一个男孩，希望能跟他一起上床睡觉。当我说她想向我展示的是我应该一直关心她、照顾她、保护她，她笑了。她也让我假装我喜欢她（她假装是个男孩），靠近她，表现得"性感"。我觉得这是她最后一次检验我是否会虐待她。当我解释说，她希望我是具有虐待性的，这样她就不用想我了。她提醒我说，不论怎样她都不会想我的。

最后，弗洛拉很乐于把她和我做比较。我们把最后一周的大部分时间花在比较她和我的外表上：我们胳膊、手指、头发的长度。在这几次会谈中，她在床上蹦，急切地想碰到天花板。有时我觉得她要摔倒了，蹦起来的时候，她咯咯地笑。她笑着说："我喜欢看你大惊小怪的样子。"她告诉我，不久她就会比我高，"等我19岁或25岁的时候"。当她到那个年纪的时候我们可以再比比个子。当我想知道，到时她是否可能想见我时，她告诉我"我到时可能就有一个宝宝了"，然后她们可以一起来。

在最后一次会谈中，她在想抱我和想打我之间挣扎。她想问我，她是否可以把娃娃带回家，然后又担心她的收养人会认为她又"沉迷于娃娃了"，她安慰自己说："但是我需要有东西帮我记得治疗。也许我跟她讲，她会理解的。"她还想要娃娃的衣服、奶瓶和食物等。她想要的东西那么多，感觉再多也不够。在会谈结束前，她在我的面颊上吻了一下，然后快速地离开了。

讨论

在《回忆，重复与修通》（*Remembering, Repeating and Working Through*，1914）中弗洛伊德指出：

> 患者并不记得他忘了的，或是压抑了的事情，而是见诸行

动。他通过行为而非记忆重复它。当然，他重复的时候并不知道他在重复。总之，患者在治疗中会以这种重复开始。

（Freud，1914：150，*斜体字部分为原文所标*）

当和被性虐待的儿童一起工作的时候，可以预期这种虐待会在咨询室里重复。这需要被允许进入到移情关系中，在这种关系里，治疗师需要被感知为一个可能的虐待性的成年人（Sinason，1991）。孩子的这种期待会使得他行动化他所经历过的，这不仅是一种向治疗师呈现他可怕的经历的方式，也是一种投射到治疗师身上的、他自己所不能表达的震惊和愤怒。

Lanyado（1999）指出，很多作者强调直到治疗师在治疗关系的语境中"以一种减弱的形式"（Bergman & Jucovy，1982）体验到患者的创伤，真诚地被患者的经历所震惊时，患者才能开始处理他们自己的创伤性行为问题。因此，如果治疗师没有情绪上的参与，或迟或早治疗会不期然地走向非成功的终结（Boesky，1990）。通过这样的过程，孩子被给予机会去体验治疗师被他所投射的东西所影响，治疗师是如何挣扎着去忍受的，而且，如果治疗有效的话，治疗师如何充分地维持分析性的位置，而没有粗暴地见诸行动。正是通过这样的过程，孩子能够逐步再次内化之前难以忍受的自己的部分。他也能内化他从治疗师那儿观察到的忍耐它们的能力（Carpy，1989）。

但是，在治疗关系中以及孩子周边的照料网络中，这种投射和活现的影响是什么呢？Kolvin 和 Trowell（1996）将儿童性虐待描述为"虐待者在精神上强奸了儿童的思维，一种疯狂强制进入儿童的思维中，因此儿童不再能理解他的体验、想法和感受"。他们补充道："在和孩子工作的过程中，同样的进程也会发生。"困惑、保护欲、暴怒、施虐、无助和无法思考等反移情感受被唤起，经常使得那些参与其中的人们希望能够视而不见。McDougall（1978）描述了早在前语言期受到创伤的特定患者的想法、幻想和感受，最先能在反移情中被觉察到。她补充道："在这些个案中，可以推断出早期心理创伤后遗症的存在，这需要在分析情境中特别地处理。"这种"屏幕-交谈（screen-discourse）"蕴含了从未被言语阐述的信息，只能首先在反移情感受被激发时捕捉到。

至于个人的反移情，首先，这可能是理解孩子讯息、经历和感受的唯一的可能性工具。然而，通常这些感受是如此强烈，以至于不能允许它们到达个人的意识水平。因此，孩子周边的网络，包括治疗师，很有可能会见诸行动或再次活现虐待。Hughes（1999）强调治疗师需要持续关注孩子的内部世界和他当下的外部现实。她补充到，和福利系统中的孩子工作，要求儿童治疗师具有特定的能力，既能考虑到儿童个体的心理动力，也考虑到复杂的福利网络的动力。在这种工作中，我们自己的能力和局限，随同我们自己的（解决的或未解决的）关于性、性变态和虐待的议题而受到挑战。当治疗师和这些被性虐待，并在福利系统中迁移的孩子工作的时候，我们熟悉 Dyke（1897）描述的三种角色"拯救者、虐待者以及处于震惊中的人（或受害者）"。三种角色在网络中间传递着，正如 Davies（1996）所讲："处理这类个案的专业人士不是自由的行动者，而是在自己的内在戏剧的重新活现中，被分配了角色的潜在演员。"当和这类孩子工作时，有一个可以思考被活现的过程和机制的空间，这是至关重要的。

在两年里每周4次的心理治疗的进程中，弗洛拉已经开始能够使用治疗来理解发生在她身上的事情，培育一种关于她的自我的表征。通过治疗，她呈现出不同的依恋关系，以及在每种关系里，她调节情感状态的方式，和其中她对自我的表征。在以兴奋为特征的关系里，弗洛拉似乎更为挣扎地去理解她自己的经历。在这样的时刻中，她感觉到被淹没，看起来失去了情绪调节的能力。另外，她看起来不能有关于自己和自己体验的连贯一致的呈现。身体和性的虐待已经切断了她心智化的能力，使得她不能区分幻想和现实。

随着时间的流逝，通过和一个稳定的（新的）发展性客体的移情关系，弗洛拉有了一种被喜欢的孩子的体验，这给了她一种有价值的被爱的感觉。起初，我为弗洛拉的投射提供了一个空间：我不得不在其中活下来，在她能开始自己认领它们之前，为她涵容和接受它们。作为她的治疗师，很重要的一点是我和她的情感状态保持一致，为她体验那些她还未加工的情感。不时地，我自己也挣扎着涵容她，以及在她强烈的情绪和体验里坚持下来。有一个空间来分享我的反移情是至关重要的。伴随着这些涵容，弗洛拉开始能体验到治疗师是一个善意的客体，这个客体既可能喜爱她也可以拒绝她。她开始慢慢地认领她的记忆，以及为了理解它们而不时地激活它们。

然而，即便伴随着这些变化，弗洛拉在她发展的每一个阶段仍然持续地需要支持——青春期、交第一个男朋友、第一段非虐待性的关系等——在每一个阶段，虐待需要被重新解决。Horne（1999）强调如果虐待是在家庭内部发生的，使用依恋和客体关系的能力尤为被严重损毁和扭曲。然而，也许短暂的分析经历将帮助她在未来的这些年里有所依凭。

（李明珠　译）

参考文献

Alvarez, A. (1992). Child sexual abuse: the need to remember and the need to forget. In *Live Company.* London/New York: Tavistock/Routledge.

Bergman, M. S. and Jucovy, M. E. (1982). *Generations of the Holocaust,* New York: Basic Books.

Bion, W. (1962). A theory of thinking. *International Journal of Psychoanalysis, 43:* 306-310.

Bion, W. (1990). *The Brazilian Lectures.* London: Karnac.

Boesky, D. (1990). The psychoanalytic process and its components. *Psychoanalysis Quarterly 59:* 550-584.

Carpy, D. (1989) Tolerating the countertransference: a mutative process. *International Journal* of *Psychoanalysis 70:* 287-294.

Davies, R. (1996). The interdisciplinary network and the internal world of the offender. In Cordess, C. and Cox, M. (eds), *Forensic Psychotherapy: Crime, Psychodynamics and the Offender Patient, Vot II: Mainly Practice.* London: Jessica Kingsley.

Dyke, S. (1987). Saying 'no' to psychotherapy: consultation and assessment in a case of sexual abuse. *Journal of Child Psychotherapy 13:* 65-80.

Freud, S. (1914). Remembering, repeating and working through. (*Further Recommendations on the Techniques of Psychoanalysis,* II)'. *SE, XII.*

Hopkins, J. (1986). Solving the mystery of monsters: steps towards the recovery from trauma. *Journal of Child Psychotherapy 12,* 61-71.

Horne, A. (1999). Sexual abuse and sexual abusing in childhood and adolescence. In Lanyado, M. and Home, A. (eds), *The Handbook of Child and Adolescent Psychotherapy.* London: Routledge.

Hughes, C. (1999). Deprivation and children in care: the contribution of child and adolescent psychotherapy. In Lanyado, M. and Horne, A. (eds), *The Handbook of Child and Adolescent Psychotherapy.* London: Routledge.

Kol vin, I. and Trowell, J. (1996). Child Sexual Abuse. In Rosen, I. (ed.), *Sexual Deviation,* 3rd edn. Oxford: Oxford University Press.

Lanyado, M. (1999). Traumatisation in children. In Lanyado, M. and Horne, A. (eds). *The Handbook of Child and Adolescent Psychotherapy.* London: Routledge.

McDougall, J. (1978). Primitive communication and the use of countertransference: reflections on early psychic trauma and its transference effects. *Contemporary Psychoanalysis 14:* 173-209.

Sinason, V. (1991). Interpretations that feel horrible to make and a theoretical unicorn. *Journal of Child Psychotherapy 17:* 11-24.

Winnicott, D. W. (1949). Hate in the counter-transference. *International Journal of Psychoanalysis 30:* 69-74.

Winnicott, D. W. (1960). *The Maturational Process and the Facilitating Environment.* London: Hogarth.

第八章

里奥：一例选择性缄默男孩的分析性治疗*

薇薇安·格林（Viviane Green）

尽管在治疗的大部分时间里，里奥是沉默的；但在我面前，或者直接跟我交流的时候，他又是积极主动、玩兴十足的，而且尽其所能地用非言语的方式展现他健谈的一面。我们的关系也充满着张力，从一开始的嘲弄和洋洋得意，有时还带有挑战性的破坏，到最后，他终于能够平静地和我待在一起，并且能用游戏的方式，或者用语言说出他自己的愿望和想法。

治疗选择性缄默患者的挑战在于，我被置身于非言语的移情关系中，反移情回应也不得不以非言语的质朴的方式进行。这是一种用模糊不清的非言语的方式建立起来的治疗关系。我必须信任这治疗关系所蕴含的发展心智的能力，并把治疗关系当作治疗前进的路径，以及解释这些进步如何发生的依据。我发现，我不得不用那种回应性的、被称为早年母婴关系的互动方式来和里奥相处。

细数里奥的分析过程，我想要呈现的是和他一起在咨询室里的经历，

---

* 本文改编自一篇会议论文（2000年4月13日佛罗里达的儿童精神分析年会），原文发表在《儿童分析》(*Child Analysis*) 2001年6月第12卷上。经许可改编并收录在本书中。

这不会是一个事无巨细的回顾，而将聚焦在两年间的一些特别时刻，我会描述一些早期治疗阶段中的典型片段、他开始说话的那几个关键的小节和片段以及相关的总结。

最后，我将尝试突出分析师作为一个"新的发展性客体"的角色的各个方面；正是治疗关系支持下的这些方面，使他能发展自己被冻结了的能力。

第一次来见我的时候，里奥还不到5岁，他可以跟同伴说话，但是不和老师或其他大人说话。他在家里也说话，但在其他社交场合不和大人说话。

里奥是在计划中出生的孩子。他有两个姐姐，一个大他3岁，另一个大他7岁。T女士是南美人，曾有一段痛苦的未解决的哀伤经历，而这到现在对她来说还是一种压倒性的体验。回溯这些细节的时候，她开始变得痛苦，而且表达不是那么连贯。这样的情绪状态使她无法很好地和儿子待在一起。和儿子说话的时候，T女士用的是自己的母语，而T先生不会说西班牙语，他和儿子说英语。在这个家里，父母之间存在着相当大的冲突（这在之后得到了证实），对于里奥来说，"说话"成为一种现成的媒介，表现出了在这种冲突情境下，他所面临的认同困境。因为不管说哪一种语言，英语或是西班牙语，都意味着拒绝父母其中的一个。在里奥开口说话之前，在分析里我曾问过他怎么看待自己，他的回答表明他想要巧妙地避免冲突。

里奥被形容为一个非常害羞、不安全的男孩，而且"个人意愿非常强"，妈妈觉得他很难管，脾气很坏，把她的衣服到处乱扔，还会摔门、扔椅子等。他还会对爸妈拳打脚踢，同时也有睡眠困难，在每天早上总想爬到爸妈的床上去睡觉。而且他还有很多恐惧的东西，怕狼和电梯，同时还有神经抽动，一焦虑就会眨眼。

关于里奥早年生活史的细节，T女士记得并不清楚。他出生的那一段时间，T女士刚好处于一段心事重重的困难时期，那会儿，她在和她自己的原生家庭的争斗中倍受煎熬。里奥的语言发展一开始是正常的,但是他生了两场病,第一场病刚好在语言发展的关键期。他得了"胶耳",并且耳朵反复感染,导致间歇性的失聪。他不得不接受了两次手术,第一次手术的时候他18个月大,在3岁的时候他又接受了第二次手术。在手术前,医生说里奥可能会失去50%的听力,但是最后他的听力并没有受到影响。在短暂的住院期间他的妈妈一直陪伴着他。

T女士说,里奥在2岁6个月上全日制托儿所的时候没有明显的分离困难,从9个月到3岁半,里奥与互惠生关系很亲密。在转介的时候,虽然那名互惠生已经不住在家里了,但他依然和里奥保持着联系。从那时开始,里奥的家庭就接收了很多互惠生。

里奥是一个调皮的孩子,讨人喜欢也挺逗,但他也很气人,不合作,爱指挥别人,同时他的焦虑也很明显。我建议他接受分析是因为他陷入了与母亲有敌意、矛盾纠结的关系中,现在他的内部世界似乎带有侵略性的敌意。我也建议他的父母接受治疗。

事实上,这个家庭几个月后才正式进入治疗,里奥则在第一次被转介的一年后才开始和我工作。我和里奥的父母定期工作,用来帮助里奥进入治疗。有趣的是,随着里奥的好转,他不再是千夫所指的"患者",家里的氛围也开始转变。T女士和先生都变得越来越开放,愿意面对自己的内心世界和他们关系中的困难。

在里奥快6岁的时候,他开始一周接受4次治疗,直到接近8岁。在治疗的最后几个月里,会谈的频率有所减少。

建立安全感来处理分离/个体化和全能丧失带来的暴怒

治疗的第一阶段,里奥在和我的关系中很敌对、易激惹和控制。在这个拖拖拉拉的过程中,关系两端的我们都感到挫败、没有权利感,甚至仇恨对方，即便如此，还是有一些东西让我们的关系继续下去。对于里奥来说，是他的希望。他希望，即便对我很挑剔，即便他一直在咨询室外画画而不跟我说话，我也是那个可以交流的人，直到他有能力可以表达自己作为一个有着全能的破坏性的孩子的感受，直到他从这种通过激惹别人获得胜利的模式里，发展出真正的对治疗的投入。他一开始把我比拟成他的妈妈，那个带有敌意，有些疯狂，并被这些情绪所侵袭淹没的母亲，而这个妈妈是需要被遏制的。里奥在早期的一次会谈中，很清晰地表达了这一点，他若有所思地看着我，然后做了一个表示发疯的动作，当我表示我理解他的这个动作是"我很疯狂"的时候，他指向他的妈妈。

从我的角度来说，我很好奇，着迷于每一次变着花样尝试激怒我的他有着怎样的内心历程。比如当他嘲弄地看着我，比如有一次他故意用整卷厕纸堵了我的马桶。即便如此，在早期的治疗中，也总有某些短暂的时刻，他允许自己用非言语游戏的方式和我交流。第一次发生在治疗进行几周后的某一天，他在一块橡皮上画了一个图案，做了一个印章，弄出了一系列抽象的画。我立刻说道："里奥，这些真漂亮。"然后他拆了走廊里一幅画的画框，把自己的画装了进去。这些小插曲，使我得以清晰直接地看见里奥在早期与他人的关系中，是如何寻求安全感的，直到他再一次被侵入性的过度亲近所淹没。

在治疗开始的几周里，里奥清晰地表现出他对安全距离，以及和我身体保持可控制的距离的需要。我默默思考着，也许这种移情不仅象征着他想要保护自己不受妈妈的身体距离上的侵入性的伤害，也象征着他和自己处理不了的、带来淹没性感受的想法保持距离，从而保护自己。有几次他在画画或者用家具和其他东西搭积木的时候，他转而背向我。如果我评价说，你自己一个人很专心地做事情，也很愉悦，旁若无人*，他就会转过

---

* keep me out，字面上直译，是把我放在外面的意思。——译者注

身来，用他的肢体语言让我离开咨询室。我很愿意配合，尽管偶尔我还是会敲门，看看他是不是可以让我再进去。当他同意我和他一起待在房间里的时候，我会看到他用盒子、椅子和一些装饰物搭建很多"雕塑"和"建筑"，用来安放玩具娃娃和动物，我暗地里为之讶异。我们没有对无意识幻想的内容进行沟通，但是，他表现出了创造性，传递出他自己想好好使用咨询室的愿望。

暑期我们的工作中断了两个半月，9月回来的时候，里奥表达了他的愤怒，和分离带来的被抛弃的感受。他像暴风雨一样"刮"进了咨询室，并且在自己周围筑起防御工事。椅子撞门的声音不绝于耳，毋庸置疑，他是故意的。15分钟以后，我面临这样一个两难境地：是敲门进去呢，还是待着不动，让他把我关在外面？里奥想把我关在外面。他这是在保护我们两人不受伤害，避免去谈论被抛弃的感觉和他对我的狂怒。当我站在门前冥思苦想的时候，他开门露了几次头，把椅子搬开来，这样就又可以重重地关门，发出"砰"的一声。这种挑衅确实让我恼火。我敲门，他轻轻地开了门，站得离我很近。我跟他说，你把我关在门外，你想这样对待我。我又告诉他，我猜，他觉得我之前对他很不好。他非常专注地看着我（他是不是在想，这个人不是该暴跳如雷吗），我又说，不管他对我怎么使坏，我都不会报复他的。接着，里奥用尽各种方式，试图进一步挑衅我。我想，他是想要试探我，看看我会不会进去控制住他。然而，我没这么做。他威胁要砸烂东西。但其实他并没有真的这么做。有意思的是，当他可以在我面前这么乱来的时候，信任在我们之间慢慢建立起来。我从来不觉得，他会彻底破坏咨询室，并且，他也知道我让他一个人待在里面的时候，我是信任他的。

挑衅还在继续，我开始对我们的治疗有些担心。有一次，他按住门铃不松，并且要一直这么干，当我进去要捉他的时候，他跑到落地窗附近躲起来，站在窗沿那里抠上面的油漆。我不得不非常小心地慢慢接近他。当我走近的时候，他后退了一步，继续抠油漆，咧嘴笑着，带着挑战和嘲弄的表情。我当时非常、非常生气。我说，我知道他想要激怒我，而且虽然他在笑，可是其实心里并不觉得好笑。我又接着说，和我在一起，他做所有一切的事情都是为了让我对他生气，这种感觉一定很糟糕。里奥终于自己走了回来，然后开始翻箱倒柜地把盒子里的东西倒出来。这一次我制止了他。我坚定地对他说，我希望他可以用别的方式告诉我，他觉得我有多讨厌。他拿出一张纸，用剩下的时间画了一张画。画画的时候，他用他的动作表情充分表达了他的感受。他画了一个像巫婆一样的女人，露出大大的牙齿吐着舌头，鼻子下还挂着鼻涕。我说，这个可怕、邋遢的女人是我，然后他开始发出放屁的声音并咂嘴，好像在尽可能地向我展示这个女人有多恶心。我补充到，他这样觉得我并不感到惊讶，毕竟我在这个漫长的暑假中都把他抛下了。像是要表达他的强烈的情绪，里奥画了一幅旗帜，并展示给坐在旁边候诊室的母亲看。

在接下来的治疗中，里奥经常在我们互动的时候做出吹泡泡的动作或搞出些噪音，有一天，他发出了高昂的尖叫声。叫声相当震耳欲聋，以至于他自己都得把自己的耳朵捂上。我喊道："我的天呐，你的声音真大。"他再次尖叫，不过这次尖叫声中带着些高兴。我补充道："好了，我们都知道了你声音如此尖锐，但你在说话的时候声音是怎么了？"里奥指向垃圾桶。"谁把它们扔掉了？"我问道，他指向了他妈妈坐的方向。我问他，是不是因为那个声音说了很多愤怒的话，他点点头。接着他又发出了很多其他声音，大部分都让人厌烦，然后做出吃自己鼻屎的动作。我问："你是想让我讨厌你吗？"他踊跃地点头然后大笑。然后我说："也许你试图让我讨厌你，然后我就会对你大喊大叫，这样我也变得可恶了。"他再次用力地点点头。我们一起经历了一个循环——他试图用一些未满足预期的举动，将我拉入愤怒激动的互动中，而毫无疑问最终这会升级成一个他熟悉的、爆炸性的情绪高峰。在这个时候，他在离开前把百叶窗打开了，并要求我站在那里。在他经过花园去车上的路上，他一直挥舞着手臂。这后来成了我们常规的分离仪式。

里奥有段时间仍把我关在门外面，不过和之前有些不同，这点很有趣。他不再致力于把我们双方纳入激烈的争吵中了，而是调整了我们俩的距离，做了些弥补性的举动。再一次，我发现自己站在一扇封闭的门前。但这一次，比起焦急地想要敲门，我能安心地等在那儿。过了很长一段时间后，里奥来到门前，递给我一个用透明胶带包裹过的袖珍计算器。我表示了感谢。在后续的治疗中，我能定期收到他给我的这类礼物。在第三次收到这样的礼物后，我表示，虽然我们是分开的，但我能感受到他在屋子里面的时候仍然想着我。第四次时，他把门微微隙开，给人一种可以进去的感觉，虽然需要注意保持距离。他全神贯注地投入在画画之中。画上是一座房子，我问他谁住在里面。他很快地画了一个头发飞扬的小人，小人的胯部有一个东西，小人脸上有着大大的笑容。原来，这是一个拿着一把扫帚的女巫。我说她看起来很友善，但介于她仍然是一个女巫，她还是有点可怕。里奥点头。"她对孩子做了什么不好的事吗？"他重重点头然后在纸背面写下了自己的名字。我说也许她有点像我，友善但仍然可怕。由于一时之间被这种移情给淹没了，他跑到沙发后面藏了起来，但是不久之后，他发出了像早期婴孩发声一般的声音（咿呀学语）。我惊讶地抬起头，笑了起来，也发出了一些声音回应他。他回复了几个饱嗝声。接下来，我们扩大了发音范围，我鼓起两颊发出声音，里奥确切地明白我要做的是什么，并且也开始试着用手指敲出声音。我问他会吹口哨不，他表示他会。接着他把嘴咧得非常大，我学着他的样子，同时说"我是薇薇安"。然后他跟着说了他自己的名字。这周的最后一次会谈里，他又给我画了一幅画，这幅画惊人地细致入微，像外套上的翻领这样的细节也被他画了出来。他冲着我笑，我说，今天这位女士看起来很友善，我接着说，就像有时我们之间也很友好一样。

说话的欲望：在自我和他人之间建立连接

在14个月的治疗后，里奥开始说话了。回想起来，我意识到，在里奥愿意主动放弃自己的这些症状之前，需要经历数个发展的过程。在早期的治疗中，他对我的全能控制，是一种掌管害怕的方式，对我的害怕，以及对自己的暴怒的害怕，尤其是在面对分离的时候。对于里奥来说，放弃一部分的全能感意味着我们双方都要面临暴怒的风险。他要反复验证，我到底是不是那个像女巫一样的疯女人，或者我会不会一直保持冷静。最重要的是，他需要自己亲身去经历，作为一个整合的个体和我建立联系的过程，而不是仅仅以一个破碎的、趾高气扬的、愤怒的孩子的身份。在和他建立连接的过程中，当他需要和我交流的时候，我常常需要面临一个两难境地：我是应该不停地猜，直到我猜对他的意思，还是我该放弃猜测，言语化他希望我理解他的愿望没有达成时的挫败，以及当我没有猜对时，我们双方的挫败感？最终，就像温尼科特所说的足够好的妈妈一样，我们允许挫败的可能性，以产生更有创造力的手势动作，我必须反复地让他体验到并言语化我们双方的挫败感。

他先前对母体（我或者我的咨询室）的暗中好奇和攻击，在后面的一系列会谈中，发生了明显的转变，他开始允许自己好奇，并且开始画我的咨询室和其中的东西。这看起来是一个向更具有象征性的探索和表征移动的预兆。

后来在一次会谈中他开始发出急迫的声音和手势。再一次，我理解到对于他来说，他不跟我说话而我也不理解他的想法，是多么可怕的一件事。他的声音变得更加夸张，还包含一些吱吱的叫声。我看着他说："里奥，这声音听起来像鸟在说话，我听不懂。"然后他尝试发出一些更为低沉的声音，我把其定义为一种体型更大的动物的语言。在这样的时刻，我体会到真实的挫败感，我又说，我还是不理解他，而他也对我的理解没有帮助。

下一次他是由爸爸带来的。开始的时候，他在咨询室周围闲晃，指着自己的脑袋表示他在思考，我言语化为他在思考一些事情。他提起电话开始拨号，我坐得离他很近，他开始用唇语说一些词，我跟着他说唇语，尝试辨别他在说什么，但是我几乎马上就放弃这么做了，而是言语化了我的无助以及他想跟别人交流的急迫的感受。他让我理解他尝试着给一些人打电话。"是打给你的姐姐吗？"他摇头。"打给英国人或西班牙人？"里奥画了英国国旗，嘴里在嘟囔"奶奶"这个词。然后，他在房间里到处搜寻，好像他正在寻找另一种沟通方式。最后，他发现了一个录音机，我教他如何用。他让我留在房间里，他出去找他爸爸。在里奥的唆使下，他们用录音机录下了如下句子："我的奶奶"（里奥说）"住在"（父亲说）"利兹"（里奥说）。他回来的时候，把录音机递给了我，我在听的时候，他极力掩饰自己的尴尬。我对他说，现在我终于明白了你一直想让我知道的事情。下一次会谈也是爸爸陪着他一起来的，他带来了一张纸做的嘴巴，上面还画着眼睛，并写着一个电话号码。里奥把电话拿给我，很明显他想打电话。他坐在我身边等了一会儿，我拨了号码把电话递给他。对方要我们留下姓名和号码，里奥觉得只有爸爸在身边他才能做到。在剩余的时间里，里奥在我和他爸爸之间跑来跑去。最后他拿出了一张纸，表示要我写下我的电话号码。我说也许他想在我的电话答录机上留言。那天晚上，电话响了。我想可能是里奥打来的，我就让它继续响着。第一条语音留言里是咯咯的笑声。第二条（听见他爸爸在一边小声提醒他）说："你好，我是里奥。周末愉快。周一见。"他爸妈说，这完全是他自己的主意。在这几次会谈之后，他会通过语音信箱留言说"再见"或"你好"。但是，离他可以主动开口说话，还过了很长时间。我们从他爸妈那里得知，他已经可以开始和陌生人说话了。

在休假之前的接下来几次会谈中，里奥坐在椅子上，我问他在想什么。他开始跟我说，他可以说英语、西班牙语和一点点葡萄牙语，因为他最喜欢的保姆说葡萄牙语。然后他又说到了妈妈的名字和她能说的所有的语言。他继续跟我讲他们家的假期旅行计划，我意识到，这是我们之间的第一次正常对话，这是一个新的里程碑，考虑到这一新进展的脆弱性，我当时什么也没做，只是听他说。在世界杯期间，他跟我聊了很多关于比赛的事情，他饶有兴趣地描述了他的妈妈在自己国家队比赛时表现出的兴奋，他还告诉我，他爸爸希望英格兰队获胜。在一次会谈中，他满怀希望地问我，可不可以看电视转播比赛。在这些对话的过程中，我问他，你其实有这么多想说的话，为什么之前从来不说呢？他说，如果你在学校不说话的话，你就不会被批评。借此我理解到，隐藏在这个之下的，是他自愿保持沉默所能带来的全能感。他说他和一个老师的女儿说话，但就是不和老师说，这样可以引发老师的嫉妒，就像小孩把自己的排泄物视作珍宝，除非他觉得对方足够可靠和安全，才会放心地展示给他们。他是用引发嫉妒来保护自己的珍宝（话语）。

游戏和语言中呈现的幻想和内在世界

里奥开口说话之后，T夫妇俩想要终止治疗，但是最终他们同意我们用一个阶段的工作来结束，在这最后的阶段里，里奥非常丰富地呈现了他的想法和恐惧，还有他对自己以及客体的"奇怪"的感觉。在最后这一阶段的治疗中，里奥开始在移情关系中用语言表达，他说我是一个颠三倒四的女人。事实上，他建议我去看医生，他说我的整个家庭都是性别混乱的，我家的男孩穿得像个女孩，我自己也打扮得像个男的，讲到这些的时候，他能列举出很多我们着装的细节。他告诉我他很高兴自己是一个男孩，这样他的孩子都会跟着他姓，他妹妹的孩子就不会。听他这么说的时候，我想他在多大程度上想要像她妹妹一样当个女孩，但是我感觉，整体上看来，他的双性恋倾向，与其说是和性别认同混乱有关，不如说和全能感实现的愿望更相关。比如，他想要成为或者拥有全部。

在这最后阶段的治疗里，他的心智发展得很快。他的材料显示，他全心全意地试图展现阴茎的力量，以及对被贬低的恐惧。通过玩具娃娃，在置换中他展现出他对于谁是最好最强的那一个的关注。当我借由玩具娃娃说出，"感受到低人一等是多么可怕"的时候，他回应道："是的，但是他很自豪。"此时，直接与他谈论这些是有可能的，并可以将其与他希望隐藏自己脆弱感受的个人愿望联系起来。

在一次会谈中，他通过投射表达了想要赖在爸妈床上的愿望，以及成长的冲突。同样的主题在他之后的游戏中也再次出现。通过玩具娃娃，他展现了多种组合的家庭系统排列，他强调了父母-儿子的三元关系，争吵的父母双方，保护性兄长和姐妹的关系，还有父子关系。就好像他在整理各种二元关系和俄狄浦斯期的排列组合。

暑假期间，里奥学了游泳，他既兴奋又有些紧张。休假回来后，他在治疗中开始搭积木，他搭了一座桥和几栋能提供庇护的房子。"这就是他们避雨的地方"，他主动说。接着一个过桥的小人跌落水中，他做了一个割喉的手势，意思是说他死了。这时候他指着蓝色的地毯说，这是水面。我说一个人跌到水里一定很恐怖。他回答说，这个小孩的爸爸妈妈在沙滩上。我说，"是的，这个男孩知道他们在那里，但是他还是觉得在水里很孤单"，这时候里奥补充道："是的，尤其是他知道爸爸妈妈不喜欢他，想赶走他。"

有意思的是，在这期间，里奥的爸爸妈妈告诉我，有时候他会自己谈起缄默的事情。有一次，从咨询室回家的路上，在车里，他告诉爸爸，他不想说话的一个原因是因为害怕。他回忆起在幼儿园的时候（那时候他还很小），他有多讨厌被单独留在那儿。有一个老师对着他大声喊叫，从那时候起，他就不想说话了。我发现里奥开始慢慢去理解自己了。

在和我说话的时候，尽管一些愤怒和恐惧仍然存在，但里奥慢慢放下了对我和对他自己的控制。尝试全能地控制住危险的客体，这一点不再通过他的症状显现出来。现在，作为一个奇怪、受伤的小男孩，他可以不再需要保护自己的脆弱、受伤的感觉。有一个生动的片段可以说明他是如何在潜意识幻想中处理自己的全能感的。在一次会谈中，里奥一边躺在地上，一边说着要成为一个大男孩。我问他，想成为什么样的大男孩。他想象以后自己也成为一个父亲，有自己的家庭。然后他开始列举各种可能："我可以当超人、医生、牙医、专家、战士、奥林匹克运动员……"每一个角色，都被加上了"最好的"或者"最厉害的"。虽然这可能是另一个防御，但也是另一个不同的关键部分。当治疗时间到了的时候，里奥说"真遗憾"，除了防御的部分，还有他可以识别、表达自己愿望的愉悦。我同意他说的"这很遗憾"，并且说，在尝试这么多好玩的想法之后，去做一个不是超人的普通小男孩，这更有趣。

在最后一次会谈中，里奥用塑料抽屉搭了一个又大又长的船，在船上他放了几个小人。突然船着火了，他激动地描述那里的恐慌和混乱。我一边描述这种危险的状况，一边问，船上的人们会怎么样？"快，快，跳船！"他把小人们放到了海里。在这个时候，我在想，是不是我们工作的结束给了他这种漂泊不定的感觉。在玩了一会儿这种漂泊的游戏之后，他说，即便那些救援还没有来也没关系，因为他们自己会游泳。

里奥离开的时候，他坐在车里跟我挥手告别。车已经开出去很远了，隔着后车窗玻璃，我还看见他在挥手。

心灵变化和发展过程

对里奥来说，发展出一个新的客体意味着，他能够不再受到之前的内部客体和伴随着这个内部客体的淹没性的愤怒和敌意的威胁，以及最为重要的——恐慌的阴影。他传递出来的是，不仅仅这个客体是奇怪的，他自己也很奇怪。肛欲期的孩子有很强烈的愿望，其中一个就是防御令人觉得羞耻的自我表征。而这在里奥的早期童年经历里，也以现实冲突的方式存在着。间歇性的听力受损，对于孩子来说是一个丧失，因为在躯体上开始分离的时候，听觉是另一个通道，来让他知道妈妈是不是和自己在同一个频道上。这也许是为什么各种噪音（包括闹钟的声音）对他有极大的吸引力或影响的背后的原因。间歇性听力受损也恰逢语言发展的关键期。心理成长需要建立在自我效能感上，但不止于此。当他寻求帮助的时候可以开口和爸爸说话，这并不是偶然。这是一种内在转向，表示他在心理上可以向第三方寻求帮助。

由治疗关系产生的突变经验一直是精神分析关注的重点。Anne Huny 在《精神分析与发展性的治疗》（*Psychoanalysis and Developmental Therapy*，1998）这本书里，从理论和实践两方面阐明了，面对发展中的儿童，心理治疗师也"同时是移情（对象）和发展中的新的客体"。治疗师一方面关注于呈现冲突并做分析；另一方面，作为一个新的发展性客体，通过治疗关系，提供给儿童一种被理解的感受，这会潜移默化地影响他们。以此为基础，儿童的他我（altered self）和客体表征才得以形成。这种体验是心灵缓慢展开的过程。里奥变得能够安全地体验自己的生活，象征着内心安全感的建立。他找到了自己内心里对自己和他人的安全感，并从此可以安全地对彼此的心灵进行探索。

在《婴幼儿心理杂志》（*Infant Mental Journal*）的特刊中，刊登了《影响心理治疗改变的干预措施：基于婴儿研究的模式》（*Interventions that effect change in psychotherapy: a model based on infant research*，1998），文章作者假设，早期婴幼儿／儿童照料者的关系，和其特定的主体间过程是相关的。用发展的视角去理解是重要基石。那些基于无意识领域的图式，定义着我们"如何"与他人进行人际间行为，而非定义"什么是"人际间行为。就像在 Solms 和 Turnbull 撰写的那一章里提到的，这种无意识的图式是隐晦的，非清晰的，非反思性的。这种关联早已被放在意识之外，但在治疗关系中得以激活。感受到被别人理解这种体验本身，提供了重新找到自己的成熟的机会，这其中也有愿望实现的力量感。Tronick（1998）提出，婴儿是在需要被满足，和没有被满足、疏离以及不匹配之间来回摆动的。如果那种非适宜性的感受，那种需要没有办法被满足的感受被重复体验到，在婴儿内心就会慢慢形成一个内在母亲视角，这会是以后自我的组织结构中的一个部分。然而，修复性的时刻，使得努力达成的行为得以发生，并形成循环。正如 Steel 指出的那样，"依恋关系、实际体验和心理表征"是互相影响的。这种不断尝试去达至愿望的努力本身，和愿望达至以后带来的满足感对儿童发展的影响，是同样重要的。一个有复原力的儿童，有能力去修复关系，通过肢体去表达自己的需要，并且愿意尝试表达。回过头来看里奥把我关在外面的这一段，他好像是用一个重复循环的方式，把我和他都置身于极端、熟悉的狂怒的状态中。他的强迫性重复，就是他在展现他的早期关系模式。体验到我没有被他唆使，没有用他期望的方式回应，事情开始发生了变化。我不觉得这是因为内疚，而是他内在有满足自己愿望的驱力，去寻求一个不一样的连接方式，在这种连接下，他的需求可以被满足。从分析层面上来看，这也和分离引发的客体相关的情感有关，但我想说，改变的关键，并不仅仅是分析本身，而是伴随着分析，儿童能以与以往不同的方式，体验到自己被理解，和有能力理解自己，并能表达出这些体验。

　　Stern（1998）提出了一个强调不稳定或不平衡时期的治疗变化模型。可以利用那些不稳定或不平衡的时刻带来治疗性的变化。明显地违反共享意义时期是共同制定、相互认可和批准的，随后，一种新的主体间状态就会在一个不同的、更高层次的主体间组织中产生。他把这称之为"前进（moving along）"，关键点在于，它是一种催化剂，改变了参与双方对于他们的关系的内隐知识，引导来访者走向渐进的复杂成长过程。正合时宜的分析，不仅能在显性知识层面施加情感影响，还会影响内隐关系认知。治疗关系就是这样一个媒介，来帮助探索"如何"重新建立关系。这和精神分析语境下的特定观点很契合，我们的想象和表达都受到我们无意识的影响。心理治疗师知道，儿童和成人都会给他们的主体间和主体内经历赋予意义和幻想的表达。里奥的游戏（他和治疗师的关系也是如此）就呈现这种象征性的表达。他被无意识驱使着，找出自己在二元和三元关系中的位置。最终，通过治疗和分析，他作为一个男孩的自我感觉改变了，他从一开始的愤怒，要爆炸的模棱两可的退缩男孩，转变成一个有着自我掌控感的男孩。在精神动力框架性工作中，来访者的精巧细致的主观世界，随着细节的慢慢铺陈，无论是意识的还是无意识的，都被赋予了宽广和有效的体验空间。

（丁安睿　王雅琦　译）

参考文献

Fonagy, P. (1998). Moments of change in psychoanalytic theory: discussion of anew theory of psychic change. *Infant Mental Health Journal 19* (3): 346-353.

Hurry, A. (ed.) (1998). Psychoanalysis and developmental therapy. In *Psychoanalysis and Developmental Therapy,* 38-75. London: Karnac.

Stem, D. (1998). The process of therapeutic change involving implicit knowledge: some implications of developmental observations for adult psychoanalysis. *Infant Mental Health Journal, 19* (3): 300-308.

Tronick, E. Z (1998). Dyadically expanded states of consciousness and the process of therapeutic change. *Infant Mental Health Journal 19* (3): 290-299.

第九章

青少年：发展与治疗

威廉·霍伊维斯（Willem Heuves）

概述

本章将会以青春期的成熟过程以及某些研究发现为背景，对青少年某些重要的发展任务进行讨论。相对于青春期的中期和晚期，青春期早期的心理过程还保留了一大片未经探索的区域，这一点是值得我们重视的。就最近的研究来看，对这个发展阶段的某些理论贡献进行重新考量是非常必要的。本章将会阐明青少年精神分析治疗在技术层面的困难，并会使用一些临床病例予以详述。

青春期的跨度长约10年，个体在此期间经历着各种各样的心理发展。在青春期的前半期，快速而急剧的身体变化对心理发展的很多方面都起到了组织者的作用。在青春期的后半期，个体开始意识到自己拥有了成年人的身体，这是推动下一步发展的主要动力。从童年到成年的这一变迁，也许可以被相应地划分为青春期的早期和晚期。它们显然是大不相同的两个发展阶段，"我们使用同一个称呼来命名（青春期的）早期和晚期，这仅仅是一种语义上的偶然"（Spruiell, 1975: 520）。青春期的早期大约是10—15岁，持续时间主要取决于个体本身的成熟过程。

20世纪上半叶，青春期并不是大部分精神分析师开展工作的兴趣聚焦点。Bernfeld（1938）回顾了精神分析的文献，只获得少量关于青春期的研究。随着文化的重要嬗变，西方社会发生了急剧的变化，从而导致青春期亚文化的出现（Coleman，1961；Rieff，1959），精神分析师也开始对这个年龄的群体投以越来越多的关注。青春期也由此被认为是一个潜在的患者群体，只有对这个发展阶段达成适当的理解，他们诸多的主诉和障碍才能得到成功的治疗。安娜·弗洛伊德、Peter Blos、Moses 和 Eglé Laufer 等人的先锋工作对当代精神分析理解青春期和青少年做出了巨大的贡献。然而，回顾这些关于青春期的精神分析文献，令我们感到震惊的是，精神分析师主要关切的其实是青春期的第二阶段。不管是案例研究还是综述，关于青春期早期或青少年的文章都较为罕见。自 Rutter 等人（1976）关于青春期叛逆的开创性研究以及 Offer 和 Offer（1975）关于青春期的研究开始，我们对正常青春期发展的广阔范围及其多样性有了越来越多的理解。对某些青少年而言确实如此的事情，未必适用于所有的青少年，也就是说，在青春期早期，正常与异常的发展，它们之间的区分其实是很不清晰的。在这个发展阶段（也就是儿童达到性成熟的时期），其关键的心理过程只得到了部分的理解，我们对它的探索是极为不足的。

就这个年龄的群体而言，透过心理发展和心理动力发展的临床经验以及更具一般性的研究，很少能够有系统性的发现，因此，关于青少年的内心世界就给学者们留下了巨大的想象空间，产生了很多的科学神话和猜想。

关于青春期早期的心理学，大部分的贡献有赖于弗洛伊德的观点，他认为，性成熟是推动青春期发展的核心力量。最近的研究的确有证据说明生物学和心理学的过程（也就是性成熟和青少年发展）之间存在着联系，但这种联系并不简单。在弗洛伊德看来，正是性心理发展当中乱伦的潜在情绪复苏以及乱伦的禁忌，推动着青少年远离父母，走向同龄群体，开始在家庭之外重新寻找爱的客体。此后，我们对青春期的看法既保留了精神分析对青春期的核心观念，认为它是一种再现，同时又认为它是一个新的发展阶段（Jones，1922；Blos，1985；Tyson & Tyson，1990）。然而，从研究的角度来看，这个所谓的过程似乎并不如弗洛伊德及后来的作者们所假设的那么普遍。与最初的客体分离，到家庭之外去寻获新的客体，这个心理发展过程似乎是一个更为复杂的过程，受到很多因素的策动，而我们对这些依然所知甚少。广为接受的精神分析观点强调，性冲动的增长导致了乱伦禁忌的再现，这便是青少年分离个体化过程背后最为重要的推动力量，但是这个观点并没有得到相关研究的太多支持（Adelson，1980；DeHart et al.，2000）。越来越多的证据显示，在分离个体化过程当中，认知发展和社会因素所发挥的作用比我们之前假设的更为重要（Steinberg，1993）。走向同龄群体以及离开父母，似乎与社会因素和社会期待存在显著的关系，而不应仅仅将其归因于性愿望的高涨。

本章将会聚焦于青少年和青春期早期在生物学、认知和性心理等各个方面的变化。我们将使用一些案例材料来强调并阐述那些与此发展阶段相关的治疗观点，并描述治疗师作为一个新的发展性客体所起到的作用。

青春期的生理特征

内分泌改变

在青春期，一个复杂的反馈系统支配着性的发展，它包含着多种可以制造激素的腺体。究竟是什么因素导致了青春期的发动，这依然是晦涩不明的。雄性激素的不断分泌，导致具有活性的精子被制造了出来，第二性征开始出现：阴毛开始生长，声音变得低沉。雄性激素水平的上升还可以解释青春期女孩的某些身体变化（比如腋毛和阴毛）。女性激素，即雌激素，导致了月经来潮和乳房的发育（Sroufe et al.，1996）。这些内分泌的改变伴随着其他的躯体改变，包括皮肤腺和汗腺。在内分泌的改变和急剧的生长这两个方面，男孩要比女孩迟两年发生（Tanner，1990）。尽管生物性的因素引人注目，但临床经验和实证研究也越来越清晰地说明，一系列的心理因素也有参与其中（Livson & Peskin，1980；Heuves，1991）。

　　青春期开始的时间与其发展的节奏并不相关。青春期的发动在女孩群体中可以早至8岁，迟至13岁，在男孩群体可早至9.5岁，迟至13.5岁。生理完全成熟的过程则可能需要短至1.5年，长至6年的时间（Steinberg，1993）。同龄的发展差异或发展的速率差异是个体产生忧虑和犹豫（自恋脆弱）的重要来源。成熟较晚的女孩和男孩显示出更多的稳定性，他们也拥有更长的前青春期，这对于他们发展出应对技能和稳固而充分的防御结构是非常重要的。成熟较早的个体出现异常行为和物质滥用的风险稍高（Anderson & Magnussen，1990）。另外，他们卷入性行为的时间也更早。令人惊讶的是，青少年对自己成熟时间的看法可以预测他们的青春期行为。那些将自己估计为早熟者的青少年，可能会觉得自己已经准备好卷入成人行为了。不少作者观察到，青春期早期的性关系（尤其是男孩）常常更集中于满足自己的性好奇，而不是去建立一段关系（Heuves，1991；Spruiell，1975）。

青春期早期的认知发展

　　纵览关于青春期的精神分析文献，学者们一直都在强调认知发展的重要性。青春期的认知发展由一系列心智能力的增长所组成，这些增长是逐步发生的，同时也是极为明显的。儿童的思维过程与具体的现实相关，而青少年则逐渐能够更好地思考可能性和不可能性（抽象思维），并可以在内心评估自己的行为。他们思考自己思维（元认知）的能力得以增加，内省能力也快速发展，这些都是极为重要的。青少年逐渐发觉，人类的相互作用不仅仅发生在行为层面,也会扎根于感受和思维的层面(Selman, 1980)。Sarnoff(1976)注意到,从潜伏期到青春期的转变过程中,幻想生活会出现一种逐步的转变,即从幻想性客体(比如童话式的人物、怪物和无定形的恶魔等)到真实客体(比如电影明星、歌手、模特、强盗和绑匪等)。

认知视野的这种剧烈扩展,不仅增强了个体的好奇心,令人想要追寻真相,但常常也是一种可怕的体验。关于永恒和无穷这些概念的思考可能会开始接管青少年的思考内容,使他们面临关于自身存在的琐碎问题,这可能又反过来破坏了他们脆弱的自恋。内省能力的发展给青少年打开了新的可能性,使他们开始能够逐渐言语化自己的感受和思想,评估自己的经验,并且可以共情他人。认知的发展,给了青少年思考自己父母和家庭的能力。青少年开始比较自己和其他青少年的生活,逐步开始有能力评估和质疑父母的管教方式。他们对父母表现出来的冷漠以及离开父母的行为,不仅仅是性冲动的增加所导致的(Steinberg, 1993)。我们也许可以这样来假设,他们对父母进行去理想化(de-idealization)的特有过程,在很大程度上是由于认知能力的增强所导致的。去理想化是一个疼痛的过程,其感受好比一场丧失。父母无所不能和无所不知的形象受到侵蚀,青少年对这一点有了越来越多的认识,这让他们痛苦地觉醒到自身未来的完美前景也破碎了。对父母的去理想化和自身未来的完美前景受到了侵蚀,这是青少年离开父母强而有力的动机。

认知思维发展允许青少年有能力去探索外部现实,增加现实检验的能力。许多敏感的青少年也会想要探索自己的内部世界。然而,由于快速的生理和心理变化,青少年常常感到想要了解自己的真实感受是十分困难的,这使得他们的奇思妙想和幻想也更加脆弱。青少年的内在世界常常是海市蜃楼。

另一方面,青少年能够痛苦而坦率地面对自己的家庭及其父母的病态表现（Pincus & Dare，1978），而且能够充分地比较不同家庭的生活方式和养育方式（Elkind，1981）。某些来自不幸家庭的青少年似乎能够表现出良好的功能，但他们当中的很多人在家庭里面都承受着巨大的压力。他们的父母对自身病态的觉察以及儿童时期拥有一个足够好的客体的经验，似乎是他们拥有复原力的关键因素（Heuves，2000）。

青少年的自恋

对大多数儿童而言，来自父母的无可置疑的爱对他们形成了一种保护，从而使他们获得了健康的自恋。然而，在此发展期间，他们在童年时期对自身外部和内部构筑的熟悉感都丧失了。这种脆弱的自恋被体验为一种对羞愧和耻辱的极度敏感。随着他们认知的发展，青少年在一个不断变大的世界里开始变得越来越小。这种认知能力的发展、分离的过程以及他们对父母和自己去理想化的痛苦体验促进了青春期早期的自恋危机，使他们在羞愧感方面变得更加脆弱（Levin，1971）。对羞愧和尴尬的回避，开始成为所有的关系当中最为重要的一种动机。急剧的身体变化使他们感到自己好像是自己身体的陌生人，这促使青少年的自恋变得脆弱。当青少年不得不愈发依赖同龄群体来维持自己在自恋方面的平衡，许多青少年更愿意选择接受父母严厉的惩罚而不是来自同龄人的贬低。青春期早期的关系常常带有强烈的自恋之音，在这些关系当中，青少年们会更多地去分享自己的活动，但是很少分享自己的想法和感受。温尼科特（1961）强调说，青少年其实是很孤单的，"青少年是一个彼此孤立的群体，他们千方百计地寻找共同的身份爱好，从而形成一种群体认同"（p.80）。这种孤立的位置，其实是个体之间建立关系的开端。

青春期早期的性心理发展：改变的情感、幻想和自体表象

青少年的关键任务就是将自己身体当中性的层面整合入自己的内心，并接受这样一个事实：从今以后，性将在他们的人类关系当中扮演重要的角色。

1905年，弗洛伊德发表了3篇关于性欲的文章，如今它们都已经广为人知。他在第三篇文章（也就是关于青春期性发育的理论）中描述了青春期的变化，而这些变化注定要给婴幼儿期的性生活带来一个最终的、正常的样子。在客体关系中，爱与性要完成特别的融合，温柔和攻击性要得以整合，弗洛伊德作品的核心观念是非常必要的。性兴奋的唤醒有3个来源：外部刺激、内部器官刺激和心理过程。性兴奋唤起性行为，目标直指性高潮。性刺激既带来压力，又充满愉悦，这样就引入了前期快感（fore-pleasure）的概念。直到青春期，阳性和阴性的性格特征才建立了明显的区别。青春期的发展过程为生殖区域建立了至高无上的地位。在潜伏期，儿童学会了体谅他人，因为这些人会在他们感到无助的时候帮助他们，满足他们的需求。他们的爱，以自己在婴幼儿时期与母亲之间的关系为模型，同时也是这种关系的延续。儿童表现得好像是他们赖以生存、照顾他们的那些人就在性爱的场域里面一样。一个孩子吮吸母亲的乳房，这已经变成了每一种爱之关系的原型。青春期对客体的寻找，实际上是一种再寻找。乱伦的禁忌由于性成熟的延缓而维持着，直到儿童可以尊重这个受到社会赞许的文化禁忌。青少年的性生活几乎完全被限制，只能沉浸于幻想。弗洛伊德强调这些幻想的乱伦性质。当乱伦幻想被克服之后，与父母权威的分离也就完成了。

基于弗洛伊德的工作以及Jones（1922）的清晰阐述，大部分的精神分析作者对青春期是这样概念化的：青春期，是婴幼儿早期的发展在成熟

的性躯体背景之下发生的一种重演。大部分的精神分析作者（Blos, 1962；Freud, 1958；Laufer & Laufer, 1984）相信，增加的驱力压力（成熟的结果）是青春期发展的动力。安娜·弗洛伊德（1936, 1958）曾经深入描述过青少年的性愿望、防御及其超我发展之间的内部斗争。

不少作者建议从分离个体化过程的角度（Blos, 1985；Esman, 1980；Jacobson, 1964）来看待这个发展阶段（青少年在此期间需要抛弃儿时对父母的依赖）。根据其他作者的看法（Spruiell, 1975；Kohut, 1971），自恋的改变或者自体的转化是青春期的核心议题。还有很多其他的作者在青春期的精神分析理论方面做出了巨大的贡献（见Tyson & Tyson, 1990）。大多数作者强调，在性与攻击的幻想及行为方面，身体（在青春期之前，身体被体验为需要和愿望的被动载体）如今已经成为一种积极的力量。换句话说，青春期主要的发展功能是建立最终的性组织。获得对身体的所有权，可能是青少年最重要的任务（Laufer & Laufer, 1984）。性，既是青少年关注的核心，也是一个秘密的、极为隐蔽的话题。

原初场景（the primal scene）是性幻想的锚点，而正是性幻想在促进着性心理的发展。成人的性，也就是成人们会做的事情，是青少年的好奇心所聚焦的核心。自慰在很大程度上帮助了青少年将其生命当中性的层面整合入一个新的自体形象，削减了性和（或）攻击见诸行动的威胁。伴随着新的认知可能性，自慰的功能好比是对青少年脆弱自恋的一种重要的保护，帮助他们整理自身不同层面的性欲望和性愿望。对严重异常的青少年而言，自慰行为常常有一种防御的功能，使青少年远离那些必须去充分参与的同龄人际关系。在其他一些异常的青少年身上，自慰幻想可以控制住倒错和性虐待见诸行动的威胁，使它们无法呈现。在某些严重的案例中，自慰对抗着杀人和崩解的危险，起到了保护的作用（Laufer & Laufer, 1984）。

性心理的发展带来了崭新而丰富的感受。对青少年而言，强烈的性感受和性兴奋有时可能是一种淹没性的体验。表达和管理性感受，这对青少年而言是一个挑战。自慰扮演了越来越重要的作用。然而，在青春期的早期阶段，自慰行为常常会带来强烈的羞耻感和内疚感，这可能会导致抑制，特别是在青少年女孩身上（Laufer & Laufer，1984）。在青春期的早期阶段，这些崭新的性感受还没有单纯地与性场景联系到一起。在青春期早期，所有的唤起状况都可能会激起性幻想。焦虑的社交状况可能会在无意之中唤起一种性的反应或者获得一种性的含义。一般来说，在青春期早期，所有在情感方面较为重要的客体关系都可能会变得性欲化。进一步来讲，在同龄人团体的相互作用中，青少年可能会很困惑，无法确定性的行为是否是被需要或者被期待的。

青少年总是流露出一种厌烦的感受，对自己的行为也时常表现出一种焦躁的不满，而这两者之间是存在关联的。由于性的感受并不仅仅与性场景相联系，Fenichel（1937）认为，青少年时常感觉到强烈的厌烦感，与他们禁止自己对父母的性行为产生兴奋有关系，他们的厌烦感伴随着一种烦躁不安的感觉，因为青少年尚未找到一个出口，或者说，通过自慰寻获的这个出口是一种禁忌。更广泛地来说，他们常常会用这种厌烦感作为一种防御，抵抗自己在与性无关的场景里面出现性的唤起（Winnicott，1961）。

性幻想和性限制

对大多数存在轻微异常或者神经症性问题的青少年而言，性欲和性好奇是头等大事。然而，在大多数精神分析师的经验中，在治疗当中，青少年很少直接交流他们所沉浸的性幻想（对性行为的谈论范围更小）。他们感到这很尴尬，太引诱或者太危险了。因此，假定他们的幻想生活带有乱伦的性质，更像是分析师自己的构想，而并非临床的事实。另一方面，越是异常的青少年，他们在性幻想方面就越是显得开放（Laufer & Laufer，1989），他们可能会谈论那些具有倒错和乱伦特性的幻想。在正常的发展过程中，个体在婴幼儿期的俄狄浦斯阶段就已经牢固地建立了乱伦禁忌。从临床的视角来看，我们可能会假定，在婴幼儿期的俄狄浦斯阶段存在严重的缺陷，或者存在病理性俄狄浦斯冲突的青少年，更有可能会存在公然的乱伦幻想和行为。接下来的这个案例，描述了针对某个青少年的分析片段，对他而言，性幻想在其生活中起到了非常重要的作用。

阿诺德

阿诺德，13岁，来自一个完整的家庭，其家庭成员的平均智力很高，他是家中第三个儿子。他有两个哥哥，分别是16岁和20岁，他还有两个妹妹。阿诺德在学校是个优等生，但是在中学的第一年，他便出现了问题。他的学习成绩急速倒退，从父母那儿偷钱的行为也很猖獗。有一天下午，他从学校逃学，晚上很晚才回家，受到了父母的警告。他不愿意说自己去了哪里，或者自己做了些什么。他对着父母大声哭泣，说自己好几年来都很不快乐，觉得自己的生活一点价值都没有，不值得活下去。

阿诺德有点抑郁，是个害羞的男孩。我很快就知道，他被同龄团体给孤立了。从外表来看，他是个适应良好的男孩，在学校尽力学习，也能满足父母对他的要求。然而，他内心的世界显示出一种对哥哥们的顽强抵抗和强烈的嫉妒，他认为这两个哥哥在社交方面是非常成功的。在他表面的适应背后，阿诺德在冲突之中挣扎着，而这些冲突与分离以及隐藏起来的全能感存在着关系。

他告诉我说，他的危机是在一次校园晚会凸显出来的。有一个女孩，他非常喜欢她，整个晚上他都在寻找机会靠近她，但是她没有说过一句"当然可以"。晚会结束的时候，她跟着一位年纪大一点儿的男孩走了，临走前，她以一种轻蔑的目光看了他一眼。这让他感到极度沮丧。我们的治疗会谈逐步发展为针对青少年男生的典型精神分析。我们俩常常都显得笨拙和无聊，不知道该向对方说些什么，也常常为了避免陷入更长久的沉默而下起棋来。我感到我的干预几乎没有任何作用。在反移情方面，我逐渐体验到那种艰难的感受，这种感受很熟悉，在我与其他青少年的治疗当中也曾有过滋长：感到无助，被轻微、隐秘而轻蔑的态度所激怒，在人际关系中缺乏互惠以及对抑郁的抵抗等。

分析进行到第 7 个月的时候，在某个星期一的上午，阿诺德告诉我，他到乡下参加了一次家庭聚会。他与自己的父母以及妹妹们出席了这次聚会。他们家临时租借了一套度假别墅。快到傍晚的时候，整个家庭聚集起来讨论分配卧室的问题。大家最后决定，让阿诺德与他的叔叔共享一间卧室，这位叔叔是阿诺德非常熟悉的。他没有反对，整个家庭晚上的时光过得非常愉快。然而，到了夜里，他和叔叔一起睡在双人床上的时候，他注意到自己睡在双人床的边缘。他整晚都没有睡着。当我问他，他是否害怕自己会睡着，他有力地拒绝了我。他说，床的声音很吵，屋子太热，叔叔睡觉不安分。

从经典精神分析的观点来看，我们可以这样来解释阿诺德的体验：他是在表达自己的恐惧，防御乱伦的同性情感，因此将其投射到了叔叔身上。我也想知道，他为什么会突然如此愿意分享自己的体验。他是在把我放到某个位置上，让我与他的父亲和叔叔相抗衡吗？他是在引诱我开展一场关于同性性爱的讨论吗？我沉默了一会儿，部分原因是：作为一个面对青少年的精神分析师，我处于一个非常艰难的位置。如何既没有侵入性，也不具诱惑性地去跟他谈论同性性行为（一个成年男性和一个青少年男孩单独待在一个房间里面）呢？我问他，与叔叔共床同眠有什么感觉，现在的他已经不再是一个小男孩了。阿诺德抓住这个机会，嘲笑着自己的父亲，因为那天下午他感到被父亲给羞辱了。在接下来的会谈中，我就这个事件问了他一些别的问题。为什么他不反对与叔叔共享卧室的决定呢？他已经不再是一个小孩了。为什么不站出来为自己说话呢？等等。带着一丝懊悔，我发现自己问了这样一个问题：他是否害怕同床的两个男人之间会发生什么。这样的问题可能会严重阻碍分析的过程，导致分析进入僵局、见诸行动或者提前结束。分析的进展很少，我惊诧地发现，在那个周末，究竟是什么让他感到如此之不安，我对这一点其实知之甚少。当我将自己的沉思大声地说出来，说他那天晚上一定感到很孤单，我终于找到了一个切入口。他不仅仅是对父亲感到愤怒，还被自己突然而至的难堪给吓到了，因为他在晚上的时候想念自己的父亲，尽管他自己已经不再是一个小孩了。带着那种典型的、处变不惊的青春期思想，阿诺德跟我说起他害怕某个东西，这个东西好像比他大，在这个东西里面你甚至可能要消失了。我感到我们开始理解这个经历了，就在这个周末，他害怕自己被性的感受给淹没，他在调节性的张力方面遇到了问题，这是很关键的。

安娜·弗洛伊德（1936）写到，青少年可能会感到强烈的焦虑，这与他们自身冲动的强烈程度是有关系的。某些青少年体验到自身不充分的内在结构难以整合猛烈增加的性感受。如前文所述，父母在潜伏期所能提供的保护已经丧失。在潜伏期，父母限制个体表达他们的愿望和冲动，而青少年现在不得不自己面对这一切。安娜·弗洛伊德补充说，许多青少年感到自己的性愿望非常之可疑，因为他们感到了一些之前从未感受到的东西。而由于愿望和良知之间的冲突，他们虽然抱着这些怀疑，但大部分时候并没有被注意到。

从这个视角来看，阿诺德的故事就不仅仅涉及那些基于理想化和负性俄狄浦斯幻想的同性性诱惑，还显示出一种由于自身强烈的性感受而产生的强烈焦虑。阿诺德面对着青少年的一个重要任务，即，管理他潜在的、淹没性的性情感。阿诺德管理自身情感的主要方式是很被动的，这导致他在进入青春期的时候变得越来越不适应（Westen, 2000）。另外，我还默默地想知道，他的叔叔在那天晚上的感受究竟如何。一个青少年可能会在一个成年人身上诱发出强烈的色情感受。他们俩是被同一个幻想给绑架了吗？

俄狄浦斯情结：青春期早期的二元位置和三角位置

俄狄浦斯情结并不是由父母与孩子之间的行为或者相互作用来定义的。它是一系列内在的想法，它会在父母与儿童的行为当中偶尔闪现，但实际上却是在儿童的表象世界里面发生的。恰好是这种隐蔽性，给了俄狄浦斯情结推动自身发展的力量。这个发展得以完成的关键条件就是，父母与儿童之间不存在性的行为。原始客体在生理与心理层面的真实存在、父母关系的质量、父母养育方式以及家族史，这些都是俄狄浦斯情结的外部条件。

俄狄浦斯情结是在儿童对父母关系的幻想之中浮现出来的。在儿童的生命之中，这是他们第一次面对一种新型关系的原型，在这种关系里面，第三个人的出现为所有的关系都增加了一个新的维度。儿童原先认为人们是以相同的方式相爱着的，但是俄狄浦斯情结侵蚀了这些信念，对儿童而言，这是相当痛苦的。它为儿童提供了一个机会，使他们得以成为一段关系的参与者，同时又被第三者观察着，而他们自身也成了观察者，观察着另外一段两人关系。俄狄浦斯情结为个体的思维带来了一种基本的再组织过程，为儿童提供了一种能力，使他们得以反思那个与其他人互动当中的自己。就这样，第三个位置出现了（Britton, 1989）。

当代精神分析认为，在儿童的早期发展中，父亲和母亲都具有重要的作用。对于儿童在家庭生活方面的意识而言，儿童能够感觉到自己与父亲和母亲之间存在着关系，这种体验是极为重要的一个环节。关于这种体验有着非常多的讨论，也有很多研究关注儿童形成三角关系方面的能力（例如 Abelin, 1971, 1975; Sachs, 1977)。

　　Klitzing 等 (1999) 使用三角型 (triadification) 和三角化 (triangulation) 这两个概念对儿童早期的关系过程进行了长程研究,并介绍了他们的结论。根据 Stern (1995) 的作品,作者们将那些发生在相互作用中的人际过程定义为"三角型",将体验三角关系的内在心理过程定义为"三角化"。简单来讲,三角型描述的是相互作用,三角化描述的是内在的心理体验。

　　婴幼儿内心世界里面关于三角关系的内在表象存在一个重要的问题:三角型和三角化之间有没有直接的联系?许多精神分析师坚信,18个月之前,婴幼儿极不可能产生稳定的三角关系内在表象 (Abelin, 1971, 1975; Tyson & Tyson, 1990)。另一方面,大多数研究婴幼儿发展的学者可能会强调婴幼儿早期识别恒定性的能力,他们会说二元关系模式同样可以在三角关系模式的互动之中运作。三角关系追随二元关系而来,这是精神分析的一大原则,而如今,关于父母-儿童关系方面的研究已经对这个原则发出了质疑。许多研究者认为,二元过程和三角过程是相互独立、但又相互关联的平行发展过程 (Burhouse, 2001; Klitzing *et al.*, 1999)。这使得我们可能需要重新评估前俄狄浦斯期 (二元关系) 发展和俄狄浦斯期 (三角关系) 发展之间的区别。也就是说,二元客体关系和三角客体关系是两个相互独立的发展路线,它们有着自己的发展动力,而这些动力在生命早期就已经出现了。

　　由此,对于青春期的俄狄浦斯情结发展,我们可以构建一个不同的观点。经典的精神分析观点认为俄狄浦斯情结的发展是一种线性的发展进程,即从前俄狄浦斯情结的二元关系发展到俄狄浦斯情结的三角关系。这个观点与最近的研究是不相吻合的,据观察性的研究指出,俄狄浦斯情结是一种平行的发展进程。自弗洛伊德时代开始,青春期俄狄浦斯情结发展的概念就没有再发生什么变化。这种观点认为,当青少年从健康的前俄狄浦斯情结退行、从乱伦幻想和同性性欲的冲突当中得以恢复,他们便会发现一种成年人的办法,来处理自己婴幼儿时期的性愿望。这个观点需要接受严肃的再思考。我们可以将青春期的发展看作二元关系位置和三角关系位置之间的一种摆荡。在青春期发展阶段,青少年在退行和发展之间摆动,他们的心境也是反复无常的,而这些心理位置之间动力的相互作用可以解释这些现象。二元关系位置和三角关系位置之间的这种摆荡,是个人史、婴幼儿期的人格组织、实际的发展任务以及真实的环境共同造就的结果。个体处理青春期任务的不同方式(比如,充分或不够充分)以及青少年治疗的不同过程,都可以与二元位置和三角位置相互关联起来(见图9.1)。

精神分析治疗当中的青少年

青少年的治疗工作总是非常困难的,其间的原因很多。青春期是一个秘密的时期。当成年人认为青少年急需接受治疗的时候,他们常常并不同意接受治疗(Fraiberg, 1955)。治疗师常常被认为是父母的延伸物,这进一步加强了青少年的抵触。青少年对治疗存在阻抗,其核心的原因十之八九都是,他们由于自己需要接受成年人的帮助来成长而感到屈辱。与此同时,他们还极度害怕自己走向疯狂。如何激发青少年进入治疗,有很多作者针对这个问题开展过工作(Aichhorn, 1925; Fraiberg, 1955; Freud, 1958)。然而,除了这些在治疗一开始就会遭遇的困难(这些困难可能会导致治疗过早结束),还会存在其他的一些问题。因为三角位置和二元位置之间的快速转换,对治疗师而言,在自己与青少年患者之间寻找到适当的关系模式是很困难的。在某次的会谈中,治疗师可能还感觉双方之间有点互惠的关系,患者在会谈中好像也能够言语化他们的感受,然而在接下来的一次会谈中,治疗师可能就会发现这个青少年变得沉默不语,他也许不能或者不愿与治疗师产生充分的关联,会通过装傻或蔑视的态度来隐

三角关系	两元关系
正常的青春期发展	
与原始客体的分离	依赖于原始客体
抑郁性焦虑	偏执分裂型焦虑
知晓性别之间的差别	关系的去性化
对现实的积极探索	偏爱幻想游戏
将性欲整合入身体意象	自身身体的去性化
内心生活的言语化	自恋性退缩
青春期精神病理学	
性别角色认同的冲突	性差异的否认或否定
与现实的矛盾关系	消极回避现实
自身对现实的适应	现实对自身的适应
分离焦虑	与原始客体的共谋
身份冲突	身份困惑
青少年的治疗	
从经验与反思当中学习	回避有意义的关系
互惠关系	回避反思
为治疗带来材料	拒绝给治疗带来材料
见诸行动以表达内在冲突	见诸行动以毁灭意义
内化并发展治疗关系	
言语化	投射性认同
将治疗师作为移情性客体	将治疗师作为发展性客体
治疗师"对我有点想法"	在治疗师的心里面没有稳定的自我表象 治疗师的想法是破碎的

图9.1 青春期的二元和三角现象

藏自己。这些转变常常都非常快速，其主要原因是青少年在其发展阶段有着脆弱的自恋。精神分析师的干预常常被他们体验为一种入侵，一种对他们内在世界的侵略。

另外，青少年还会将治疗体验为一种威胁性的诱惑，这是因为青少年恐惧所有唤起都可能会引发性兴奋。对于那些特别脆弱的青少年，几乎不会跟某个成年人单独待在咨询室里面，他们可能很容易就会觉得对方具有诱惑性，并且想要以性的方式见诸行动。为了抵挡这种脆弱性，青少年常常选择一种二元关系。青少年常常给治疗师留下冷漠、疏离、甚至带着轻蔑态度的印象。这种二元位置增加了治疗师与青少年出现伪治疗接触的风险，在这种接触之中，自恋的盔甲可能会变成坚不可摧的堡垒。青少年不愿意说"我在接受治疗"，而是更倾向于说"我有一个治疗师"。Joseph（1975）描述过自己那些难以接触的患者（这些患者常常都是青少年），在他的假设当中，这些患者前来接受治疗的目标并非是来理解自己，他们的需求反而是想要让治疗师理解他们。由于他们脆弱的自恋，青少年很不情愿想到或者听到自己的内心生活（三角位置）；他们似乎对治疗师如何看待他们更感兴趣（二元关系）。

从技术的角度来看，这意味着，如果将干预的目标定位在青少年的内在世界，就会给治疗关系带来张力。这些干预究其范围来看是正确的，但这甚至可能会造成严重的见诸行动。在更为异常的青少年身上，他们临近的发展性任务是从二元关系开始的，如果将干预的目标定在内在体验方面，可能会增加他们偏执性的恐惧，唤醒严重的羞耻感，而这最终会危及治疗关系。这些以患者为中心（Steiner，1993）的干预定位在青少年的内在世界，这可能会带来不利的后果，而以分析为中心的干预可以向青少年阐明分析师理解他们的方式。青少年还不能确信领悟可能是有用的途径，因而，被治疗师理解才是促进发展的重要体验。以分析为中心的干预可能可以强化青少年内在世界与治疗师心灵的联系。Bion（1962）将这种贪婪的好奇心比作"吃掉一个想法",他假设青少年这种同类相残的态度是互惠情感关系出现的征兆。与这些现象紧密联系的是安娜·弗洛伊德对青春期偷窃行为的观察。很多青少年都会偶尔偷偷东西。青少年喜欢从成人世界偷取东西。他们从互联网下载音乐,因为他们感到自己有权利这样做。更为常见的是,青少年嫉妒成人的世界以及他们拥有的特权,比如性、金钱、独立性和亲密关系等。他们以为成人拥有平静的心灵,这是他们特别嫉妒的。由于这个原因,青少年常常觉得接受周围成年人的东西是很困难的。这会削弱他们那脆弱的独立感和胜任感。然而,青少年同时又感到他们有资格拿到成人世界的特权。简单地拿或者偷取,这是解决这一悖论的方法之一。青少年欺骗或贿赂自身超我的方法五花八门,常常会让成年人感到震惊。

从这个视角来看,我们就可能会对那些接受治疗的青少年所面临的困难产生共鸣。另一方面,他们需要治疗师的解释来理解自己的内心世界。而同时,他们又不能接受一个成年人给他提供的这些觉察。从精神分析师那里偷走觉察是青少年采用的典型方法。精神分析师不需要自己的解释被青少年所听见;这种解释需要留在房间里面,等着青少年自己拿走。

作为发展性客体的精神分析师

青少年生活在此时此地。他们刚刚结束自己的儿童期,因此,思考过去的生活常常会带来退行的风险。在移情关系中,青少年重演并重温了自己与原始客体之间过去的关系。对过去的这些关系进行解释会带来一种风险,它们可能会进一步强化青少年与原始客体之间的关系,或者可能会再建他们与原始客体之间致病的客体关系。在我看来,针对脆弱的青少年开展分析性治疗,这个过程如此之复杂,正是上述原因导致的。移情的很多方面都是不能被解释的,但是这些内容又必须被抱持在治疗情形之中,或者要以不同的方式进行处理。如果治疗的目标集中于促进发展所必需的条件，治疗常常就会比较有效。分析师持续地容纳这些负性的反移情，运用自己临床上的敏感性去决定自己该做些什么。最好能够将阿诺德的阻抗解释为更成熟的行为（他的二元位置是一种防御，抵抗着三角位置），并由此来容纳他那些极为被动、带着一些同性恋基调的行为，而不是直接将其解释为对分析师的移情。

与青少年开展治疗性工作的时候，精神分析师要作为发展性客体，这个概念是特别重要的。Tähkä（1993）和 Hurry（1998）针对这个主题写了大量的文章。在他们看来，精神分析师的功能就像是一个发展性客体，支撑着年轻患者的自我，帮助他们进行情感管理和冲动控制，促进互动和现实检验。解释的目标在于分离现实与幻想，而引入语言的作用则是为了促进反思和情感管理。精神分析师要直接处理原始防御以及破坏性的行为，目的是为了保护治疗关系。精神分析师可以为青少年提供有效的心理模型，使其能够思考和谈论自己内在的体验，并对情感进行调节。分析师促进反思和言语化，而不是让他们沉浸在对行动的魔幻的信念里面。青少年心理生活的特点是这样的：关于自身与他人的精神表征是破碎不堪的，挫折耐受度较低，冲动控制能力较差，低自尊，认知损害以及其他一些与二元位置相关的典型特点。因而，站在发展性客体的位置上，对青少年的治疗可能是特别重要的。

临床病例

彼得

我开始接手治疗彼得的时候,他刚满13岁。他主要的症状是大便失禁和便秘,这些症状已经折磨他好多年了。在他的生活中,究竟有没有一段明确的时期没有大便失禁的症状,这一点并不是很清楚。他每周大约会有3次拉在裤子里,有时次数多一些,有时少一些。大便失禁只发生在家里,而且都是白天,这表明他的主诉具有心因性的特点。在排便的时候或者排便之后,彼得都不会对此有所意识。他感觉不到自己的裤子里面有大便,也闻不到粪便的味道,而其他家庭成员却能够察觉到。经过进一步的询问,让我感到震惊的是,他对自己的身体几乎没有任何感受或觉知。他在身体方面的解离症状非常严重。对他来说,饥饿常常是一种弥漫性的体验,同时,他也无法感受到饱腹感。他难以判断外面的温度究竟是冷还是热。他甚至在受伤的时候也很少感觉到疼痛。他极度难以预测自己什么时候会排便,因而,何时会排便就具有了相当的偶然性。

最开始的时候,彼得在一个儿童精神科门诊接受治疗。最初的疗法是采用灌肠来促进排便,增加他肠部的敏感性。治疗失败之后,有人推荐了行为治疗。它包括一整套细致的程序,用以监测彼得的饮食和排便习惯,还设有一系列复杂的奖惩系统。这个有点强迫的家庭,将这些系统实践得极为严苛。当这些治疗显得没有什么用处,而彼得变得越来越退缩的时候,他们又被推荐去接受家庭治疗。然而,这对父母已经丧失了信心,不再愿意寻求治疗,但同时却继续使用着这些监测系统和奖惩程序。半年之后,他们再次决定为彼得寻求帮助,因而被推荐前来找我咨询。

这是一个完整的家庭,彼得是家中最大的儿子。他有两个妹妹,分别比他小3岁和6岁。他的母亲是一位脆弱的女士,有点儿抑郁。在她自己的家庭里面，父亲在她2岁的时候就离开了家。这位父亲，她只见过一次。彼得母亲与她自己母亲之间的关系问题重重，对于这段关系，她始终泥足深陷。彼得的父母谈到这位外婆的时候都极尽贬低。彼得的父亲是一个有点儿怪异的男人。他来自一个中产阶级大家庭，至今仍在理想化着自己那个占有统治权的父亲。彼得的父母都是业务顾问，极富成就。他们的家里有着严格的规定，行为表现良好远远重要于内心感受良好。两个女儿在学校的表现很好，她们是父母快乐和骄傲的源泉。这一点与彼得形成了鲜明的对比，他在学校被贴上了低能的标签。他的智力略低于平均水平。不难发现，父亲对他们这个仅有的儿子感到深深地失望。父母双方都觉得自己没法与他产生联结。他们不知道他在想些什么，对他的未来非常担忧。

　　父母能够对彼得的发展情况做出详细的描述，但对他生命最初的3年却难以描述清楚。他们总是很难理解他的感受以及内心世界。在他母亲的记忆中，当他还是一个婴儿的时候就很难照看。他总是大声地哭泣，给他洗澡是唯一能够使他平静下来的方法。母亲感到与彼得建立交互关系的努力总是徒劳的。当他的大妹妹出生的时候，他很嫉妒，把大便拉在身上的次数更加地频繁。母亲回忆说，她总是对他发火，因为她感到他是有意为之的。两个女儿在她们出生的第一年都在喂养方面存在严重的问题。脱水和低营养等问题使得她们住了好几次医院。据母亲回忆，那些年间彼得体验到强烈的焦虑发作。她不记得彼得有任何喂养方面的问题，但是却清晰地记得她自己总是很担心他有没有吃得过多。对这两个女儿来说，她们在饮食方面总是会有严重的斗争。但令人惊讶的是，彼得从来没有反对过严格的饮食限制。他总是毫无反抗地适应着。他在学步期和潜伏期很少能够交到朋友。由于大便失禁的问题，他很少有机会和朋友们一起出去或者在外留宿过夜。他变得非常与世隔绝，逐渐与他的同龄人失去了联系。但根据父母的说法，这些好像对他没有太大的影响。他很少表现得心情不好，而且总是急于讨好周围的人。

我第一次见到彼得的时候，看到的是一个青春期的男孩，他的外表看起来比实际年龄要小一些。他有一张愉快的面孔，他微笑着，配合着。然而，要想看到他面孔背后的焦虑和窘迫其实并不困难。他的笨拙、天真的外表以及幼稚立即让我为他感到有些难过。

彼得总是按时抵达，从不缺席他两周一次的治疗。从表面上来看，他非常合作。他能够描述过往日子里发生的所有事情，但他的描述里面只有事实和事件。他在自己的世界里只能体验到行动和行为，这个世界完全是机械化的。他能够谈论自己做了什么，但是任何关于这些事件的内在体验或心智化的痕迹都令人震惊地消失了。大便失禁的问题是不能讨论的。任何相关的问题都会被他那令人吃惊的漠然和否认给阻挡回来。他对自己的情感状态是没有觉察的，我试着探索他的情感，但这却给他带来了某种绝望，使我们的关系受到了破坏。他常常处于一种解离状态，表现出一种强烈的迷惑，好像不清楚自己究竟是谁，自己想要些什么或者希望着什么。在我们大多数的会谈中，彼得都显得相当紧张和封闭，但是，他痛苦地意识到了我的在场，这总是让他感觉到一种深深的羞耻感。对我而言，他在治疗当中体验到的这些羞耻感，常常是他还活着、他和我之间存在着关系的唯一痕迹。我把它看作是一个积极的表现，它意味着治疗是成功的。

因为彼得存在着严重的解离和大便失禁症状，我怀疑他可能遭受过性虐待；然而，关于这些怀疑，我从未发现任何迹象或者证据。在随后的治疗当中，彼得告诉我，他在两年前曾经接受过12次灌肠，他说起这些的时候显得非常疏离。他告诉我，那些液体喷射入肠道的感觉，就像是一个沉甸甸的砖头从他的肚子里坠落下来一样。每次负责灌肠的护士都不一样。灌肠之后，他会坐着出租车回家，在车里面，他有好几次都发生了剧烈的排便。这让他感到极度地难堪。他的描述让我感到震惊，而且我注意到，彼得很小心地想要从我的脸孔上读取我的反应。我这样假设，他从自己身体里面严重地解离出来，在某种程度上而言很有可能是对这次创伤的一种反应。

我们的治疗主要聚焦于理解在他身上发生了什么样的事情，以及这些事情对他和他与父母之间的关系造成了什么样的影响。对于在门诊接受灌肠和其他一些治疗等相关问题，当他能够更为自由地表达时，他从自己身体解离出来的症状也显著地减少了。另外，作为行为治疗的一部分，奖惩程序其实是无效的，反而在很大程度上增加了他的羞耻感。治疗的结果其实是不成功的，但彼得的母亲其实一直都在使用着这些细致的监测和奖惩系统。事实上，当我建议他们停止这些措施的时候，彼得和他的父母都感到非常宽慰。

考虑到彼得的心智化水平如此之原始，对感受的体验仍然处于身体感受的水平，我在治疗当中便聚焦于让彼得发展出更为充分的能力来表达自己的恐惧和感受。例如，接受半年的治疗之后，当他谈论自己的饥饿感时，他会说自己感到"自己身体里面有一个很痛的洞"，这是我们的一个重要进展。我开始理解，彼得在用这种方式表达着自己的内在生活。由于我不断地将他原始的情绪状态言语化，彼得慢慢可以理解到，在我的心里面有了一张他是谁的图片。比如说，当我提到，我发觉自己以前听他说过这样的话，或者我说，他提醒了我，让我想起他之前说过的一些话，他就开始感到兴奋。他在很多次会谈当中都表达了关于自己的一些东西，当我回忆这些内容，并将它们联系起来的时候，他显得很享受。关于我对他的想法或者我如何理解他说过的话，他都很好奇，而这对治疗的帮助是极大的。但是，这些整合的力量有时候会被严重的退行所阻挡，这些退行甚至会到达精神病性崩解的水平。比如，我有一周因故取消了两次会谈，与此同时，他那一周在学校的日子也因为一些纪律问题而过得很不好，在家里面，他的父母因为他存在一些"叛逆的"行为而惩罚了他。就在那一周的一天下午，父母发现他躺在一缸冷水之中，粪便漂浮着环绕在他周围，他还把粪便涂满了自己的脸部。但是，这种退行慢慢消失了，这要归功于他传达自己的能力有了逐渐的增长。从一个顺从而存在严重症状的男孩，他慢慢变成一个喜怒无常而且叛逆的青少年。逐渐地，他开始变得更有信心用言语来表达自己，他也发现，通过自己言语的传达，他可以使其他人非常准确地理解自己心中的想法。象征化能力的提升，为他症状的消失铺平了道路。

另外，电脑作为我们谈论他的一个中介和临时设备，起了很大作用。他能够以一种象征性的方法来使用电脑。比如，彼得通过电子游戏来让我明白他的感受，以及他和周围其他人之间发生了什么。

接受治疗18个月之后，彼得又有了重要的进展。他和我讨论电脑里面的象棋游戏，他说他可以想到一个黑色的彼得和一个白色的彼得。白色的彼得是一个顺从、友善而干净的男孩，但是黑色的彼得（常常是隐藏起来的）另当别论。他想要向我展现白色的彼得，而黑色的彼得是一个"屎"彼得。他幻想着，黑彼得就在他的左肩上，但是你永远没法把头转得足够快从而看到他（这一点暗喻着魔鬼）。我感觉彼得会有重要的进展，而这是我第一次有这样的感觉。他不再是完全解离的状态了，他正在逼近自己内在不同层面的一种冲突体验，这个冲突是由原始的分裂给分开的，他自己身上不好的那一部分，被投射到外部，投射到了自己身后一个黑色的、迫害性的人物身上。白彼得和黑彼得的插曲激发了我们对他新出现的内在冲突进行更深的探索。

在移情和反移情方面，当我面对他严重的大便失禁时，总觉得无助和无力，这是一个明显的主题。例如，某次会谈快要结束的时候，他带着嘲讽的语气说，"对于我大便失禁的原因，你已经有什么想法了吗？会是什么呢？我吃的东西，喝的东西？"我告诉他，他可以使用大便失禁的问题剥夺每一个人的力量：护士、医生、父母和我。彼得脸上挂着大大的微笑，强调地说："是的。"他一边数着数字一边说：护士、医生、父母、妹妹和我。然后他又说了一句："没有什么能够比得上那些让许多人无能为力的人。"

我们不仅可以一睹他那攻击性的幻想，还可以看到他在控制自己身体方面的无力感，面对自己漫长的大便失禁史和灌肠这个具有创伤性的治疗时所感到的深深绝望，以及因此而发展出来的反向形成。自此，我们的治疗便开始能够更多地投入到精神分析治疗之中了。彼得在控制和攻击方面的内在冲突，他针对母亲的秘密抗争以及被动抗议，他对这些方面的描述都成为可能。虽然偶尔会出现倒退，但是我感到，彼得已经可以从三角关系的位置出发，以一种更为主动、更符合其年龄的方式来处理青少年的问题。

很多的因素共同造成了彼得的问题。根据我们对他早年生活的了解，他的父母认为他是一个很难管教的孩子。他们发现自己很难理解他的感受。Beebe 等（1997）强调，当个体之间共同构建一段充分关系的时候，主体间性的过程起到了重要的作用。从这个视角来看，彼得不够充分的心智化建立在他母亲无法理解他感受的基础之上，反之亦然。而他在青春期的危机引发了及时的治疗干预，这使得彼得获得了改变自己模式的可能性。

彼得治疗的第一部分也许可以被理解成发展性治疗的一个例子。在治疗的第一年，我主要以一个发展性客体的角色在发挥着作用。干预的目标在于帮助彼得发展出更好的现实检验能力，促进他象征和反思能力的发展。彼得活在一个二维的世界里面，没有感受和思想，这妨碍了他身上严重症状的解决。治疗的结果就是，彼得变得更能从三角关系的位置去体验自己和别人。通过治疗，给我留下深刻印象的是，在历经早年的创伤性治疗之后，彼得仍然能够克服自己对心理治疗的偏执恐惧。他反思能力的增强，使他能够与我建立互惠的关系，这能够帮助他更好地理解自己的内在世界。在彼得快要17岁的时候，治疗结束了。我们能够讨论他对离家的愿望和恐惧。他想成为一名士兵，也严肃地考虑过申请接受训练的计划。不难看出，彼得渴望着一个安全、结构良好的环境。他发现结束治疗也并不十分困难。他觉得他会思念我的，但他还觉得，当他需要的时候，他会回来找我的。

(丁安睿 译)

参考文献

Abelin, E. L. (1971). The role of the father in the separation-individuation process. In McDevitt, J. B. and Settledge, C. F. (eds), *Separation-individuation*. New York: International Universities Press.

Abelin, E. L. (1975). Some farther observations and comments on the earliest role of the father. *International Journal of Psychoanalysis 56:* 293-302.

Adelson, J. (ed.) (1980). *Handbook of Adolescent Psychology*. New York: Wiley.

Aichhorn, A. (1925). *Wayward Youth*. New York: Viking Press.

Anderson, T. and Magnussen, D. (1990). Biological maturation in adolescence and the development of drinking habits and alcohol abuse among young males: a prospective longitudinal study. *Journal of Youth and Adolescence 19:* 33-42.

Beebe, B., Lachmann, F. and Jaffe, J. (1997). Mother-infant interaction structures and presymbolic self and object representations. *Psychoanalytic Dialogues* 7: 133-182. Bernfield, S. (1938). Types of adolescence. *Psychoanalytic Quarterley* 7: 243-253.

Bion, W. R. (1962). *Learning from Experience*. London: Maresfield Reprints.

Blos, P. (1962). *On Adolescence: A Psychoanalytic Interpretation*. New York: Free Press. Blos, P. (1985). *Son and Father: Before and Beyond the Oedipus Complex*. New York: Free Press.

Britton, R. (1989). The missing link: parental sexuality in the Oedipus complex. In Britton, R., Feldman, M. and O'Shaughnessy, E. (eds), *The Oedipus Complex Today*. London: Karnac.

Burhouse, A. (2001). Now we are two, going on three. *International Journal of Infant Observation 4* (2): 51-67.

Coleman, J. C. (1961). *The Adolescent Society*. New York: Free Press.

DeHart, G. B., Sroufe, L. A. and Cooper, R. G. (2000). *Child Development: Its Nature and Course*. New York: McGraw-Hill.

Elkind, D. (1981). *Children and Adolescents: Interpretative Essays on Jean Piaget*. Oxford: Oxford University Press.

Esman, A. H. (1973). The primal scene: a review and a reconsideration. *Psychoanalytic Study of the Child 28:* 49-81.

Esman, A. H. (1980). Adolescent psychopathology and the rapprochement phenomenon. *Adolescent Psychiatry 7:* 320-331.

Fenichel, O. (1937). Zur psychologie der Langeweile. In *Aufsätze. Band I*. Olten: Walter.

Fraiberg, S. (1955). Some considerations in the introduction to therapy in puberty. *Psychoanalytic Study of the Child 10:* 264-286.

Freud, A. (1936). Triebangst in der Pubertät. In *Das Ich und die Abwehrmechanismen*. München: Kindler.

Freud, A. (1958). Adolescence. In *The Psychoanalytic Study of the Child, 13:* 255-278. Freud, S. (1905). *Three Essays on the Theory of Sexuality. Standard Edition*, Vol. 7. London: Hogarth.

Heuves, W. (1991). *Depression in Young Male Adolescents*. Leiden: Academic Press. Heuves, W. (2000). Non-traditional families and psychological development. Paper presented at the International Colloquium of the Anna Freud Centre, November 1999. Hurry, A. (ed.) (1998). *Psychoanalysis and Developmental Therapy*. London: Karnac. Jacobson, E. (1964). *The Self and the Object World*. New York: International Universities Press.

Jones, E. (1922). Some problems of adolescence. In Jones, E. (1948), *Papers on Pyscho-analysis*. London: Karnac.

Joseph, B. (1975). The patient who is difficult to reach. In *Psychic Equilibrium and Psychic Change: Selected Papers of Betty Joseph*. London: Routledge.

Katchadourian, H. (1990). Sexuality. In Feldman, S. and Elliot, G. (eds), *At the Threshold: The Developing Adolescent*. Cambridge, MA: Harvard University Press.

Klein, M. (1963). On the sense of loneliness. In *Envy and Gratitude and Other Works*. London: Hogarth.

Klitzing, K. von, Simoni, H. and Bürgin, D. (1999). Child development and early triadic relationships. *International Journal of Psychoanalysis 80:* 71-89.

Kohut, H. (1971). *The Analysis of the Self*. New York: International Universities Press. Laufer, M. (1982). The formation and shaping of the Oedipus complex: clinical observations and assumptions. *International Journal of Psychoanalysis 62:* 51-59.

Laufer, M. and Laufer, M.E. (1984). *Adolescence and Developmental Breakdown*. New Haven, CT: Yale University Press.

Laufer, M. and Laufer, M. E. (1989). *Developmental Breakdown and Psychoanalytic Treatment in Adolescence*. New Haven, CT: Yale University Press.

Levin, S. (1971). The psychoanalysis of shame. In Socarides, C. W. (ed.), *The World of Emotions: Clinical Studies of Affects and their Expression*. New York: International Universities Press.

Livson, N. and Peskin, H. (1980). Perspectives on adolescence from longitudinal research. In Adelson, J. (ed.), *Handbook of Adolescent Psychology*. New York: Wiley.

Offer, D. and Offer, J. (1975). *From Teenage to Young Manhood*. New York: Basic Books.

Pincus, L. and Dare, C. (1978). *Secrets in the Family*. London: Faber and Faber.

Rieff, P. (1959). *Freud: The Mind of a Moralist*. Chicago: University of Chicago Press.

Rutter, M., Graham, P., Chatwick, O. and Yyle, W. (1976). Adolescent turmoil: fact or fiction? *Journal of Child Psychology and Psychiatry 17:* 35-56.

Sachs, L. J. (1977) Two cases of oedipal conflict beginning at eighteen months. *International Journal of Psychoanalysis 58:* 57-66.

Sarnoff, C. A. (1976). *Latency*. New York: Jason Aronson.

Selman, R. L. (1980). *The Growth of Interpersonal Understanding: Developmental and Clinical Analysis*. New York: Academic Press.

Spruiell, V. (1975). Narcissistic transformations in adolescence. *International Journal of Psychoanalytic Psychotherapy 4:* 418-435.

Sroufe, L. A., Cooper, R. G. and DeHart, G. B. (1996). *Child Development: Its Nature and its Course.* New York: McGraw-Hill.

Steinberg, L. (1993). *Adolescence.* New York: McGraw-Hill.

Steiner, J. (1993). *Psychic Retreats.* London: Routledge.

Stern, D. (1995). *The Motherhood Constellation.* New York: Basic Books.

Tähkä, V. (1993). *Mind and its Treatment.* Madison, CT: International Universities Press.

Tanner, J. M. (1990). *Foetus into Man: Physical Growth from Conception to Maturity.* Cambridge, MA: Harvard University Press.

Tyson, P. and Tyson, R. L. (1990). *Psychoanalytic Theories of Development.* New Haven, CT: Yale University Press.

Westen, D. (2000). Integrative psychotherapy: integrating psychodynamic and cognitive-behavioral theory and technique. In Snyder, C. R. and Ingram, R. E. (eds), *Handbook of Psychological Change: Psychotherapy Processes and Practices for the 21st Century.* New York: Wiley.

Winnicott, D. W. (1961). Adolescence: struggling through the doldrums. In *The Family and Individual Development.* London: Routledge.

Zeanah, C. H., Anders, T. F., Seifer, R. and Stem, D. N. (1989). Implications of research on infant development for psychodynamic theory and practice. *Journal of the American Academy of Child and Adolescent Psychiatry 28* (5)*:* 657-668.

第十章

一例成人分析中的发展性思考

玛丽·扎菲里奥·伍兹（Marie Zaphiriou Woods）

在这一章里，我将报告一位年近40的女性是如何在分析中发展出童年期因忽视与情感虐待而受损的情感和认知能力的。早期缺陷与后续的创伤、冲突导致带来发展的僵局和"停滞"，这一切让她在成年之后需要心理治疗。直到那时，她始终心怀戒备、远离他人，这与她内在僵化地防御思考与感受的模式相一致。这种应对模式令她在复杂而危险的内部与外部环境中存活下来，然而却阻止了她与内在的、情感的、想象的、性的自我或外部世界的鲜活碰触。

神经学家已经大量论述过创伤与虐待对大脑发育，特别是对"情感的、也是有形的自我之所在"（Schore，2001b）的右半球的影响，大脑努力适应着由照料者所提供的环境。"发育中的婴儿处于大脑快速发育期。暴露在不理想的、阻碍成长的环境事件中时，婴儿是最为脆弱的。在突触大量生成的关键期，人体对外部环境的种种条件非常敏感，如果这些条件超出了正常范围，就会带来永久的发育阻滞"（Schore，2001a：220）。"剥夺理想的发育体验（导致皮层、皮层下、边缘系统的发育不足），不可避免地带来原始的、不成熟的行为反应性的固着"（Perry，1997：129）。

Perry 等人（1995）提出，虐待导致两种不同的心理生物反应：过度应激——一种恐惧害怕的状态——随后的解离（如果威胁一直持续存在）。个体重复体验"早期关系创伤"（Schore，2001a）中不可调节的刺激，会对神经的反应模式高度敏感，很小的刺激就会引发很大的反应；一种"状态"变成了一种"特质"（Perry et al., 1995）。婴儿或小孩维持"持续的恐惧状态"，聚焦在非言语线索上，导致无法学习。更有甚者，持续的不作为状态压制了代谢活动，导致孩子无法产生依恋交流与互动调节，而依恋交流与互动调节有助于右脑更为复杂的发育。因此，这对情感调节与依恋产生了长期的影响（Schore，2001a）。

Schore（2001a）阐释了学步儿"混乱型/迷惑型"（"D型"）依恋模式是"对显然不匹配的调节系统的公然表达，在应激状态下快速陷入混乱"（p.216）。他将孩子们的典型行为反应"冻僵"[变得"沉默、空白、茫然"，"呆若木鸡，瞪着眼好像失去了与自我、环境或父母的联系"（Main & Solomon, 1986：119, 120）]与瞬间被激活的过度兴奋与过度抑制联系在一起。"D型"依恋模式的发展最初被认为与可怕的或被吓坏了的照料者的行为有关（Main & Hesse，1990），但现在我们认为"在婴儿期，所有能强烈激起依恋行为且没有终止它的体验，都会导致依恋系统的混乱"（Hopkins，2000：337）。这种体验包括忽视以及所有形式的虐待，"其共同之处就是破坏了依恋系统中与生俱来的对保护与安全的期待"（p.337），激起了强烈的防御策略。

对A女士的分析动摇了她长期使用的回避防御策略，唤醒了她对忽视和虐待的早期体验，并展示了它们是如何表征、又是如何组织后续的发展阶段的。分析中，在全新的关系情境下，来访者的感觉、思考、期盼以及想象得以安全地涌现。通过分析，来访者能够觉察自己存在以及建立人际联结的既有模式（Hurry，1998），这一切让被禁锢、被扭曲、被抑制的心理过程有了新的可能性。同时帮助构建出稳定而又复杂的表征，带来自主感和胜任感的萌发，这一过程也会因咨询室内外的良性互动而加强。这反过来也有助于修改她那扭曲的自我形象和世界观，它们最早是在完全认同她那受损的母亲，以及自身生活体验的基础上构建起来的。

如果聚焦于这四年半的分析中发展性的改变，就不得不触及 A 女士和我都感觉陷入瓶颈和绝望的那些时间。在这些时刻，得益于我的幼儿观察训练（在安娜·弗洛伊德中心的学步儿小组和幼儿园），我经常要面对正常发展之潮起潮落，看到学步儿在激怒和挫败父母时的欣喜；与 A 女士经历相似的偶尔僵住的孩子，能够慢慢在安全的氛围里对敏锐的同步协调和游戏干预做出反应。在分析多少有些过早结束之际，A 女士也会很自然地像我所观察的孩子们那样，在小组体验中实现从二人关系到三人关系的转变。

治疗背景

A 女士进入分析是因为她感觉"停滞"，她的抑郁、恐惧和"不恰当感"是如此强烈，以至于她都"受不了了"。她每周见一次的治疗师将她转介给我。评估她的临床咨询师认为 A 女士具有歇斯底里的人格特征，并伴有对自恋、狂热信教而又憎恨男人的母亲的防御性认同。

妈妈主宰了她在乡下度过的童年。妈妈在她两三岁时离开了爸爸，带着 A 女士和其他 5 个兄弟姐妹住到外公外婆家，两位老人之后相继生病过世。妈妈对抗贫穷不幸的方式就是无穷无尽的责任和祈祷制度，将家庭与外界的接触降到最低。遇到挫折时她会大发雷霆，经常打淘气的大哥。大姐是个乖孩子，而另一个哥哥身体不好，分走了母亲所有可能的照料。别人说 A 女士是个胖胖的婴儿，经常被放在婴儿车里好几个钟头。就像两个更小的弟弟妹妹一样，她"完成了"学业，顺从，"不惹事"。她很少见到上夜班的爸爸，他在她 6 岁时死于心脏病。

开始分析之时，她处于完全孤立的状态，因为她与一个童年时的好友吵架了。她没能完成职业培训，在做一份没有报酬的工作。她对自己的生活方式深感羞耻，努力对同事们做出一副不可侵犯的样子。她将自己的真实面孔藏在一层又一层的妆容之下，身上穿着并不吸引人的紧身衣，强硬而又脆弱的姿态背后是深深的不快。她有多种躯体症状，经常就医。

木乃伊式的婴儿、垫子上的幼儿和紧身衣

3个不同而相互关联的意象有助于理解 A 女士的停滞：

- 木乃伊式的婴儿最早出现在一个梦里，这发生在之前的治疗当中。分析揭示了层层僵化的对母亲的认同如何将患者与其内部与外部的体验隔离开来，她所采取的方式曾经具有保护作用，但之后变成了进一步发展的阻碍。
- 垫子上的幼儿是指患者早期的一段生活史，只要母亲一离开房间，她就真的会站着不动，把头靠在一个垫子上。分析揭示了她如何混乱而又困惑地依恋着那个难以靠近而又令人恐惧的母亲，她的过度警觉和游离倾向在发展的各个阶段都有所表现。本质层面而言，分离个体化过程受损不仅导致与母亲相分离、相区别、发展出坚实的自我感的失败，还导致探索世界、学习事物的困难（Mahler et al., 1975；Furman，1992）。
- 紧身衣就是 A 女士在首次分析治疗时抱怨过的衣服，它在面对客体丧失、疯狂、死亡以及羞辱和蔑视的恐惧时提供了更多控制感。它也加剧了令人麻木的压抑，导致心智化和表征能力被削弱（Fonagy，1991）。

A 女士发现，之前的治疗对她开始思考过去在当下的困境中所扮演的

角色很有帮助,她以一种非常积极的心态进入了分析。她做好准备要用躺椅,然而又在我们的初访时坦承她的担忧,她更喜欢"两脚着地",小心地观察别人。

被迫放弃这么做,立即令她对被观察、被发现做错事和被批评感到焦虑。她觉得自己这辈子一直穿着紧身衣、害怕被指责,这让她难以做事,也无法与人相处。就好像要给我展示这一切似的,她开始迟到,在治疗中早早结束谈话;她无法控制自己,并认为我一定在生她的气。她害怕占了我太多的时间,害怕给我落下指责她的口实。她对在躺椅上稍稍移动一下而感觉惶恐不安,执意应"躲在角落里"以及"不动,甚至不喘气儿"。

她干巴巴地讲到自己小时候是如何永远保持警觉,不掺和周围发生的一切事情,焦虑地避免引人注意。在学校她被乖戾的老师吓坏了,回到家还被她的大姐嘲弄、欺负、揭她的隐私。她最初说妈妈已经尽力而为了,早些年妈妈必须让孩子们安安静静的,因为爸爸白天要睡觉。然而,生理层面的暴力威胁一直都在,最终成了永恒的诅咒。既然上帝无所不知,思想等同于行动,因而幻想都不安全了。A女士的解决方案是停止思考,而这激怒了妈妈和老师们。当学校无望地提议家庭帮助她学习之际,A女士惊恐得说不出话来。令她无法忘却的是,有一次妈妈是如此恼怒,以至威胁要把烧红的火棍捅进她的喉咙。

A女士对母亲的理想化也受到了威胁,因为妈妈那令人创伤的暴怒回忆浮现了出来。但她转而描述起前一天在工作中发生的细节,中心议题却很雷同,尤其是她那无法控制怒火的老板欺负她、羞辱她。治疗使她得以抵制老板的一些虐待行为,在意识层面上这些虐待就好比姐姐当年的虐待一样。她得意地告诉我说她"扭转了局面"。她表现出有组织有掌控的样子,将自我诋毁的形象外化给别人,认为他人对轻蔑很敏感。她甚至掌握了重要的办公室八卦,寄希望于报复老板和另一个同事——也就是老板的情人,因为她觉得她总是受到忽视并感到无助。A女士否认她可能嫉妒他们的性关系，因为我记得之前老板曾勾搭过她。然而过了些时候，她开始明白自己的感受：他们的亲密将她排除在外了，就像姐姐与妈妈的特殊关系让她一度感觉被排除在外一样。

第一个暑期长假的临近破坏了 A 女士那脆弱的防御。她开始支支吾吾、干干巴巴地讲她的故事，治疗常常陷入沉默，之后又告诉我她感觉一片空白、茫然若失。她越来越恐慌，认为我一定越来越不耐烦、越来越生气了。她无法思考和讲话，这使她想起小时候就是如此。她一直以为这是因为她笨，因为大家都是这么说的。后来，这种情况使她无法完成进一步的培训，她确信自己得了脑病。当她开始害怕那些空洞的周末时，她意识到自己度周末的方式是多么愚蠢地相似。她几乎不离开沙发，茫然地望向窗外，或整天看电视。她感觉自己既不应该、也不能够移动。

她带给我一些重要的生活史片段：妈妈告诉过她，在她1岁生日那天，妈妈夺走了她的奶瓶，因为大哥 P 小时候总是离不开奶瓶，而这让妈妈感觉羞耻。更有甚者，每当妈妈不得不离开房间的时候，她会将 A 女士放在一把椅子边上，将她的头靠在一个垫子上不得动弹，直到妈妈回来，不管她离开多长时间。其他的哥哥姐姐也告诉过她，她被吓得不敢走动，恐惧得发抖，而他们不得不教她。

这让我们明白了 A 女士将暑假的分离体验为提前夺走了她的分析哺育，黏在沙发上就像她曾经依赖椅子靠垫一样，一动不动直到我回来。她非常害怕迈出独立的步伐，也从未想过要抗议。我就像之前的妈妈一样太忙碌了，以至于没时间花在她身上，甚至想不起她来。她认定当她不在咨询室里的时候，她也不在我心里，并意识到当她独处的时候，她感觉"迷失在空间里了"。突然，她哭了起来，并表达了对如此展示自己的情感的恐惧。就算在很小的时候，她也从未哭过，她"冷得像块冰"，好似认同了那个冰冷、坚硬、排斥情感流露、从来不碰她的母亲。

在绝望地逃离出现在移情中的、被否认的前俄狄浦斯期愿望的努力之中，A女士突然发现自己钟情于一个爱调情的年长同事，这让她几近崩溃，因为她觉得完全无法调节生理的唤起，担心失控，被揭穿、丢脸，饱受强烈内疚的折磨。当我提及她混淆了对亲密的渴望与成人的性欲之时，她联想到妈妈对最纯真的童年友谊的斥责，以及最近才知道的妈妈小时候曾被性侵过。此后她才明白了对我的离开那种"孩子似的感受"，痛苦地啜泣说她以前从未有意识地感受到这样的感觉。

她对第一个长长的分析中断感觉"虐心"，在回来之后说就好像她不认识我是谁了，似乎她从未来过此处。这一次以及之后的休假，她都在心理层面完全"失去"了我，这样一来她也失去了自己，变得无望无助、茫然若失、迷失了方向。分析被打断好似撤走了椅子和垫子，她失去了支撑思维和感受的外在结构，却又没有赖以表征自己体验的内在结构。

A女士生平第一次回忆起了早年的一个梦，一个坠落的木乃伊娃娃。这似乎是指向对她那不可亲近而又时常吓人的母亲的需要，对于这"无法解决的矛盾"（Main，1995：46）的处理方式就是向这个"失去了的客体"和攻击者的认同（Anna Fleud，1936）。这样一来，她就能否认自己的需要和愿望，采取妈妈对世界的偏执观点，害怕且不信任别人，认为别人都具有侵入性与威胁性。这种看法与她对妈妈的体验不谋而合，也混杂着她投射出来的冲动。分析进行到这里，她外化给妈妈（以及移情中的我）百分百忠诚的愿望。其他任何关系都无法替代（经常打电话回家展示了这一点），需要或索取任何其他东西就显得太过"自私"了。她是如此焦虑地聚焦于取悦、安抚她的客体，以至没有多少空间去探索自己的内心。她说自己没什么好奇心和想象力。

后来，意识到自己也有权利活着，A女士再次钟情于另一位同事，一个与她年龄相仿的鳏夫，之前对她也有些意思。这次意乱情迷让我们得以接近俄狄浦斯中期以及俄狄浦斯前期的冲突，令A女士借由分析开始了分离个体化的过程，正如2—3岁的孩子通过行动所践行的以及青春期孩子的白日梦和自慰幻想，这些都是他们离开原初客体的第一次尝试。

　　A女士发觉吉姆的身体是如此富有吸引力，她再一次被性欲的想法和感觉淹没了。每次他跟另一位漂亮女同事说话，她的"心就碎了"，她担心自己太瘦、毫无竞争力可言，因为她发觉吃饭、睡觉都非常困难。我解释其潜在的欲望是不让自己有吸引力，因为她对自己变得性感这件事感觉非常冲突。她开始剿灭自己对他的所有感受，断然拒绝他友好的关注，告诉我说"我妈会为我骄傲的"。与妈妈对男人的看法相一致，将自己的性欲投射给吉姆，令他在她的心目中时时变得吓人起来，他成了跟踪者、性狂魔。她此生仅有的几次性接触都是跟这样的男性发生的：符合"就想着那点事儿"的刻板印象，不是恐吓她就是需求过度、深受困扰。她没有任何感受，也不采取避孕措施。她已经独身禁欲有些年头了。

　　在几次中断之后的分析中，A女士的内心再次呈现出一片空白，她更容易感觉到被拒绝，也更不想搭理吉姆。她承认对我取消分析这件事感到气愤，因为这证明我不想跟她待在一起。吉姆像从前的妈妈一样忙于管孩子，通过这一点我们得以看到，她也感觉我更愿意跟别人待在一起。尽管她装作一副无所谓的样子，其实她在关注着吉姆和我的一举一动，正如她也曾一度靠在垫子上关注着妈妈，渴望妈妈瞧她一眼，却又失望地退缩与愠怒。A女士吃惊地发现自己渴望专宠的程度（"110%！"），总结道"我一定是个非常苛求的人"。她害怕如果自己胆敢表达需求，我（以及现在的吉姆和过去的妈妈）一定会气愤至极或者无情地抛弃她。所以她就冻住了，想法和感受都一片空白，成了一个"非人"。她说感觉"被活埋"了，带来的梦境充斥着已死或将死之人，而这些都被她视作自己。

　　至此A女士明白了她的木乃伊化以及防御性地切断自己和他人的联系，这很好地适应了过去，而当下却"削弱"、阻碍了她发展真实关系的可能性。她决定修复与童年玩伴的关系，现在她能看到自己无情地切断了与朋友的联系，因为当时朋友结婚生子、忙于生活，不能满足她那不同寻常的、对无条件支持的期待。

发现父亲以及自己的心智

A女士一直告诉我，在爸爸去世前到家里来探望的那段时间里，她并不知道谁是自己的父亲。她只记得妈妈害怕那个人，哆嗦着不愿意开门。她认为妈妈对男人的怨恨是基于对他的体验，他打过妈妈，就像他打哥哥P一样，也像妈妈打P一样。

A女士对父亲的拒绝是如此之彻底，任何试图将她对男同事的痴迷解读为对父亲的无意识渴望，于她而言是毫无意义的。然而，当吉姆单独给她帮了个小忙，与老板欺负她的行为相比显示出善意时，她却被深深地打动了。她回忆起爸爸也曾有过类似的举动，我提示她也许曾将爸爸与妈妈如此这般地对比过一番，因此她既为她的不忠，也为被爸爸喜欢而感到羞愧。这个解释的确有些道理。A女士带来了更多有关被爸爸选中的回忆，比如爸爸会给她唱歌，把她的名字编进歌里。她意识到自己之前会认为，她才是爸爸离去的原因，这满足了她对俄狄浦斯愿望的惩罚。她悔之不迭地意识到，如果爸爸仍然活着，她的人生也许会完全不同，因为爸爸很会交际，也会带孩子们出游。她表达出对爸爸离世的强烈的悲伤。

在她的心智里装入第三个客体打开了思考更多不同和替代性认同的可能性。A女士痛苦地意识到受母亲和姐姐的困扰程度之深（"悲惨与疯狂"），以及随之而来的自力更生的需要，以发展自己的独特身份，寻找新的客体。她说她之所以能如此设想，是因为我从未像她所担心的那样猛烈抨击过她。然而，她仍旧担心我会在她离开时体验到她是想离我而去，这会令我抓狂或通过停止分析来报复她。她想起妈妈曾威胁说，如果哪个孩子胆敢违抗她，她就会住进当地的精神病院里去。A女士在将妈妈和姐姐（以及移情中的我）视为无上权威与极端脆弱之间左右摇摆着。她很想回到之前的惯性中去。在反移情中，我感觉就像自己肩扛着重物，将她想要被抱起的期望表达了出来。当她看到自己"待在垫子上"并不能引诱我将她抱起，就像她妈妈一直做的那样，她很难过，却也解脱了，从而有机会去探索自己的资源。

她迈出的"第一步"由以下几点所组成：与工作中一位年长而又友善的女士的新友谊，对夜校的初步调研，以及一次出国旅行。她不常给妈妈打电话了，也不再频繁给家人买礼物了。这些试探性的转变都伴以强烈的焦虑。在南斯拉夫的新闻爆发后，她梦到萨拉热窝的人们站在外面，他们感到绝望，等着被杀掉。她将这个梦与自己试图到外面的世界看看的想法联系了起来。她害怕妈妈和姐姐的报复，害怕失去总是被人告知该做什么的保护。她补充到，一旦她离开妈妈的轨道，她将永远不能从妈妈那儿得到她如此渴望的特殊关系了。

第二个暑期长假即将来临之际，A女士抱怨说自己工作太辛苦，吃不饱、睡不够，变得"皮包骨"了。她意识到对我的责备，我离她而去，假期不再喂养她了。她既认同受难的妈妈（你受的苦越多，你就越好），也认同生病的哥哥（夺走了妈妈的注意力）。她发现自己是多么生我的气，我忽视了她，这个心甘情愿被落下几个小时的胖娃娃。噩梦中活动的尸体显示出她对让自己活过来，了解自己的感受的恐惧，特别是她的愤怒："愤怒横扫一切美好"。当她反复迷失想法和语句的现象有所减弱时，我们得到大量证据，她害怕看到自己的心智干扰她的想法。

A女士一直很害怕思考和了解，像妈妈（上帝）一样空洞地谴责任何性的想法、攻击的想法以及她可能感觉到的任何内在感受。她也不敢去探索外部世界，这一方面源于她缺乏安全基地，另一方面因为在分析中她也有可能碰到被禁止的思想。她告诉我，妈妈禁止一切世俗的阅读活动，还会为了任何可以被解读为对性的好奇的行为而打孩子。更有甚者，A女士认为她不应该知道哥哥每天在家里的某个地方被打这件事，她曾听到可怕的响动，但不允许自己去想那意味着什么，直到哥哥最近告诉她真相为止。她哭着回想起有一次，哥哥P是如何在挨打之后爬进房间的，最小的弟弟安慰着他，可是她自己却感觉"无所谓"，切断了任何联系。

她觉得自己的心智被分割成很多部分，过去与现在不胜枚举的秘密造成了这一现象。在她发现自己多走了10分钟的路来做治疗时，她意识到被分割的心智带来的全部影响。因为她没有想到去思考一下，她坐的公车下一站要去哪儿。她惊奇地意识到："我用毯子蒙住了自己的眼睛"，告诉我裹尸布蒙住了木乃伊娃娃的眼睛。为了让自己看到内在与外在的东西，就必须残暴地与妈妈和姐姐分开，而在她的体验中，妈妈和姐姐希望把她包裹在她们之中。她做了两个在车祸中身体被撕开了的梦。她将之与对我和以前的依恋模式之间的忠诚冲突联系起来（Hopkins，2000），我们认为这反映出她自己内化了的、对个体化以及自主思考的冲突。在这一背景之下，紧身衣就像是一个安全带，有保护也有限制。

接受母亲那种正统基督教的信仰阻碍了A女士的好奇心和学习能力。A女士的想法往往是循环式的，她倾向于只看到符合她的理论的东西，而忽略与之相矛盾的东西。随着分析关系的真实一面浸透到她的意识层面中，这一封闭的系统被慢慢地沁润了：我既不猛烈地抨击她，也不丢下她，既不侵入，也不告诉她该做什么。这种新的关系方式的体验扩展到她的工作当中，她开始允许真实的交流发生了，也因此获得了更多的视角。她开始重新思考自己对事物所进行的自我中心和偏执的解读，也开始更多地意识到自己的行为对他人的影响。

在分析中，当我使用自己放弃、无望、阻塞、挫败的感受来阐释移情和反移情的时候，她不得不看到她反复崩塌、陷入迟钝的状况影响到了我。我说也许她想让我知道她小时候的感觉是怎样的，那时的她像妈妈一样地受约束、感到内疚。她没有马上回应，只是表达了她对自己能让我有任何感觉这一现象的困惑。

几天之后她回到这个解释上来，提及那之后波涛汹涌的感受："从感觉无助的境地出来，变化之大，就好像手上抹了油灰一般顺滑"。她开始使用新的自主感，告诉吉姆她想约他出去。他们成功地进行了交谈，尽管没有得出结论。那天晚上，她梦到自己要结婚了，但又意识到她并不认识新郎和婚礼上的其他人，婚纱也太过肥大。她不情愿地感觉到自己并没有做好准备，开展成人之间的关系。她担心被接管或者被抛弃，而吉姆也存在类似的问题。认同了新的、信心满满、更为友善的态度，她能够感受到对他（以及她自己）的同情。

构建稳定而又复杂的表征

A 女士的内心建立起一些好客体的形象之后，她开始探索移情中更为阴暗的部分。她取消了一次治疗，紧随其后的噩梦中她被一些可怕的人物驱使着。她的生活陷入险境，必须非常小心才行："有点像在这儿，我很害怕移动身体以免你大发雷霆"。她进一步联想到残暴伪善的暴君和杀人犯，这加深了我们对母性移情的理解。我就是那个可怕的驱使之人，对她取消治疗感到非常生气；还有她的妈妈，表面上像我一样平静而又称职，其实要对野蛮殴打（"杀害"）那个最具独立意识的孩子——哥哥 P 负责。这被感知为对胆敢拥有自己的心智的惩罚，但是从根本上说，这影响到她无法发展出一个独立的心智，因为一想到妈妈（我）内心中的屠杀之意就太过可怕了（Fonagy，1991）。在我们最终结束分析时，她才能够运用移情来解释妈妈希望她死掉的幻想。

当 A 女士重新审视自己在分析中的贡献时，她与妈妈的关系中肛欲期攻击性的一面才得以被探索。她觉得自己完全无法做出财务预算，反复拖延此事，之后又希望以她那不加思考的方式胡乱说个数，就像小时候写作业时的乱七八糟，漫不经心一样。她非常害怕我变成一个怒火中烧的怪物，正如她的妈妈和老师一般。她更加害怕如果她算出了一个数，然后让我知道她有多少钱，我就会觉得有权夺走每一分钱。我重启了如厕训练这场战争，被她体验为极其强大的父母，决心要排空她的身体；她无法求援，只能倔强地抓紧每一样东西，陷我于无助之地。之后 A 女士告诉我，她这辈子都在便秘，排便的感觉就像活动身体一样，会让母亲暴怒。随着她在治疗中再次陷入迷茫、关闭自己，好似能够让她感觉安全的唯一途径就是紧紧抓住每一样东西：无论动作还是情感，金钱还是言语。将被体验为可怕的、侵入性的客体（妈妈／我）拒斥于外，与此同时也引发了其持续性的关注。她首次报告说在那个木乃伊娃娃的梦里，有一个可怕的意象是妈妈放开手让她从空中跌落。

在我们对这些属于人生第二、三年的议题进行工作的过程中，A 女士开始报告客体守恒的感觉。她说不再感觉被虚空所环绕，并开始信任我，在治疗之外保持与我的连接。她感觉这非常重要和珍贵，平生第一次做了个"平静愉悦的梦"，在梦中我告诉她我怀孕了。A 女士觉得自己就是那个胎儿，通过我的身体获得重生。她感觉不那么害怕和孤独了，更加自信而有活力。她开始在下班之后去上课，在午休时与同事聊天。她终于做出了财务预算，提高了自己的收费，留出足够的钱来买贵重物品。她说紧身衣正在变松，给她以崭新的自由感。

她的资源得以流动带来了失控以及暴怒的恐惧，特别是那些等同于大便的东西，比如她的钱财。她描绘了一些灰色的东西在内心流动，像炸弹一样有可能爆炸，摧毁一切（"愿上帝拯救世界"）。她的梦和联想回归到那些微笑着实施暴政的暴君身上，这一次她能够意识到他们是指向自己以及客体的。她紧张地忏悔到，怕我被她的愤怒杀死。我们看到她远离人群是为了保护他们，同时也是保护她自己。

这个工作完成之后，A 女士好像获得了足够的客体守恒感，在长长的暑假期间将我记在心里。回来之后她报告说过得不错，出国旅行，与友好但不傲慢的男人约会。她渴望遇见更多的人，她会买衣服，选择晚间课程，提高自己的资质。

　　A女士的新渴望也带来全方位的冲突。她经常性地崩溃，筋疲力尽，无法思考，甚至不能按时睡觉或上课。她对于我会羡慕与嫉妒的恐惧浮出水面。她回想起一次刻骨铭心的创伤事件：25岁的她在一次约会之后回家晚了，妈妈发疯般地抓着她的头发满屋撕扯，动手打她，直到弟弟醒来阻止了妈妈。A女士哭喊着抖作一团，她感觉自己"关机"了，完全无法保护自己，随后不假思索地放弃了男友。在A女士使用分析处理这件事以及其他类似事件的过程中，她认为现在可以更清晰地区分她的妈妈与我，并且有点肯定地感觉到我不会因为她具有性的吸引力而攻击她。

　　然而，她那混乱的人生继续愈演愈烈。这被视为负性的治疗反应，部分源于她的嫉妒和强迫我为她做更多事情的愿望。她告诉我妈妈为她做一切决定，我感到被她的被动控制所侵犯了，于是跟她说，她对待我的方式，以及她想要我对待她的方式好像我们都不是独立的个体，各自拥有自己的头脑。这令她有所思考，之后报告说她被监视、被跟踪的感觉更少了。她通过梦境带来绝望的期待：黏住我，直到前俄狄浦斯期被抱持、被关注的需要得到满足为止。她想起第一天上学时被妈妈放在自行车后座上去学校，担心着离开妈妈的漫长一天该如何度过。A女士意识到自己之前是依恋妈妈的，但与依恋联系在一起的那些未处理、也无法处理的分离与丧失却被她否认了。她表达了这样的期待，我与妈妈不一样，我会"拉着她的手"，带她出门面对世界，她说无法想象我不在那儿了。

　　然而，没有对施虐-受虐移情的反常满足的探索，更进一步的成长是不可能的。A女士对我持续潜在的一项指控是我在折磨她，期待她一大早就来做治疗，通过她以暴力和折磨为媒介的幻想，我们得以接近她的受虐倾向。我以她施虐性交的幻想来解释我们的互动。A女士否认她从痛苦中得到任何受虐的满足，也否认对自慰行为心怀冲突，而我则怀疑这才是导致她晚睡的原因。但是，她告诉我自己曾经跟姐姐开玩笑说，妈妈一定是一个"强奸受害者"，或者绞尽脑汁引诱爸爸跟她发生性关系。A女士自己在初次性交过程中"像个死人一样躺在那里"，她的男友利用她、虐待她一年多的时间，当她想结束关系的时候还对她暴力相向。

这之后A女士得以思考离职的事情，她感觉自己被虐待的情形都很相似。要获得必要的技能，还要更新自己的简历，这些都让思考与学习的冲突复活了。她愤怒地指控我不理解胆敢使用自己的心智之危险性。通过梦和联想，她对发疯和失控的恐惧得以修通。她能够远离早期挫败的自恋损伤，变成更加神经症性的、针对竞争与成功的冲突，以及之后针对学习过程中的不确定与挫折。她意识到自己不再相信有个上帝坐在那里审判她，等着羞辱她，因任何独立思考的迹象而惩罚她了。紧身衣松开了，现在有空间让她活动和思考了。她懊悔地列出在学校读书时自己错过的所有科目，并渴望有人现在能教给她知识。

她开始出门寻找面试机会，对世界上"有些什么"表示好奇，因探索而兴奋，在临近的暑期长假里她不会失去我，我也不会失去她，她对此有信心。挺过了漫长的充满攻击性的想法和感受，我就是她的妈妈或者上帝的移情阶段，她开始能够对我以及我的头脑好奇了。她做了个梦：她想上厕所，走进我家的另一个房间，发现我在卧室睡觉，后来又在客厅会客。她现在意识到我的确在咨询室之外拥有个人生活和职业生活，这让她好奇，并妒忌我的其他患者。

性欲与俄狄浦斯议题

之后一年的分析是我们俩一起工作的最后一年，这源于一系列的外部因素，有她的，也有我的。A女士尽管很焦虑愤怒，甚至时而比之前更加陷在垫子里，但是她能够对时间限制做出更多的回应，而最为显著的是在性欲的范畴之内。

A女士开始思考自己拥有性能力这回事是在分析进行了两年左右的时间,那时她不得不做一个妇科的小手术。她最初感觉说出自己的性器官非常难以启齿,因为这样做就等于承认了既大逆不道又令人作呕的性欲。事实上她认为自己的小毛病(在她心里已变成了危及生命的疾病)是罪有应得,因为她胆敢反抗妈妈,与男人发生性关系。

在分析的第4年来临之际,她已经可以充分意识到自己的身体具有性的能力,接受了自己的性欲望,给自己买漂亮的衣服,加入了相亲俱乐部。这些积极的朝向三角关系的改变带来剧烈的冲突,她悲伤地预见到与我之间排他性的二人关系("就只有你和我")的丧失。她仍旧相信一次只能有一个人在她的内心当中,因为她必须将全部的注意力放在那个人身上。她在考虑立刻停止分析,因为她不再那么需要我了,而我也无法忍受第三者。她对这一理论加以测试,告诉我她去见了一位催眠治疗师,她很惊讶我并未对她怒火中烧。我则解释她在告诉我她想要一些我给不了的东西——从根本上来说,就是一个有阴茎的男人。

A女士开始平生第一次外出稳定地约会,初时谨慎而又挑剔,偶尔还会担心被谋杀和剁碎了(当一个男人对她表现出非常感兴趣的样子时),但她能够认领自己的投射和外化,以及她对父亲如此理想化,以至于她认为她所遇到的所有男人都比不上自己的爸爸。她放松了对他们和自己的期待,开始享受看戏、看电影,发展出自己的品位与兴趣。这日益增强的自我感带来更多冲突。她给自己买了一件很贵的大衣,之后感觉就像是偷了东西一般。我解释她在宣示对自己的身体和心灵拥有主权的是她本人,而非妈妈/我。A女士说她不再感觉被无视了,并且知道她在我的心中占有一席之地。她想知道我对她的看法。她在考虑是否要坐起来,平等地面对着我,她"对孩子般的姿势感到厌倦了"。

正是在这样的心态下,她初次见到了S,几乎是一见钟情。她被吓坏了，试图倾泻对他的不屑，或者直接逃走。俄狄浦斯以及前俄狄浦斯期的冲突被修通之后，A女士报告说她人生第一次感觉到了自己喜欢性的游戏。意识到她想要S虐待自己这一点之后，她终于看到了自己在之前的性关系中为受虐所付出的代价，以及自己对性交的理解就是施虐。她之前将妈妈打哥哥解读为原初的场景，因为被排除在外而性欲化了自己的恐惧和愤怒。父母的性关系也被她在内心当中做了类似的扭曲，这时她才从妈妈那儿得知父亲从未打过妈妈。

S一直温暖如初，始终保护着A女士，她坦承自己"爱上了他"。她胆战心惊而又非常困惑地提醒我说，她"对此"并不习惯，因为妈妈拒绝一切温柔、亲近或者"随你怎么叫"的这类事情。她总结自己的态度很"扭曲"，感觉S更像是父亲和我，静静地支持着她的发展。她希望他不要像我们俩的关系似的，而是能够留在自己身边足够长的时间，让她能完全摆脱妈妈的影响。但她仍然很害怕变得性感或完全活过来，因为这就意味着剪断了维系她和妈妈之间共生的纽带，而这只能带来疯狂或死亡。更有甚者，S会像爸爸一样死去，她第一次意识到在自己的无意识信念里，妈妈因为让爸爸心碎而杀死了他。

A女士和S约会了好几个月之后才开始了性生活。尽管她一生首次期盼着它的发生，并做好了充足的避孕准备，但她对怀孕的恐惧还是破坏了这一体验。她觉得这是她不服从母亲而应得的耻辱，也是性生活是正当的唯一理由。A女士忏悔说自己现在想要个孩子。有一阵子她抗拒插入，我将之解释为对S的男性化/阴茎的嫉妒和回击，阴茎突破了她的防线，就像她担心精子突破避孕的防线。既然他们都认为自己太老了，不适合做父母，那么这就成了抵抗接受自己可以纯粹为了快乐而进行性生活的最后尝试。

他们的性关系开始活跃起来，A女士越来越能够对S表达温暖、温柔的感觉，也能够感谢我了。意识到她可以在内心里装下不止一个人，她明白了我们俩也能；我现在可以有家庭，S也可以有其他关系和兴趣，而不会立马就把她给忘了。

在分析的最后一个月里发生了更多外部的变化。她的单位搬家了，合租伙伴也分手了，这使得A女士提交了辞呈，接受了S的邀请与他同住，而这就意味着搬到伦敦的另一边去。她的感觉从停滞不前转为一切都在改变。她感到"兴奋、激情澎湃"，甚至有时觉得分析带来了不便，因为这占用了她太多的时间和精力。然而，她也感觉太多变化有淹没她的可能，而如果我这个时候离开她，她也许会再次回到垫子上去，或"在去门口的路上走丢了"。她想要我在她继续探索的过程中待在这儿更久一些。

我同意每周见她一次，作为分析结束的过渡阶段，在此期间她将搬到S处生活，还要找份新的工作。这样决定了之后，最后一周密集治疗的特点是大量的梦，在最终分离的背景下这些梦概括了很多我们分析过的核心议题，A女士所担心的分离总是创伤性的，就像她的奶瓶被过早地夺走一样。在修通这些梦的同时，A女士回顾了自己的进步。她总结说自己是分析起作用的"活证据"，她感觉自己的内在和周围的一切都有所好转，她有权利得到自己想要的东西，并在与老板协商遣散费和假期津贴（以及修改我们的结束条款）的过程中展示了这一点。她感觉这种自主感已经建立起来了，并能够帮她度过艰难困苦。在倒数第二次的分析会谈之前，她梦到一个装满垃圾的超市袋子，她在其中发现了一个小鸭子或是小鸟还活着、在动，但是它的腿上钉着一个钉子。她感觉因为我们的结束而被拒绝、被伤害，但并不绝望，毕竟她还活着，还能动。

在一周一次的会谈中，她做了另一个梦，一只会飞的鸟不断地撞到墙上。这似乎是指她对工作或社交中接触新人持续地感觉到不适。在相当多的讨论之后，她决定放弃到我的咨询室接受分析这一艰难的旅程，转而加入一段时间的小组分析。这样的形式看上去对于治疗她剩下的问题是合适的，也是她在四年半的个人分析之后能够应对的形式。在我们最后治疗阶段的一次会谈中,她第一次提到,她能从垫子上抬起头来,看到自己处于二人会谈之中,退后一步,看到椅子还在原地。当我们最终说再见时,她非常难过,但并不过分悲伤。几周之后她回来了,带来一份礼物,是一只大大圆圆的玻璃碗,其中生长着小小的、却很健康的植物,在容器的保护环境下茁壮成长——这也许是对其分析体验的一个隐喻。

对A女士发展变化的理解

A女士在人生之初被剥夺了愉悦的亲子互动,而这是构成安全依恋的基石。很有可能她被弃之一旁过久了,未被足够地触碰、抱持和关注过。当她的母亲终于有时间陪伴她时,母女的互动也不是基于敏锐的协同一致,而是基于母亲的职责所在,照顾这个被动的、几乎了无生气的客体,给她吃和穿,但不跟她玩耍,也不欣赏她。缺乏亲密和愉悦的体验,雪上加霜的是,在母亲承受不了她过多的要求时[或者某种情境使她陷入自己未能解决的创伤和冲突领域时(Main & Hesse, 1990)]就会暴怒。这些恐怖的时刻也许吓坏了A女士,它们穿透那些长久的忽视,一定激起了她淹没性的体验,因为妈妈本人就是激起这些体验的缘由,因而妈妈无法帮助孩子涵容和调控这些体验。这一切给A女士日后的心智化能力缺陷埋下了祸根(Fonagy, 1991)。

当分析重新激活A女士的依恋渴望时,她非常明显地表现出Main和Solomon所描述的学步儿特点(1986)。像这些学步儿一样,她感到面临无法解决的两难困境:一方面她需要一个客体,但客体同时也被体验为危险,因创伤性的失望而变成真实的威胁,另一方面还有她自己投射出来的攻击性。也像这些学步儿一样,她逃进了压抑里,无法动弹,隐而不现。

A女士经常表现出的解离也许支持了神经生物学家对敏感化作用的描述,她那特征性的过度警觉混合着与内在世界以及外部世界的解离,证实了他们关于早期应对反应的论点,起初适应性的反应可能以僵硬而适应不良的方式持续终生。透过分析,A女士看上去是以这种固定的模式来应对后续发展阶段中出现的很多干扰和冲突,反复出现的木乃伊娃娃的意象、垫子上的幼儿以及紧身衣都反映了在危险面前她内在的动弹不得。对她人格层面的长期损害体现为情感调节、思考、学习以及形成与维系关系的困难等方面的自我缺损(或曰"缺陷",Pine 1994)。其表征情感的能力受限导致她的躯体化倾向。

这些缺陷又因缺乏父亲的形象(或者关爱的兄长)而加重,他们原本可以给她另一种积极的体验,促进分离个体化,缓和她的攻击性,使她达成某些俄狄浦斯式的解决之道。正如Breuer和弗洛伊德(1893-95)首先描述的那样,早期的解离倾向可能令她采取了歇斯底里式的压抑性欲的解决方案。退行到占统治地位的受虐关系模式中,源于与母亲的全方位认同,又被她们之间那痛苦的早期关系、否认攻击性那无所不在的破坏性以及杂以哥哥真的挨打的施虐性交幻想所强化(Novick & Novick, 1996)。这带来她对"将死的沉溺"(Joseph, 1982),提供了倒错的兴奋,其代价是将真正地拥有关系视为极度的危险。

当然,最好在大脑发育的关键阶段给予早期干预,在后续冲突被内化之前才是恰当的时机。然而,A女士从固化的状态到拥有前行的能力,这展示了精神分析,尽管在成人后的阶段,也能够处理早期发育失调及其后遗症,带来相当可观的改变。而这些之所以得以实现,很典型地是在一段全新关系的背景之下,通过分析阻抗和解释植根于过去的冲突,反复证明其移情期待之不成立。解释和重建移情反移情的过程,让A女士发觉我是一个"全新的客体",这也是一个双向的过程;在治疗中体验到一个安全的、非侵入性的、不报复的客体,使得我们能够分析移情当中那些更为可怕的部分,带来自我与客体守恒的建立。Loewald(1960)指出,有明显自我缺陷的个案会放大任何发生在分析中的整合过程。在A女士的个案当中，情感的协调一致（"右脑对右脑"，Schore，2000）再加上持续的诉诸语言、内在与外在体验的连接，带来不断增强的心智化，以及躯体症状的相应减轻（Mcdougall，1974；Fonagy，1991）。

Schore（2001b）认为，治疗关系可被视为一种促进成长的环境，支持形成早期未曾发展起来的结构。尽管这无法抹去创伤，却足以提供一种情境，使诸如调控和反思这样的高级结构得以发展。这个观点与 Hurry 的分析是发展性治疗的观点（1998）不谋而合；也与 Pine（1994）的工作，以及 Fonagy 等人（1993）"在精神分析的邂逅中完成之前被禁止的心理过程"之观点异曲同工。分析的工作解放了 A 女士，她得以使用与我的关系来进行思考与感受，变得好奇与富于想象，并最终在外部世界中建立起关系，这反映出她对成长中的情感自我与本能自我的意识，以及她对自己是可以被另一个可靠而又关心的人爱着，被其渴望的自信的期待。然而分析没能让她找到更富挑战性的工作，进一步的分析是否能够帮助她成就此事，又或者早期剥夺是否在思考与学习领域给她留下了不可逆转的损害，这一切都还是悬而未决的议题。

（曾林　译）

参考文献

Baker, R. (1993). The patient's discovery of the psychoanalyst as a new object. *International Journal of Psychoanalysis 74:* 1223-1233.

Breuer, J. and Freud, S. (1893-95). *Studies on Hysteria,* Standard Edition, Vol. 2. London: Hogarth Press.

Fonagy, P. (1991). Thinking about thinking: some clinical and theoretical considerations in the treatment of a borderline patient. *International Journal of Psychoanalysis 72:* 639-656.

Fonagy, P., Moran, G., Edgcumbe, R., Kennedy, H. and Target, M. (1993). The roles of mental representations and mental processes in therapeutic action. *Psychoanalytic Study of the Child 48*: 9-48.

Freud, A. (1936). *The Ego and the Mechanisms of Defence.* London: Karnac.

Furman, E. (1992). *Toddlers and their Mothers: A Study in Early Personality Development.* Madison CT: International Universities Press.

Hopkins, J. (2000). Overcoming a child's resistance to late adoption: how one new attach-ment can facilitate another. *Journal of Child Psychotherapy 26*(3): 335-347.

Hurry, A. (1998). Psychoanalysis and developmental therapy. In *Psychoanalysis and Developmental Therapy.* London: Karnac.

Joseph, B. (1982). Addiction to near-death. In Feldman, M. and Bott Spillius, E. (eds), *Psychic Equilibrium and Psychic Change.* London: Routledge.

Loewald, H. (1960). On the therapeutic action of psychoanalysis. *International Journal of Psychoanalysis 41*:16-33.

Mahler, M., Pine, F. and Bergman, A. (1975). *The Psychological Birth of the Human Infant.* London: Hutchinson.

Main, M. (1995). Recent studies in attachment: overview, with selected implications for clinical work. In Goldberg, S., Muir, R. and Kerr, J. (eds), *Attachment Theory: Social, Developmental and Clinical Perspectives.* Hillsdale NJ: Analytic Press.

Main, M. and Hesse, E. (1990). Parents' unresolved traumatic experiences are related to infant disorganised attachment status: is frightened and/or frightening parental behaviour the linking mechanism? In Greenberg, M. T., Cicchetti, D. and Cummings, E. (eds), *Attachment in the Preschool Years.* Chicago: University of Chicago Press.

Main, M. and Solomon, J. (1986). Discovery of a new insecure-disorganised/disoriented attachment pattern. In Brazelton, T. B. and Yogman, M. (eds), *Affective Development in Infancy.* Norwood, NJ: Ablex.

McDougall (1974). The psyche-soma and the psychoanalytic process. *International Review of Psychoanalysis* (1): 437-460.

Novick, J. and Novick, K. K. (1996). *Fearful Symmetry: The Development and Treatment of Sadomasochism.* Northvale, NJ: Jason Aronsen.

Perry, B. D. (1997). Incubated in terror: neuro-developmental factors in the cycle of violence. In Osofsky, J. (ed.), *Children in a Violent Society.* New York: Guilford Press.

Perry, B. D., Pollard, R., Blakeley, R., Baher, W. and Vigilante, D. (1995). Childhood trauma, the neurobiology of adaptation and 'user-dependent' development of the brain: how 'states' become 'traits' *Infant Mental Health Journal 16:* 271-291.

Pine, F. (1994). Some impressions regarding conflict, defect, and deficit. *Psychoanalytic Study of the Child 49:* 222-240.

Schore, A. (2000). Relational trauma of the developing right brain and the origin of severe disorders of the self. Paper given at the Anna Freud Centre, London, 8 March, 2000.

Schore, A. (2001a). The effects of early relational trauma on right brain development, affect regulation and infant mental health. *Infant Mental Journal 22:* 201-269.

Schore, A. (2001b). Paper and discussion at conference on Attachment, Trauma and Dissociation, London, 7-8 July 2001.